グレートネイチャー
生きものの不思議大図鑑

DK

グレートネイチャー

生きものの不思議大図鑑

DK社［編］
スミソニアン協会［監修］

河出書房新社

Original Title: Explanatorium of Nature

Japanese translation rights arranged with
Dorling Kindersley Limited, London
through Fortuna Co., Ltd. Tokyo.

For sale in Japanese territory only.

Printed and bound in China

A WORLD OF IDEAS: SEE ALL THERE IS TO KNOW
www.dk.com

生命の基礎知識

微生物と菌類

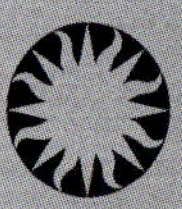

Smithsonian
スミソニアン協会

1846年に設立されたスミソニアン協会は、19の博物館とギャラリー、国立動物園からなる世界でもっとも大きな博物館群・研究機関複合体である。スミソニアン協会は工芸品や美術品、標本など、1億3800万点もの収集物を所有している。スミソニアン協会は名高い研究機関であり、芸術や科学、歴史の分野での公共教育や国家サービス、奨学金の提供を目的としている。

植物

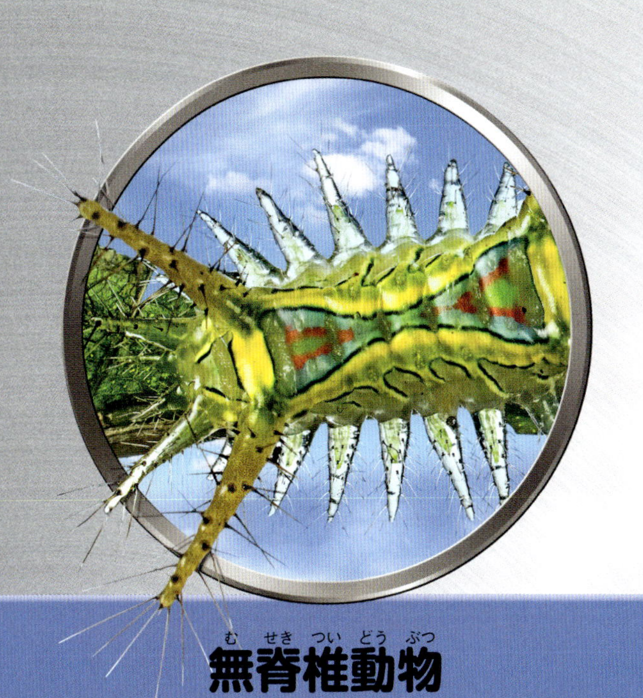

無脊椎動物

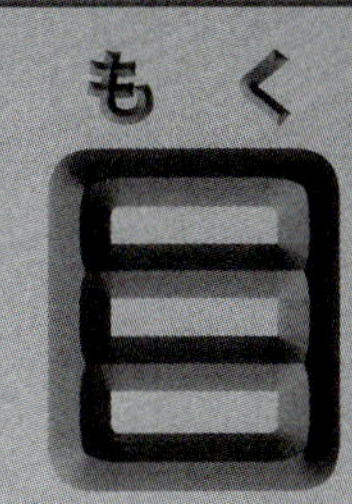
目
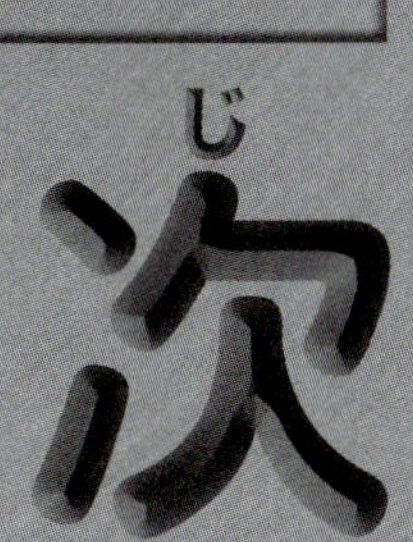
次

魚類

両生類

爬虫類

鳥類

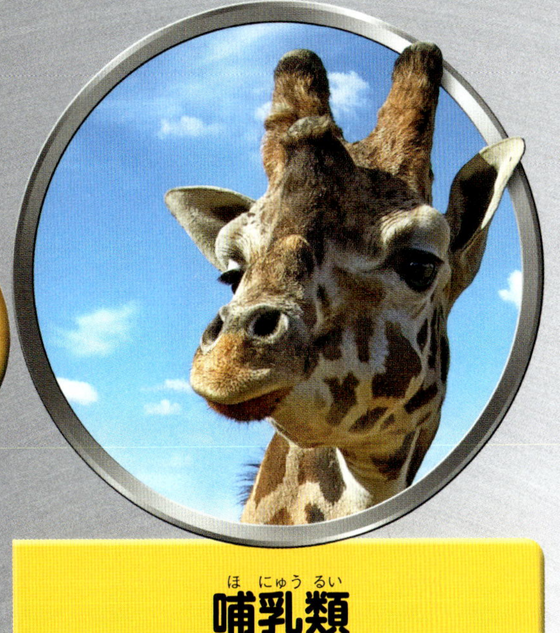

哺乳類

生息地

地球上の生命は37億年よりも前に始まりました。時の流れとともに、最初は単純だった生き物たちが、信じられないくらい**さまざまな形の生物**に進化していきました。微生物、菌類、植物などの生物が現れ、さらに魚類、両生類、哺乳類が現れました。どんな形の生命でも、ある共通の性質を備えています。それは何かというと、生き物はみな**細胞**とよばれる、体を形づくる最小の要素でできているということです。また生き物はみな、食べ物の中にためられている**エネルギー**を取りこんで生きています。さらに生き物は、**生殖**とよばれる活動で子孫を残します。

生命の基礎知識

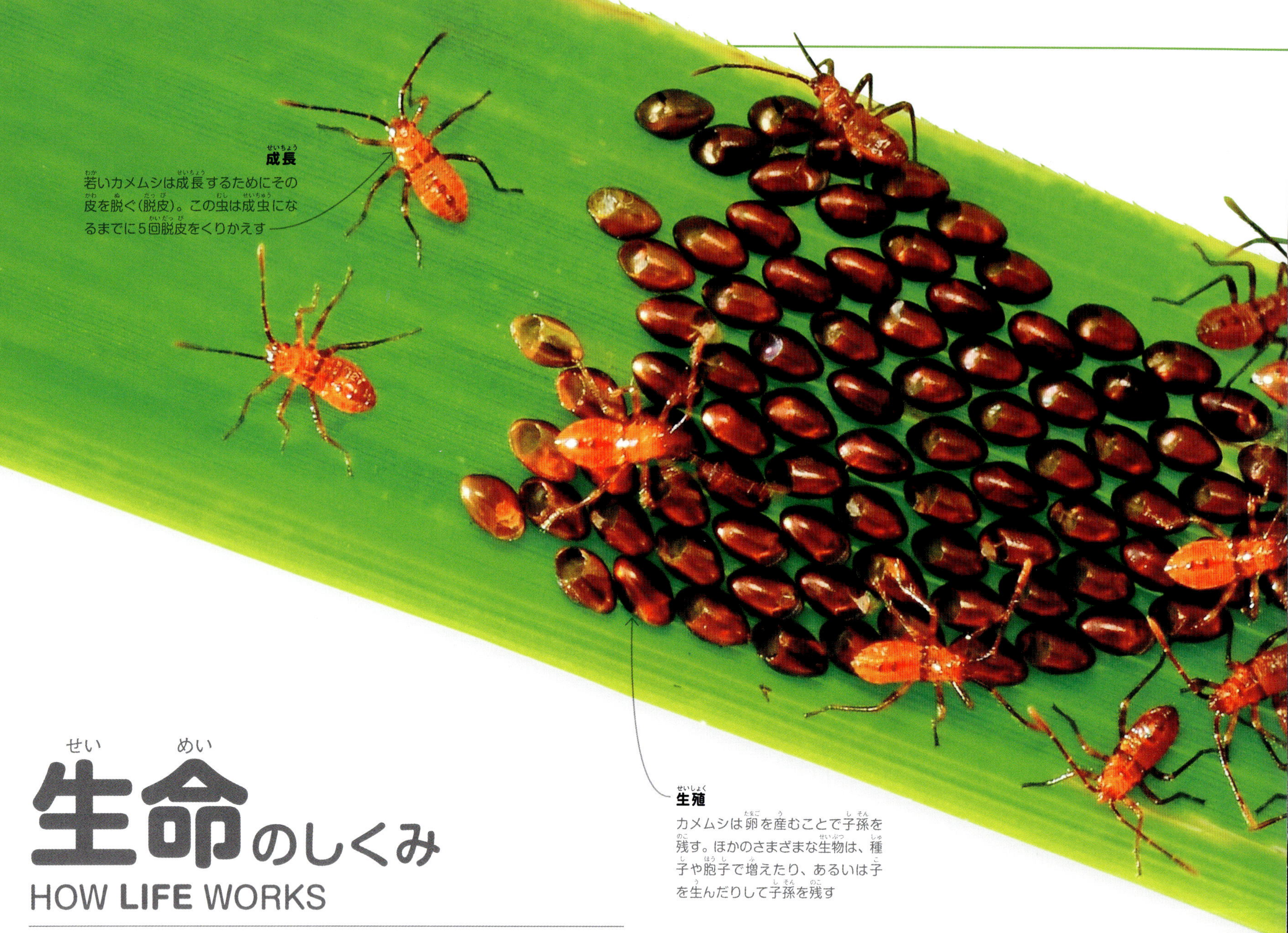

成長
若いカメムシは成長するためにその皮を脱ぐ(脱皮)。この虫は成虫になるまでに5回脱皮をくりかえす

生殖
カメムシは卵を産むことで子孫を残す。ほかのさまざまな生物は、種子や胞子で増えたり、あるいは子を生んだりして子孫を残す

生命のしくみ
HOW LIFE WORKS

地球上の生命は37億年よりも前に始まりました。最初の生物は1つの細胞からなる大変小さな生き物として発生しましたが、長い時間をかけてとても多くの異なる形の生命体へと進化しました。現代では、針の先ほどの場所に100万個も集まっているほど小さな細菌(バクテリア)から、体重が150トンもある、史上もっとも大きな動物とされるシロナガスクジラまでさまざまな生き物がいます。こうした生き物はそれぞれ、一定の特徴をもっていて、それによって無生物と区別されます。

▲カメムシの一生
カメムシは、卵からかえるとすぐに動くことができ、まわりのものを感じとり、自分ひとりの力で食べたり、体内の不用なものを外に出す排泄をしたり、酸素を取り入れたりして食べ物から得たエネルギーを活力に変えることができる。成長すると、自分自身が卵を産めるようになる。動く、感覚がある、栄養をとる、排泄する、呼吸する、成長する、生殖する、という7つの特徴はすべての生物に共通するものである。

生物界
地球上の生命体は200万ほどのちがった種類があり、植物界、動物界などのように「界」とよばれる7つのおもなグループに分類される。

動物
動物はみなほかの生物を食べ物としている。大部分の動物には神経、筋肉、感覚器官が備わっている。

植物
大部分の植物は陸上で生まれ育っており、光合成とよばれる活動で日光を利用して栄養を生みだしている。

菌類
マッシュルームも毒キノコも菌類に属しており、菌類の多くは生物の死骸など有機物から栄養をとっている。

藻類
藻類は植物と同じように光を利用して栄養をとっているが、その構造はもっと単純で、そのほとんどが水中で生まれ育っている。

感覚
ほとんどの昆虫と同じように、カメムシはまわりの物にふれたり、味を知るためにアンテナのようなつの(触角)を使う

細胞呼吸
すべての生物は、細胞内で起こる活動(代謝)として、栄養物からエネルギーを取り出す

生命と水

生命は水の中、おそらく海底で発生したと考えられている。すべての生き物にとって水は欠かせないものだ。ストロマトライトは最古の化石の一種で、浅い海で成長するシアノバクテリアがドーム状に盛り上がった岩のような形をしているものである。現代でもオーストラリアで同じような形の生きたストロマトライトが見られる。

排泄
あらゆる生き物は、細胞の中で体にとって不用な老廃物を生み出す。昆虫はそうした体内のゴミを尻から外に出す

動作
あらゆる形の生き物は動くことができるが、動物は植物よりもずっと速く動く。子どものカメムシは歩いて動くが、成虫は飛ぶこともできる

栄養
カメムシは、口器を植物に刺して甘い汁を吸う

原生動物
原生動物は1つの細胞でできた単細胞生物だが、細菌よりも大型で、その細胞は複雑なつくりをしている。

細菌
細菌(真正細菌・バクテリア)は単細胞生物で、地球上にもっとも大量に、またもっとも広い範囲にいる生物である。

古細菌
古細菌(アーキア)はバクテリアに似ているが、沸騰した水の中のような、もっときびしい環境でも生きのびることができる。

生殖のしくみ
HOW **REPRODUCTION** WORKS

すべての生き物は子孫を残そうとしてたたかっています。子どもを作る生殖という活動がなければ、生命はこの世から消えてしまうでしょう。生物の種類によって生殖の速さはまちまちです。メスのゾウは一生の間に5頭ほどの子どもしか産みませんが、カエルのなかには1年で2万匹ものオタマジャクシになる卵を産む種類もいます。多くの子を産む種は生き残るためにきびしい競争をすることになり、大人になるまで成長することができるのはほんの一部にすぎません。生き物の生殖には大きく分けて有性生殖と無性生殖の2通りがあります。

▶ 有性生殖

すべての哺乳類に見られることだが、ネズミは有性生殖でしか生殖することができない。有性生殖には、ふつうはオスとメスの組み合わせで一組の親が必要だ。この親たちは、生殖細胞(胚細胞)とよばれる特別な細胞をつくり出し、生殖細胞は一体となって新しい生命体へと成長していくことができる。生殖細胞は、どの子にもほかにはない独自の組み合わせによって両親の遺伝子が受け継がれるよう形づくられる。その結果それぞれの子は少しずつちがったものとなり、そのちがいにより生き残るチャンスが大きくなる子どももいる。

ネズミの親は、生まれたばかりの子どもたちがより多く生き残っていけるように、子どもたちの世話をする

ネズミの子は生まれたときから毛がはえており、目があいている

マルハナバチは花の蜜を集める際に、花粉を運ぶ(授粉する)役割をはたす

植物の生殖

大部分の植物の生殖細胞は花の中でつくられる。花の多くは鮮やかな色をしていて、マルハナバチのような虫をひきつけ、別の場所に生えている植物へとオスの生殖細胞を運んでもらうが、虫はそうやって植物の生殖を手伝っていることを知らない。植物の生殖細胞は花粉とよばれる粉のような物の中にあり、花粉はマルハナバチが花の蜜を探っている間にマルハナバチの体につく。

つがいとなったナメクジは粘液をひも状にしたものでぶら下がる

ナメクジの生殖器がからみあっておたがいの生殖細胞を交換している

雌雄同体

植物のほとんどと、一部の動物は、オスとメスが別々の性に分かれていない。別々の性がないかわりに、それぞれの個体がオスとメスの両方の生殖細胞をつくることができる雌雄同体というかたちをとっている。ナメクジは雌雄同体だが、2つの個体がさかさまにぶら下がってたがいにからみあうような形で交尾し、おたがいの生殖細胞を交換する。

無性生殖

無性生殖の親は自分ひとりで生殖することができ、そのため親と同じ遺伝子を持つ子が生まれることになる。有性生殖よりも短い間隔で子が生まれるが、子孫はみな同じような病気に弱いなど、障害への抵抗力が弱い。

単為生殖

アブラムシ(アリマキ)は、無性生殖の一種で単為生殖とよばれるやり方で、交尾することなく子を産むことができる昆虫だ。生まれた子は生まれたときにすでに自分が産む子を体内に宿しており、そのため、アリマキは、驚くほどの速さで増えることができる。

くだけた破片での生殖

多くの植物と、一部の動物は細かく分裂することで、その一つひとつが新しい個体になるという生殖を行うことができる。海綿動物は数千もの破片に分かれても生きることができ、さらにふたたび合体することもできる。

分裂生殖

イソギンチャクは2つに分裂するかたちで無性生殖を行う。こうしたかたちの生殖は、細菌のような微生物によく見られる。ある種の細菌は20分ごとに分裂することができるので、わずか1日で1個の細胞から数百万もの子孫を発生させることができる。

細胞のしくみ
HOW CELLS WORK

細胞は生命のおおもととなる単位で、すべての生物を形づくる基本的な要素です。もっとも小さな生物がただ1つの細胞でできているのに対して、植物や動物は何兆個もの細胞からなっています。細胞は、でたらめに集まっているのではなく、壁をつくるためのレンガのように秩序をもって組み合わされていて、組織とよばれる膜やかたまりを形づくっています。そうしてできたさまざまな組織が一体となって、内臓などの器官、さらには体全体をつくり上げているのです。

▶ 顕微鏡で見る細胞

ふつうの細胞は幅が数百分の1mmぐらいの大きさしかないため、人間の目で見ることはできない。それでも顕微鏡で拡大することで、このページの写真のような形を見ることができる。水生植物のオオカナダモは、葉がやわらかく、たいへん薄いので、顕微鏡で見るのにとくに適している。

細胞
オオカナダモの葉は、
薄くやわらかい
倍率40倍に拡大すると

葉の先端
倍率を40倍にして顕微鏡を見ると、葉の先端の細胞がよく見える。細胞は板状の組織を形づくるレンガのように列を作って並んでいる。

葉のはたらき
葉は植物を形づくっている組織の一部。日光のエネルギーを吸収して、それをブドウ糖のような分子のかたちでたくわえるはたらきをする(この反応を光合成という)。

細胞の内部

すべての細胞の外側には、細胞に出入りするものをコントロールする膜がある。細胞のもっとも大切な役割を果たすのが核であり、DNA分子にコード化されたかたちで、細胞を働かせるのに必要な情報がすべてそこにおさめられている。細胞の活動の源となるエネルギーを供給するのが、ミトコンドリアという細胞内の小さな器官だ。また、多くの植物の細胞には、太陽の光のエネルギーを吸収してそれをたくわえる葉緑体という組織がある。動物の細胞とちがって、植物の細胞には外側に細胞壁があり、細胞の中央のあたりに液体で満たされた液胞があって、そのどちらも細胞が直方体の形をたもつのに一役買っている。

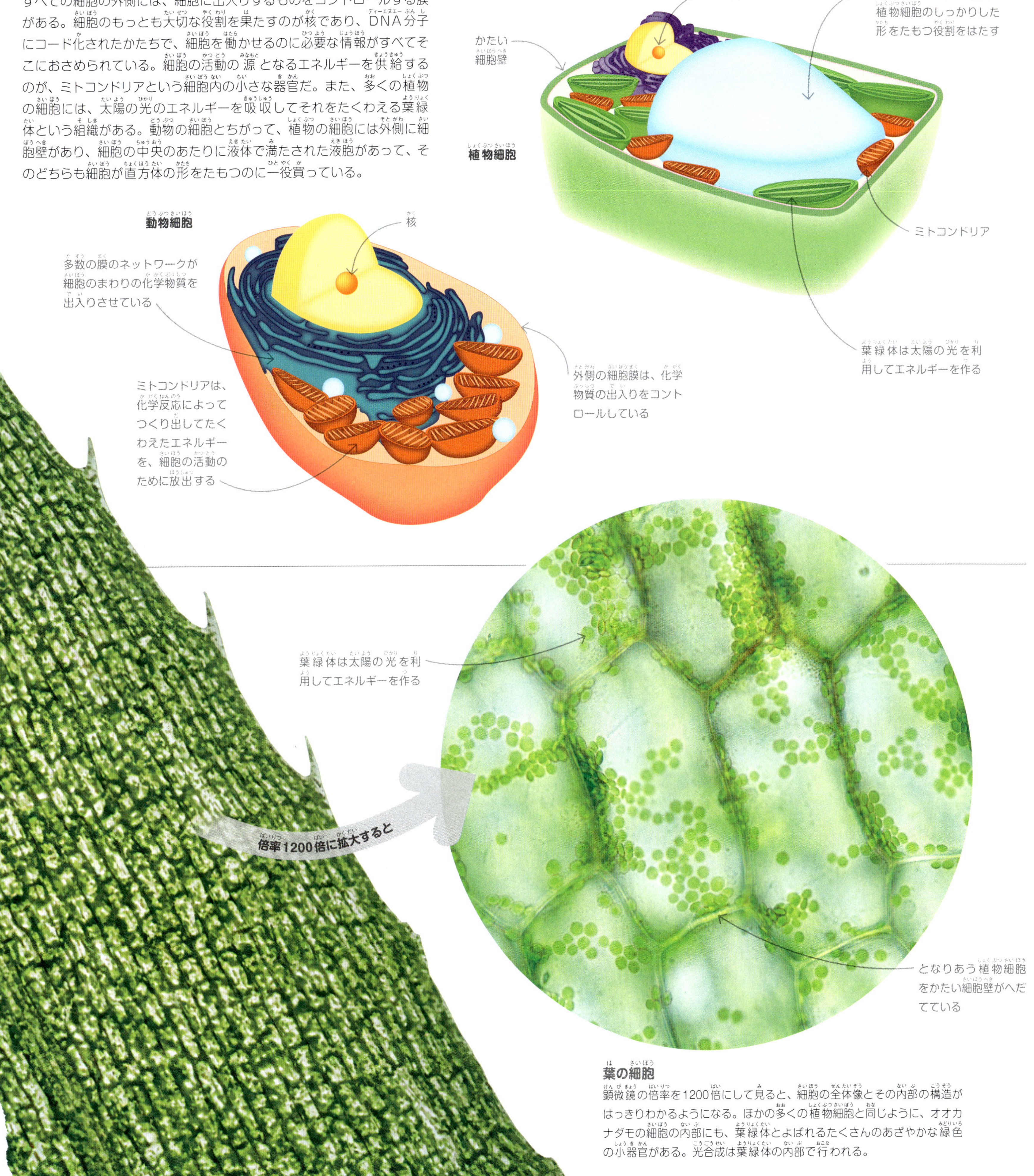
植物細胞
核
液体で満たされた液胞が、植物細胞のしっかりした形をたもつ役割をはたす
かたい細胞壁
ミトコンドリア
葉緑体は太陽の光を利用してエネルギーを作る
動物細胞
核
多数の膜のネットワークが細胞のまわりの化学物質を出入りさせている
ミトコンドリアは、化学反応によってつくり出してたくわえたエネルギーを、細胞の活動のために放出する
外側の細胞膜は、化学物質の出入りをコントロールしている
倍率1200倍に拡大すると
葉緑体は太陽の光を利用してエネルギーを作る
となりあう植物細胞をかたい細胞壁がへだてている

葉の細胞

顕微鏡の倍率を1200倍にして見ると、細胞の全体像とその内部の構造がはっきりわかるようになる。ほかの多くの植物細胞と同じように、オオカナダモの細胞の内部にも、葉緑体とよばれるたくさんのあざやかな緑色の小器官がある。光合成は葉緑体の内部で行われる。

DNAのしくみ

HOW **DNA** WORKS

地球上のすべての生命体はDNA分子(デオキシリボ核酸)にもとづいて形づくられています。DNAは化学的な符号(コード)というかたちで情報を保存する驚くべき能力をもっています。このコードには、生き物を成長させ、その生命をたもちつづけるために細胞が必要とするすべての情報が書きこまれているのです。動物や植物の体のほとんどすべての細胞に、この情報が完全にそろったセットが少なくとも1つはふくまれています。

2本のひもがたがいにからまり合うように巻かれる形は二重らせん構造と呼ばれている

それぞれのひもを支えているのはリン酸塩類(灰色の部分)でつながれた単糖類(黒の部分)のくさり

正常なハリネズミのとげは、黒っぽい色素であるメラニンをふくんでいるので、茶色をしている

アルビノの目は、色素が欠けているために、血の色がすけて、ピンク色に見える

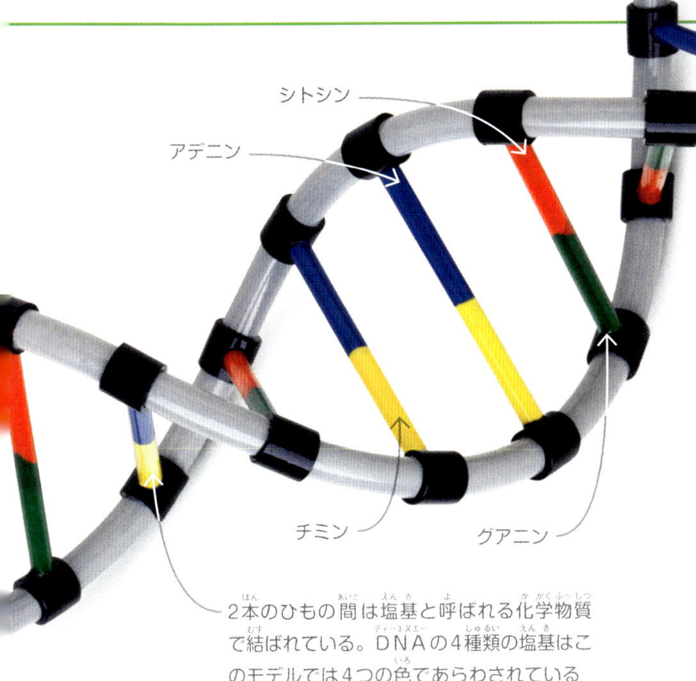
シトシン
アデニン
チミン
グアニン

2本のひもの間は塩基と呼ばれる化学物質で結ばれている。DNAの4種類の塩基はこのモデルでは4つの色であらわされている

DNA分子

DNA分子は2本の細長いひもをよりあわせたような形(二重らせん構造)をしている。このひもをはしごの段のようにつないでいるのが塩基とよばれる物質で、それぞれの段は2つの塩基の組み合わせでできている。DNAには4種類の塩基があり、2つの塩基の組み合わせはいつも決まっている(アデニンとチミン、シトシンとグアニン)。分子の始めから終りまでくりかえされる塩基の配列は、遺伝情報を伝える4文字のコード(符号)で表すことができる。

遺伝子

ATGACGGATCAGCCGCAAGCGG
TACTGCCTAGTCGGCGTTCGCC

塩基のくりかえしでできる配列が、4文字のコードを形づくる

遺伝子

遺伝子はひとつひとつが特定の目的をもってコード化された、ひとつながりのDNAでできている。もっとも短い遺伝子はわずか数十の塩基のペアだけでできている。これに対し、もっとも長い遺伝子は数百万もの塩基のペアでできている。大部分の遺伝子はたんぱく質の分子構造について細胞に指示する設計図をもっている。そのたんぱく質は、細胞内で起こる化学反応をコントロールする役割をはたす。一部の遺伝子は、ほかの遺伝子をはたらかせたり止めたりする、制御の役割をになっている。

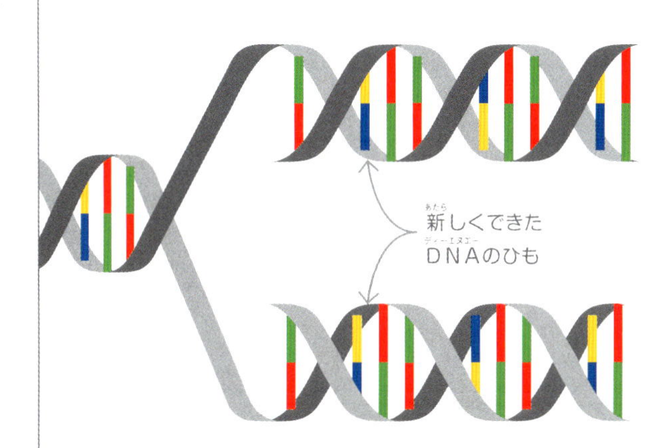
新しくできたDNAのひも

コピーをつくる

ほかの種類の分子とちがい、DNAは自分自身のコピーを作ることができる。二重のらせんが真ん中から分れて1本の糸状になり、その1本1本が新たな組み合わせのDNAを生みだす元となる。それぞれの塩基がペアを組む相手はつねに同じなので、新たに2つになったDNA分子はまったく同じものになる。この自分自身をコピーするという能力のおかげで、生物は生殖を行い、子孫に自分の遺伝子のコピーを引き継がせることができる。地球上にあらわれたごく初期の生命のかたちは、おそらくDNAによくにた自分をコピーできる分子だったろう。

アルビノのハリネズミのとげは、メラニンを欠くため、白い

◀コピーのミス——突然変異

時には、DNAの情報に、誤ったコードの書きこみがまぎれこむことがある。こうしたエラーは突然変異とよばれる。ほとんどの場合、このようなエラーは無害だが、こうした変異が生殖細胞に起こると、その細胞から発生した子どもの体の細胞全体に影響し、その結果大きな変化が起こることがある。たとえばメラニン(動物の皮膚の色を決める黒っぽい色素)を作る働きをする遺伝子に突然変異が起こると、動物の色が変わってしまう。突然変異でこの遺伝子のはたらきが止められてしまうと、動物の体に色がつかなくなってしまい、生まれつき皮膚や毛が白い色で、ピンクの目をしたアルビノといわれる子が生まれる。

進化のしくみ
HOW EVOLUTION WORKS

数百万年前に生きていた動物や植物は、現代に生きているものとはちがう生き物でした。長い時間がたつうちに、まわりの環境に適応して変化していきましたが、この過程を進化といいます。これまで地球上に生きてきた種のほとんどは、現在までに絶滅してしまいましたが、そのうちのごく一部の生物は化石として、かつて生きていた形や様子を残しています。こうした先史時代の生物の死骸は過去の世界をさぐるための窓口として、長い年月の間に進化が引き起こした驚くべき変化の様子を私たちに教えてくれます。

短い首
緑豊かなガラパゴス諸島のイサベラ島は、草がたくさん生えているので、カメの首は草を食べやすいように短くなっている。

長い首
乾燥ぎみで草地の少ないガラパゴス諸島のエスパニョラ島では、カメは背の低い木の茂みなどで食事できるように首が長くなっている。

自然選択
人間の親子と同じように、動物や植物の子どもが生まれると、少しずつ違うものとなっていく。子孫の間ではさまざまな違いが生まれ、そのうちの一部はほかの者よりも生き残る能力が高いので、次の世代に自分たちのすぐれた特長を伝えていく。この過程は自然が選びとるという意味で、自然選択と呼ばれる。自然選択によって、多くの世代を重ねることで種は環境に適応していく。たとえばガラパゴス諸島のカメは、雨の少ない島々では背の低い木の茂みに首をのばさないと葉が食べられないため、首が長くなるという進化を見せている。

もじゃもじゃの毛皮が、氷河期のきびしい寒さからマンモスを守った

▶ ゾウの進化
化石を調べた結果、ゾウの長い鼻と牙の進化には6000万年もの歳月がかかっていることがわかった。現代のゾウは、哺乳綱長鼻目(ゾウ目)の系統で生きのびている、最後の種だ。初期の哺乳綱長鼻目はやわらかい植物を食べやすいようによく動く短い鼻を持っていた。体格が大きくなるにつれ、歯が牙へと進化し、さらに鼻が長くなっていったので、草から木のてっぺんに茂る葉まであらゆる植物をエサとしてとることができるようになった。

現代のゾウと違い、デイノテリウムは下あごに牙がある

重い体重を支えるため、太い柱のような足をしている

モエリテリウム
初期の長鼻目はブタとあまり変わらない大きさだった。短い鼻は動かすことができ、やわらかい植物をとるのに役立ったと考えられる。

デイノテリウム
デイノテリウムの鼻はまだ短く、下向きの牙があった。その牙をどのように使ったのかはわかっていないが、武器として、またはあなを掘るのに使ったのではないかと考えられている。

ゴンフォテリウム
鼻が短く、上あごにも下あごにも牙が生えていた。

ケナガマンモス
この先史時代のゾウは、つい数千年前まで生き残っていた。鼻の先に、草をつまむのに便利な2本の「指」のような突起があった。

ステップマンモス
現代のゾウの2倍もの大きさになるステップマンモスは、寒い草原をのしのしと歩いていた。

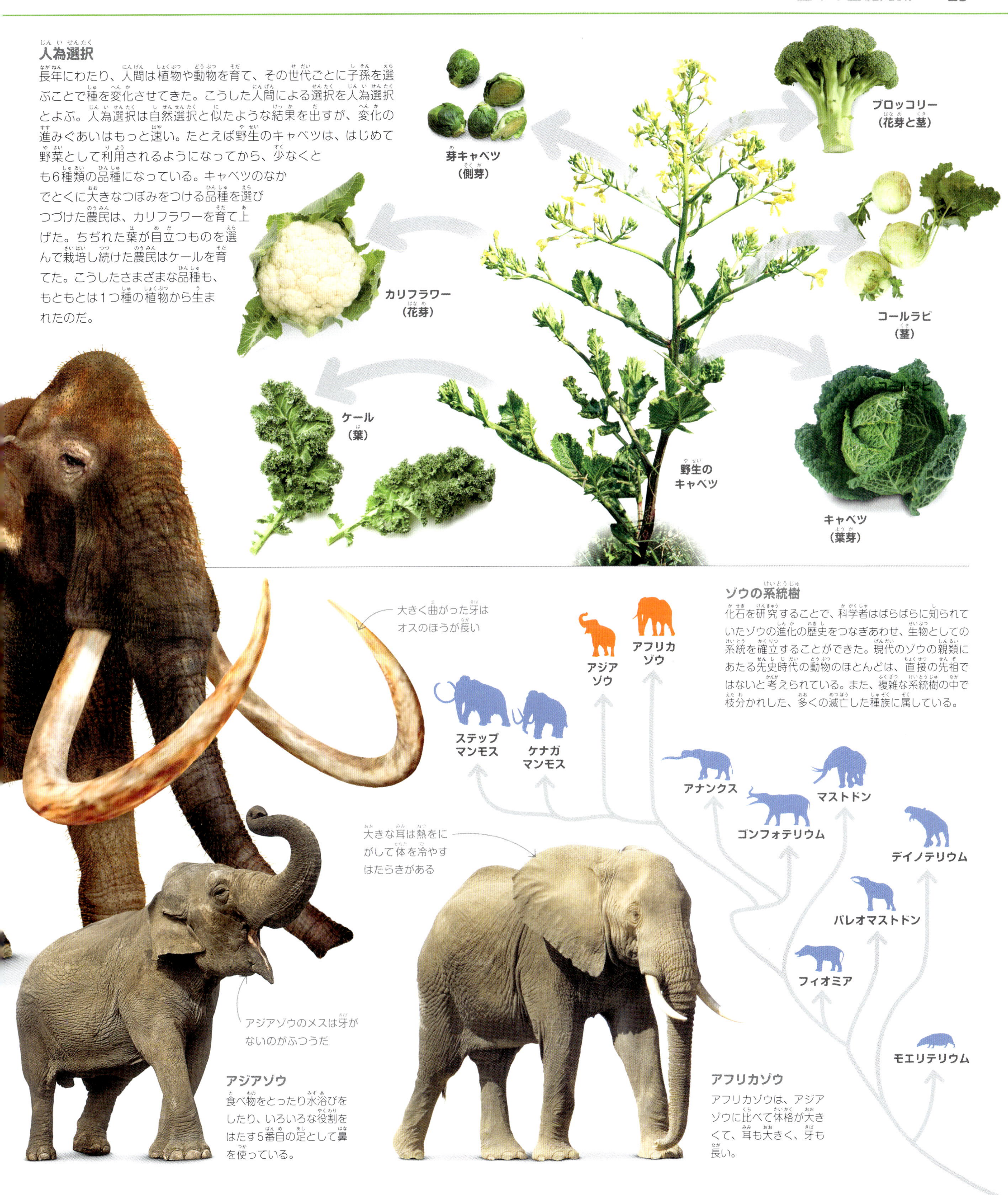
芽キャベツ
（側芽）
ブロッコリー
（花芽と茎）
カリフラワー
（花芽）
コールラビ
（茎）
ケール
（葉）
野生の
キャベツ
キャベツ
（葉芽）
大きく曲がった牙は
オスのほうが長い
アジア
ゾウ
アフリカ
ゾウ
ステップ
マンモス
ケナガ
マンモス
アナンクス
マストドン
ゴンフォテリウム
デイノテリウム
パレオマストドン
フィオミア
モエリテリウム
大きな耳は熱をに
がして体を冷やす
はたらきがある
アジアゾウのメスは牙が
ないのがふつうだ

人為選択

長年にわたり、人間は植物や動物を育て、その世代ごとに子孫を選ぶことで種を変化させてきた。こうした人間による選択を人為選択とよぶ。人為選択は自然選択と似たような結果を出すが、変化の進みぐあいはもっと速い。たとえば野生のキャベツは、はじめて野菜として利用されるようになってから、少なくとも6種類の品種になっている。キャベツのなかでとくに大きなつぼみをつける品種を選びつづけた農民は、カリフラワーを育て上げた。ちぢれた葉が目立つものを選んで栽培し続けた農民はケールを育てた。こうしたさまざまな品種も、もともとは1つ種の植物から生まれたのだ。

ゾウの系統樹

化石を研究することで、科学者はばらばらに知られていたゾウの進化の歴史をつなぎあわせ、生物としての系統を確立することができた。現代のゾウの親類にあたる先史時代の動物のほとんどは、直接の先祖ではないと考えられている。また、複雑な系統樹の中で枝分かれした、多くの滅亡した種族に属している。

アジアゾウ

食べ物をとったり水浴びをしたり、いろいろな役割をはたす5番目の足として鼻を使っている。

アフリカゾウ

アフリカゾウは、アジアゾウに比べて体格が大きくて、耳も大きく、牙も長い。

分類のしくみ
HOW CLASSIFICATION WORKS

キリンやチータというように、一定の名前で表される生き物を、「種」と呼びます。地球上には知られているだけで200万種近くの生き物が生きていて、さらに多数の種がまだ発見されないでいます。これまでにわかっている種はすべて学名がつけられていて、生命の樹つまり生命の系統樹の中で、地球上のすべての種がどのように分類されているのか、学名を見ればわかるようになっています。

▶ 生命の樹

現代の分類の仕方は生物の進化に基づいていて、共通の祖先から進化したグループごとに種が位置づけられている。ここに示された系統樹は、生命全体を形づくっている種のグループのごく一部を選んだだけのものである。

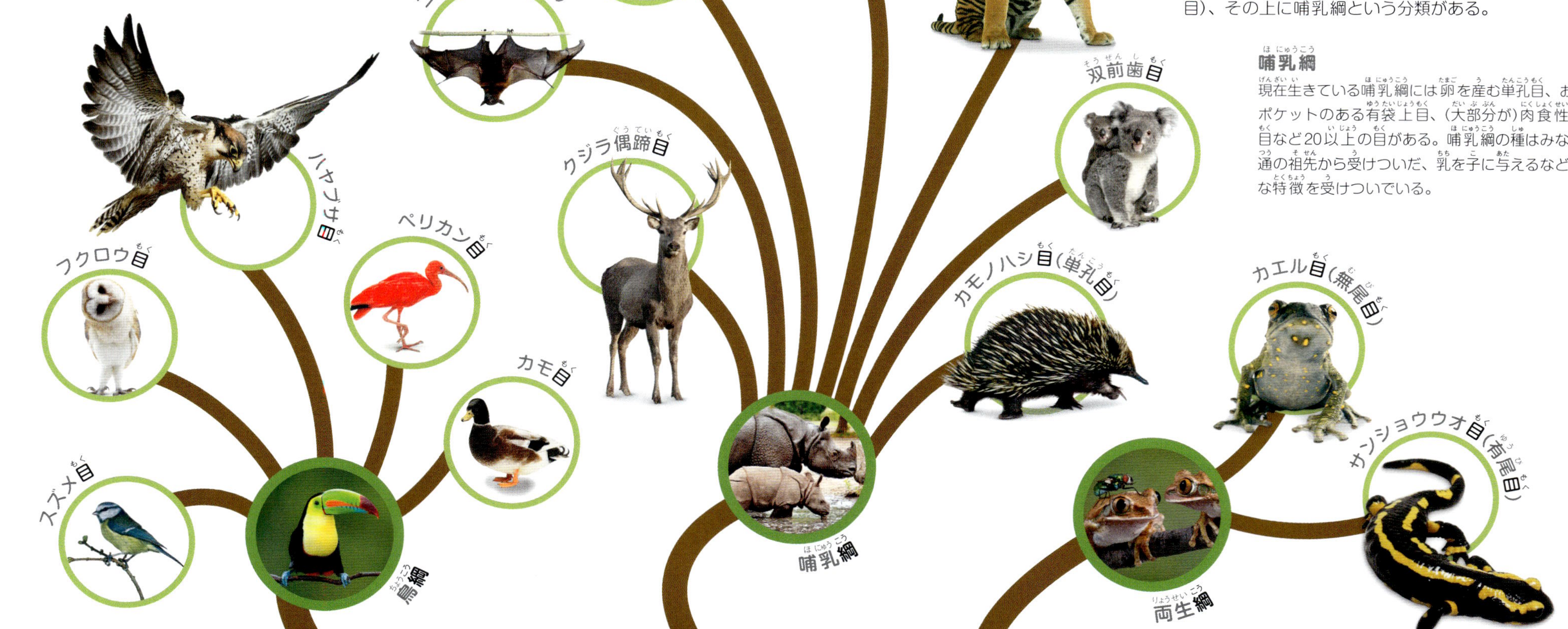

種
属
科
目
綱
門
界
アカギツネ
ホッキョクギツネ
キツネ属
イヌ属
イヌ科
ネコ目（食肉目）
サル目（霊長目）
ネズミ目（げっ歯目）
コウモリ目（翼手目）
クジラ偶蹄目
双前歯目
カモノハシ目（単孔目）
哺乳綱
カエル目（無尾目）
サンショウウオ目（有尾目）
両生綱
ハヤブサ目
フクロウ目
ペリカン目
カモ目
スズメ目
鳥綱

学名

種はすべて二名法というやり方で、ラテン語の2つの語で学名を表す。たとえばホッキョクギツネはウルペス・ラゴプス(Vulpes lagopus)という学名をもつ。2番目の語が、その種をグループ内で区別するための名前となる。最初の語が示すのは「属」で、これはもっとも近い関係の種を含むグループを表す。たとえば「ウルペス」という属には10種類以上のキツネの種がいる。属はすべてその上のグループに所属している。たとえばウルペス(キツネ属)の上のグループにはイヌ科があり、その上に食肉目(ネコ目)、その上に哺乳綱という分類がある。

哺乳綱

現在生きている哺乳綱には卵を産む単孔目、おなかにポケットのある有袋上目、(大部分が)肉食性の食肉目など20以上の目がある。哺乳綱の種はみなその共通の祖先から受けついだ、乳を子に与えるなどの重要な特徴を受けついでいる。

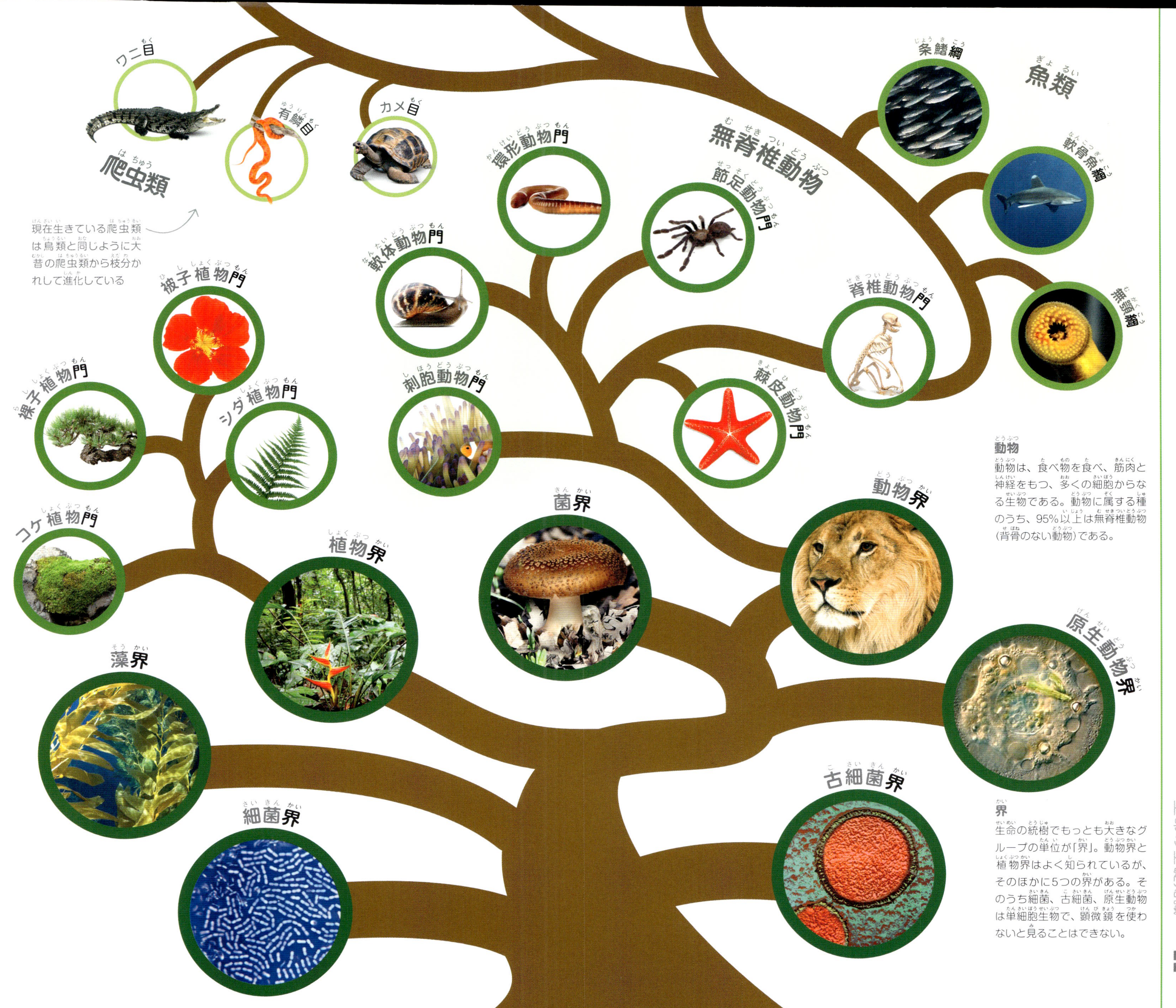
ワニ目
有鱗目
カメ目
爬虫類
現在生きている爬虫類は鳥類と同じように大昔の爬虫類から枝分かれして進化している
被子植物門
裸子植物門
シダ植物門
コケ植物門
植物界
藻界
細菌界
環形動物門
軟体動物門
刺胞動物門
菌界
無脊椎動物
節足動物門
脊椎動物門
棘皮動物門
動物界
原生動物界
古細菌界
条鰭綱
魚類
軟骨魚綱
無顎綱

動物
動物は、食べ物を食べ、筋肉と神経をもつ、多くの細胞からなる生物である。動物に属する種のうち、95％以上は無脊椎動物（背骨のない動物）である。

界
生命の統樹でもっとも大きなグループの単位が「界」。動物界と植物界はよく知られているが、そのほかに5つの界がある。そのうち細菌、古細菌、原生動物は単細胞生物で、顕微鏡を使わないと見ることはできない。

身近に目にする生き物は、そのほとんどが動物と植物ですが、それらに分類されない生き物のほうがはるかに多くいます。拡大しなければ見えないほど小さな生き物もいます。このような微生物は、さまざまな所に生息していますが、ほとんどが顕微鏡で拡大しないと見ることができません。菌類という別の生き物は、キノコとして生えてきます。菌類は植物に似ていますが、動物とのほうがもっと深い関係があります。

微生物と
菌類

微生物の生態
HOW **MICROORGANISMS** WORK

微生物の中には、見るのに顕微鏡が必要なほど小さなものもいます。このような、とても小さな生き物は、地球上のあらゆる所にたくさん生息しています。1粒の土や1滴の池の水に何千個も微生物がいることがあります。ほとんどの微生物は、たった1個の細胞からできていて、脳や感覚器官、手足はありません。それでも動きまわったり、環境に適応したり、お互いに食べたり食べられたりします。

飲みこんだエサを食胞という袋の中に閉じこめて、そこで消化する

▶ 顕微鏡でしか見ることのできない敵
人間の髪の毛の太さ半分のミズヒラタムシは、単細胞で、ほかの生き物をつかまえて食べる。池などの淡水の中に生息する。エサとして食べられた藻類などのさらに小さい生き物が、ミズヒラタムシの体の中で緑の斑点のように見えている。エサは、大きなじょうごのような形をしたのどを通って飲みこまれ、生きたまま消化される。

ミズヒラタムシは、たくさんの剛毛を波打たせてエサをのどに運び、飲みこむ

細胞分裂

娘細胞

繁殖
ミズヒラタムシなどの単細胞生物は、2つに分裂して娘細胞という2個の新しい細胞を作り出すだけで繁殖できる。これによってすばやく増殖でき、理想的な環境であれば、世代ごとに数が倍になっていく。

細胞のほとんどは、細胞質という液体で満たされている

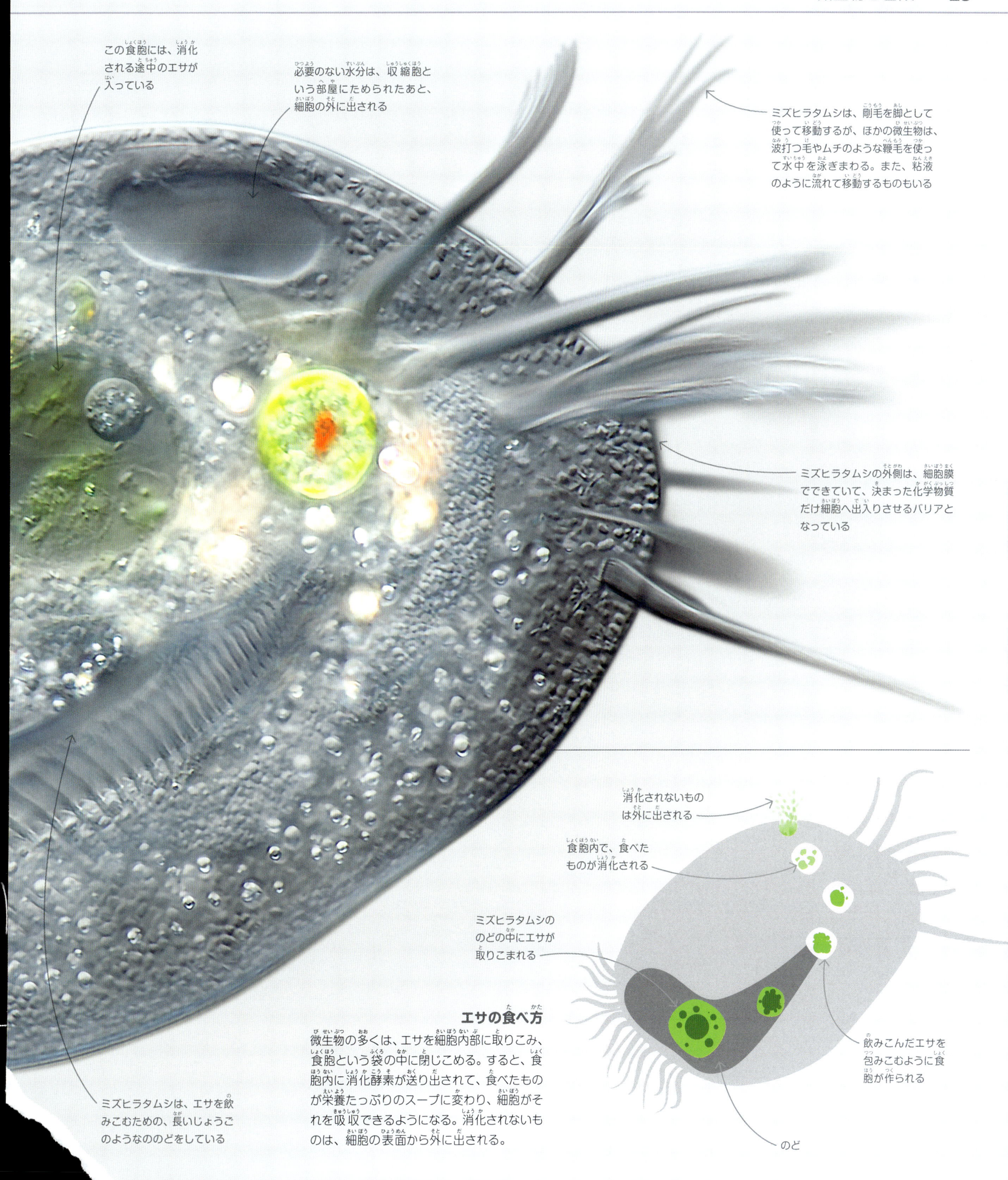
この食胞には、消化される途中のエサが入っている
必要のない水分は、収縮胞という部屋にためられたあと、細胞の外に出される
ミズヒラタムシは、剛毛を脚として使って移動するが、ほかの微生物は、波打つ毛やムチのような鞭毛を使って水中を泳ぎまわる。また、粘液のように流れて移動するものもいる
ミズヒラタムシの外側は、細胞膜でできていて、決まった化学物質だけ細胞へ出入りさせるバリアとなっている
ミズヒラタムシは、エサを飲みこむための、長いじょうごのようなのどをしている
消化されないものは外に出される
食胞内で、食べたものが消化される
ミズヒラタムシののどの中にエサが取りこまれる
飲みこんだエサを包みこむように食胞が作られる
のど

エサの食べ方

微生物の多くは、エサを細胞内部に取りこみ、食胞という袋の中に閉じこめる。すると、食胞内に消化酵素が送り出されて、食べたものが栄養たっぷりのスープに変わり、細胞がそれを吸収できるようになる。消化されないものは、細胞の表面から外に出される。

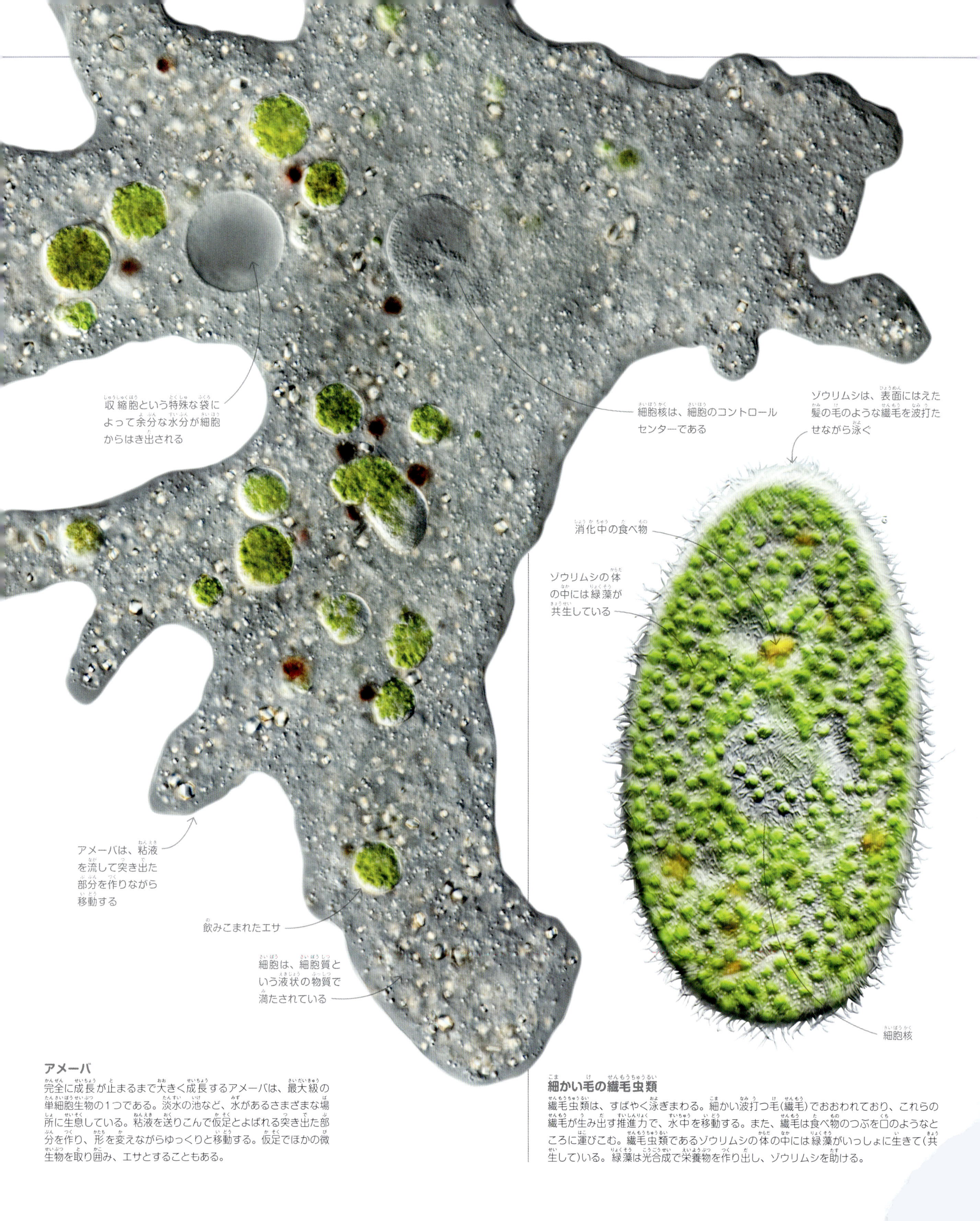
収縮胞という特殊な袋によって余分な水分が細胞からはき出される
細胞核は、細胞のコントロールセンターである
ゾウリムシは、表面にはえた髪の毛のような繊毛を波打たせながら泳ぐ
消化中の食べ物
ゾウリムシの体の中には緑藻が共生している
アメーバは、粘液を流して突き出た部分を作りながら移動する
飲みこまれたエサ
細胞は、細胞質という液状の物質で満たされている
細胞核

アメーバ

完全に成長が止まるまで大きく成長するアメーバは、最大級の単細胞生物の1つである。淡水の池など、水があるさまざまな場所に生息している。粘液を送りこんで仮足とよばれる突き出た部分を作り、形を変えながらゆっくりと移動する。仮足でほかの微生物を取り囲み、エサとすることもある。

細かい毛の繊毛虫類

繊毛虫類は、すばやく泳ぎまわる。細かい波打つ毛（繊毛）でおおわれており、これらの繊毛が生み出す推進力で、水中を移動する。また、繊毛は食べ物のつぶを口のようなところに運びこむ。繊毛虫類であるゾウリムシの体の中には緑藻がいっしょに生きて（共生して）いる。緑藻は光合成で栄養物を作り出し、ゾウリムシを助ける。

単細胞生物の種類
TYPES OF SINGLE-CELLED LIFE

身近に目にする生物は、そのほとんどが動物や植物ですが、それぞれが顕微鏡でしか見ることができないほど小さい何百万個もの細胞でできています。しかし、これらの多細胞生物は、単細胞生物よりも、はるかに数が少ないのです。単細胞生物は、水たまりや池、海、さらには人間の体内でも、水と栄養素があればどこでも繁殖します。ここに示す例は、目に見えるサイズにするため、すべて実際の大きさの約700倍に拡大しています。

5000倍に拡大

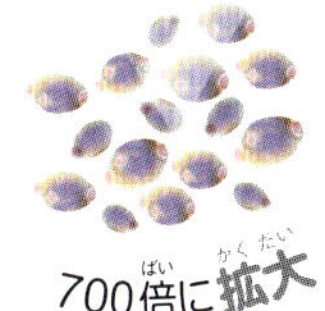
700倍に拡大

酵母
酵母は、糖質をエサにする単細胞菌類で、さまざまな果物にくっついている。パン職人は、パンを作るのに酵母を使う。パン酵母は、小麦粉に含まれる糖質をエサにし、二酸化炭素を包みこんだ泡を発生させてパン生地をふくらませる。

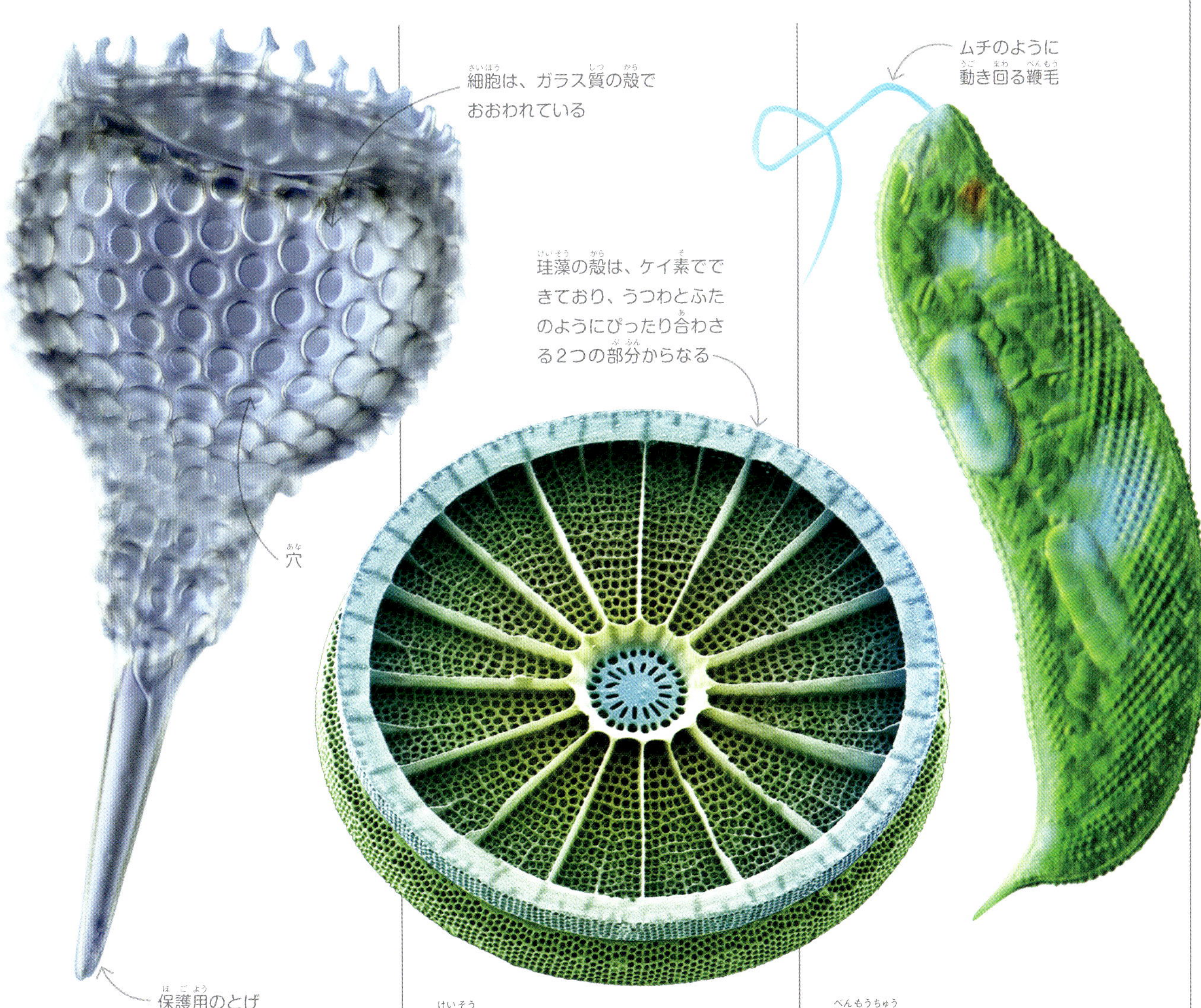
細胞は、ガラス質の殻でおおわれている
穴
保護用のとげ
珪藻の殻は、ケイ素でできており、うつわとふたのようにぴったり合わさる2つの部分からなる
ムチのように動き回る鞭毛

放散虫
ケイ素(ガラスを作るのに使われるミネラル)ででき、とげのある殻で体が保護されている海洋微生物。殻の穴からのばした仮足を使って獲物をとらえる。

珪藻
地球の大気にふくまれる酸素の約3分の1は、海や湖で浮かんでただよいながら生息する微細藻である珪藻によって生み出される。珪藻は、植物と同じように、日光のエネルギーを利用し、自分で自分の栄養を作り出す。

鞭毛虫
鞭毛とよばれる、ムチに似た毛のようなものを絶えず動かして泳ぐ。ここに紹介する鞭毛虫は、ユーグレナ(ミドリムシ)で、植物がするように、日光を利用して栄養を作り出すことができるが、ほかの生物を食べたりもする。

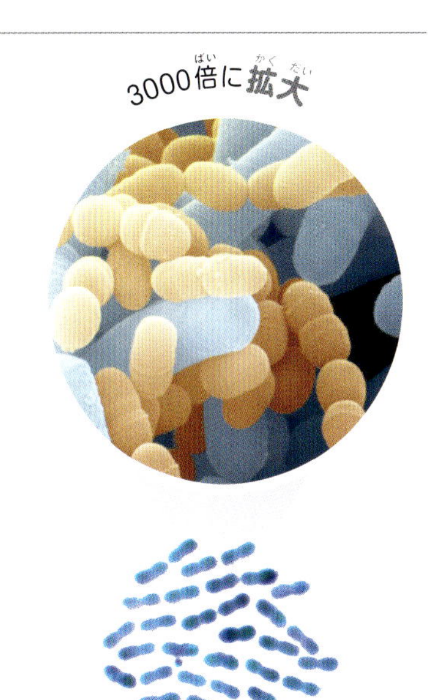
3000倍に拡大
700倍に拡大

細菌(バクテリア)
どこにでも生息している単純な生物。ほかのほぼすべての生物よりも数十億年長く地球上に生きてきた。病気を引き起こす細菌もいるが、ほとんどの細菌は、地球上で重要な役割をはたしている。上の写真の細菌は乳酸菌で、牛乳をヨーグルトに変える働きをする。

病原菌の生態
HOW **GERMS** WORK

人の体の表面や内部には何兆個もの微生物が生息しています。その大半は、害がなく、役に立つものですが、中には人を病気にしてしまうものもいます。細菌や菌類をはじめとする害のある微生物は、病原菌または病原体として知られています。ウイルスは、あまりにも小さく単純な病原菌なので、生き物とはみなされません。

食中毒をおこすバチルス・ミコイデス
この種のような土壌菌は、きたない手につきやすい。バチルス属の菌種の中には、わたしたちの食べ物の中でも増殖するものがいる。じゅうぶん加熱されていない食べ物といっしょに飲みこむと、食中毒という病気を引きおこすことがある。

人の体を守るしくみ
病原菌は、人に感染する。そして、人から人にうつることがある。人の体には、病原菌から身を守る方法がたくさんある。

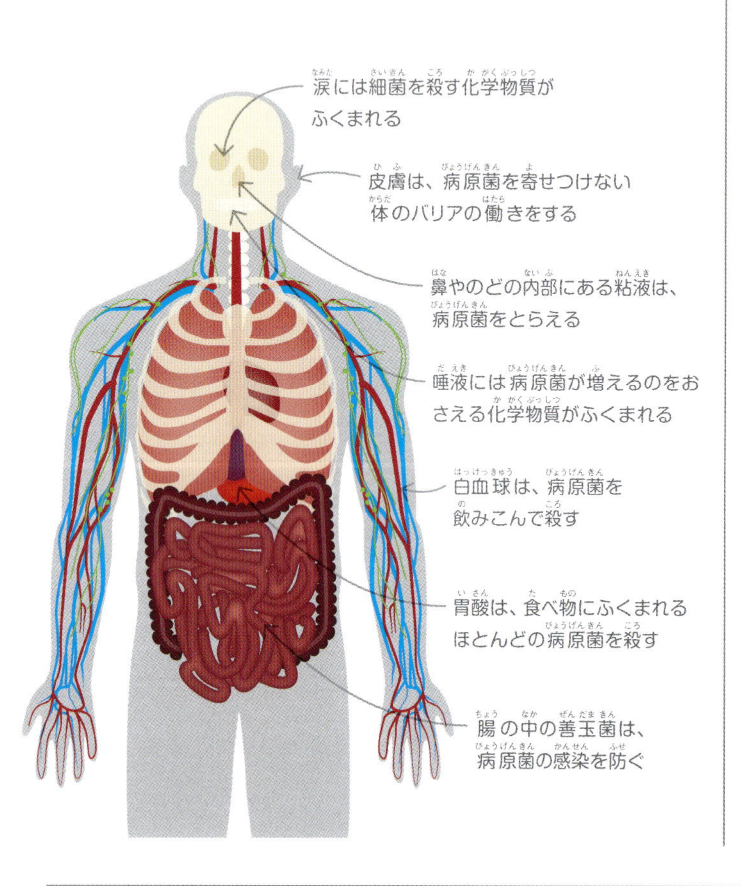
涙には細菌を殺す化学物質がふくまれる
皮膚は、病原菌を寄せつけない体のバリアの働きをする
鼻やのどの内部にある粘液は、病原菌をとらえる
唾液には病原菌が増えるのをおさえる化学物質がふくまれる
白血球は、病原菌を飲みこんで殺す
胃酸は、食べ物にふくまれるほとんどの病原菌を殺す
腸の中の善玉菌は、病原菌の感染を防ぐ

▶ 皮膚のお花畑
この写真に見られる斑点はどれも、研究室で人の手形からとって増殖させた何千個という微生物のコロニー（群生する場所）である。英語でスキン・フローラ（皮膚のお花畑という意味）とよばれる。それぞれのコロニーは、もともと1個の細胞が増殖してできたものである。人の皮膚の表面には、約1000種の細菌、60種以上の菌類が生息していて、死んだ皮膚の細胞や皮脂、汗をエサにしている。普通は害がないが、傷口に入って増えると感染症を引きおこすことがある。人の皮膚は、触れたものから危険な微生物を取りこんでしまうこともある。

すばやく分裂する微生物が最大級のコロニーを形成する

ウイルス
ウイルスとよばれるとても小さな病原菌は、細菌や菌類とは違って、細胞でできておらず、保護膜の中にひとそろいの遺伝物質しかもっていない。繁殖するために、生き物の細胞に入りこんで乗っ取る。普通のかぜのウイルスは、人の鼻やのど、気管など肺への空気の通り道の細胞に感染し、くしゃみを引きおこすことで広がっていく。バクテリオファージ（細菌ウイルス）は、細菌を攻撃するウイルスである。

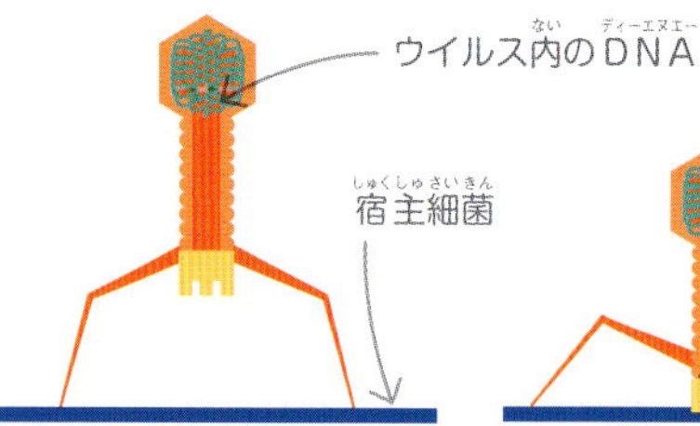
ウイルス内のDNA
宿主細菌

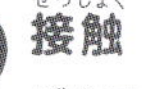

❶ 接触
バクテリオファージは、尾部繊維という部分でふれることにより適当な標的となる細胞を見つけ出す。

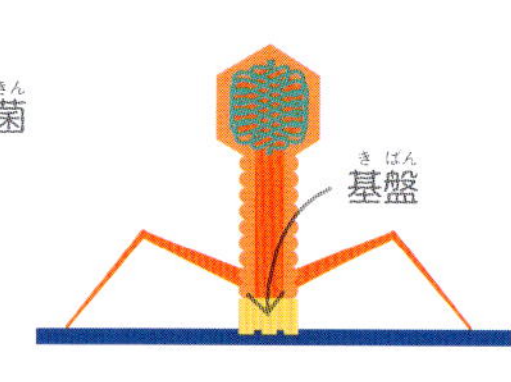
基盤

❷ くっつく
尾部繊維が曲がり、ウイルスの基板とよばれる部分を細胞膜にしっかりくっつける。

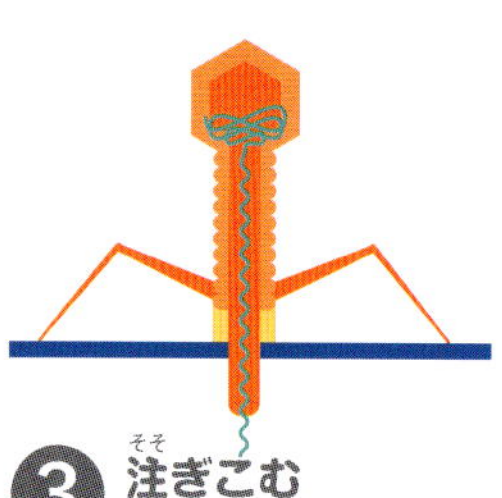

❸ 注ぎこむ
ウイルスが細胞にDNAを注ぎこむ。ウイルスのDNAが細胞の中で、ウイルスのコピーを作らせる。

ブドウ球菌
スタフィロコッカス属菌（ブドウ球菌）は、つねに人の皮膚にいる、もっとも一般的な微生物のひとつである。この種は、ふつう、害をあたえることはない。

土壌菌の代表
よく見られる土壌菌であり、ふだん、腐りやすい有機体(生き物)をエサにしている。さまざまな場所で生きることができ、皮膚や紙、革などの表面や、ハチミツや毛虫のフンの中でも見つかることがある。

ソリバチルス・シルベストリスは、土壌菌のひとつである

スタフィロコッカス・パステウリは、皮膚にいつもいる菌のひとつである

もうひとつのブドウ球菌
人の体のさまざまな部分の皮膚には、ちがった種類のスタフィロコッカス属菌(ブドウ球菌)が生息している。この種は、ほとんど害がなく、脇の下などの暗くて湿った部分でよく見られる。

藻類の種類

藻類には、単細胞生物から、ジャイアントケルプとよばれるとても大きなコンブまで、さまざまな種類があり、海底に藻場を作っています。藻類は、生命の樹(生命の系統樹)の同じ1つの枝から進化したものではなく、歴史も複雑です。そのため、藻類はたいてい、色によって分類されます。

紅藻類の中には、氷や雪の中でも生きるものがある。

褐藻類には、コンブなどのさまざまな海藻がふくまれる。

▼ アオミドロ

アオミドロなどの淡水藻類の中には、細い糸のようなものとして成長するものがある。そのような藻類は、見た目も触感も粘液に似ているが、顕微鏡で見ると、内部構造の美しさがわかる。アオミドロ属の学名は、各細胞内に帯の形をしたらせん状に巻いた葉緑体があることに由来する。葉緑体には葉緑素という緑色の色素がつまっており、この葉緑素が太陽エネルギーを取りこむことで、細胞は栄養を作り出すことができる。

葉緑体が光エネルギーを取りこむ
細胞核は、細胞のコントロールセンターである
細胞壁は、保護粘膜層でおおわれている
細胞質
液胞に水分をためる
それぞれ細胞を細胞壁が取り囲んでいる

細胞の内部

アオミドロは糸状をしていて、幅は細胞1個分である。アオミドロなどの緑藻類の細胞は、植物細胞に似ていて、細胞壁や葉緑体、水分を貯蔵する場所(液胞)がある。しかし、アオミドロの細胞核は、糸状体(細胞が一列に並んだ部分)によって細胞の中心部につるさがっていて、葉緑体は、陸上植物には見られない独特の形をしている。

ナマケモノは、両手を
枝に引っかけて、枝か
らぶら下がる
ナマケモノの毛皮は、
藻類によって緑色に
染まる
アオミドロという
藻の各細胞には、
らせん状の葉緑
体がつまっている

ナマケモノの湿った毛皮には緑藻が生えることがある。

藻類の生態
HOW **ALGAE** WORK

アオコ

アオミドロなどの藻類は、細い糸のようなものでできている。栄養が豊富で太陽に照らされた池や川では、アオコともよばれるこのような藻類によって、水中が酸欠状態になってしまうことがある。

コップに水を入れて窓のそばに数週間置いたままにすると、藻が発生して、水がだんだん緑色になります。藻類は、植物に似た単純な生物で、水と光があればどこでも繁殖します。ほかのふつうの植物のように、太陽光エネルギーを利用することができますが、茎や葉、根がなく、多くは微細藻類です。藻類は、地球上の太陽のあたるほぼあらゆる場所に生息していて、藻類が作り出す酸素は、世界中のすべての樹木が作り出す酸素の合計量よりも多いのです。

海藻類

ゆさぶられると青い光を出す海藻類は、小動物をおどろかせて身を守ろうとしている。生物発光というこの現象は、波によって引きおこされることもあり、南オーストラリアの海辺で見られた例だ。微細藻類は、海の食物連鎖の一番下にいて、サンゴ礁にすんでいる生き物からシロナガスクジラまで、あらゆる海の生き物を支えている。微細藻類は、陸上の生き物にとっても欠かすことができないものだ。わたしたちが地球の空気を呼吸できるのは、微細藻類が大気中の酸素の半分以上を作り出しているからだ。

キノコの生態
HOW MUSHROOMS WORK

キノコは植物ではなく菌類の仲間で、菌界という別の界に属している生き物です。ほとんどの菌類は、土や腐りかけた木、死んだ動物などの腐りやすい有機物をエサにしています。一生のあいだ、わたしたちの目には見えない形で生きる菌類は、菌糸の網目組織をつくりながらエサに入りこみます。そして、繁殖して初めて姿を現します。多くの菌類は、わたしたちがよく目にする地中から生えてくるキノコから、何百万という数の胞子とよばれる細かい粒子をばらまいて繁殖します。

▼ベニテングタケ

ベニテングタケは、赤と白の独特の模様をしていて、もっとも見分けやすいキノコのひとつである。鮮やかな色をしているのは、毒をもっていることを動物に知らせているのかもしれない。北半球のさまざまな森林地帯に生息する。

かさの鮮やかな赤い色は、時がたつにつれ雨にさらされて色あせる

キノコの頭部は、かさとよばれる

このリングの形をした組織は、幼いときのキノコのひだをおおっていた保護膜のなごりである。ひだが胞子をばらまく準備ができたら、この膜が破れる

白いうろこ
かさの表面の白く細かなうろこ状のものは、幼いキノコを成体に育つまで保護していた外被膜のなごりかもしれない。

ひだ
電子顕微鏡で見た胞子
柄
菌糸体

胞子を作る器官

かさの裏側には、ひだとよばれる何百もの細いしわがある。これらが胞子をつくるが、胞子は、電子顕微鏡でしか見えないほど小さな種のようなもので、キノコが成熟すると下に落ちる。

目に見えない網目組織

キノコの本体である菌糸体は、菌糸とよばれる糸のようなものからできている。菌糸体が酵素という化学物質を分泌し、土やほかの物質を分解して栄養素に変えることで、キノコは栄養をとっている。菌糸はとても小さく、目には見えない。小さじ1杯の土にふくまれる菌糸をすべて伸ばしてつなぐと、5kmもの距離になる。

キノコの一生

胞子は、地面に落下すると発芽して菌糸とよばれる細かい糸のようなものになる。異なる種の菌糸がくっついて菌糸体とよばれる網目組織をつくると、そこからキノコが生えてくる。

1 胞子が地面に落下する。
胞子が地面に落下し、発芽する。

2 菌糸が結合する。
2個体の菌糸がくっついて、新しい菌糸ができる。

3 新しい菌糸が成長する。
新しい菌糸が成長してかたまりになる。

4 キノコが生える。
かたまりからキノコが生えてくる。

5 キノコが成熟する。
キノコが成熟して成体になる。

6 胞子がばらまかれる。
キノコが成熟し、胞子をばらまく。

キノコの種類
TYPES OF MUSHROOMS

菌類は、どれも胞子をつくって繁殖します。胞子は顕微鏡でしか見えないほど小さな単細胞で、それが新たな菌糸体へと成長します。胞子をつくるのは子実体という部分です。わたしたちがキノコや毒キノコとよんでいるのは、この子実体のことなのです。これらはさまざまな形をとり、その生態もそれぞれ異なります。

先端に細かい穴があいた何千もの小さな管孔の中で胞子が成長する
シュタケ
このキノコは、樹木の枝にくっついて生える

胞子が煙のように吹き出る
表皮がはがれると、穴が開く
ホコリタケ
ホコリタケのかさの中に何百万という数の胞子ができる

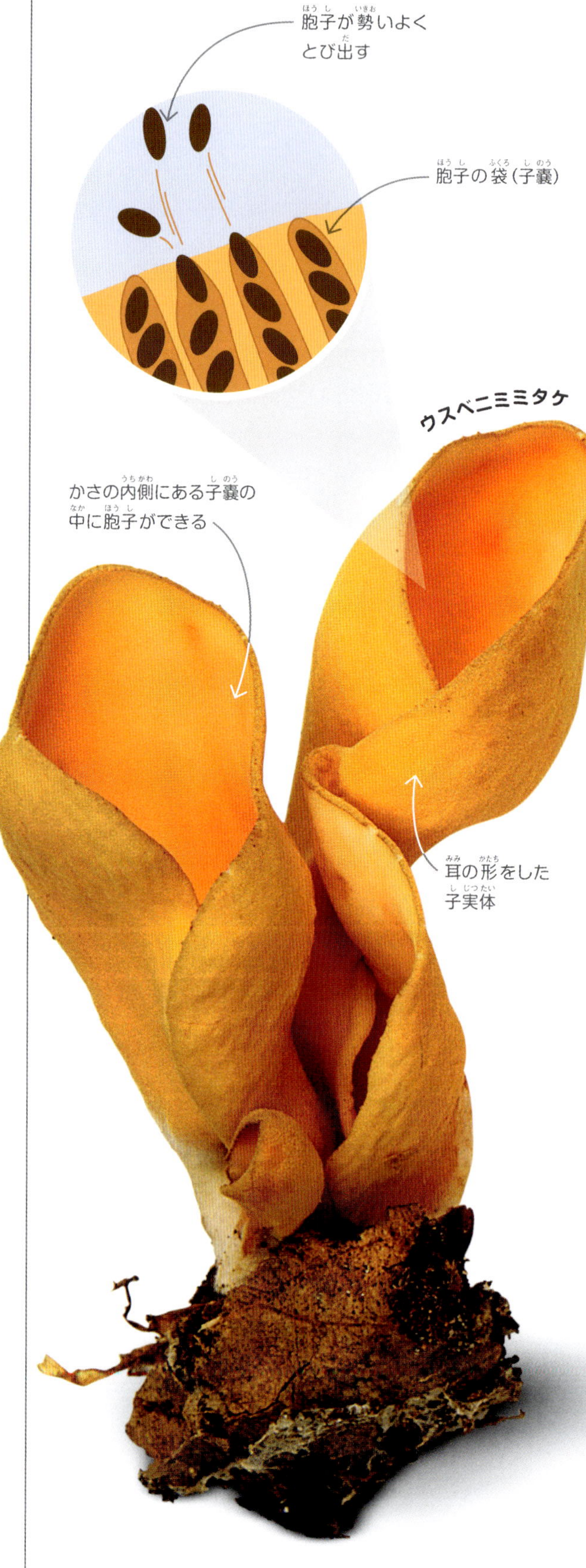
胞子が勢いよくとび出す
胞子の袋（子嚢）
ウスベニミミタケ
かさの内側にある子嚢の中に胞子ができる
耳の形をした子実体

シュタケ
シュタケの鮮やかな色をした子実体は、ナナカマドの木、カバの木、サクランボの木などの樹木の上に生える。胞子は、子実体の裏側にある小さな管孔の中で育つ。成熟すると、胞子がとび出し、風に乗って運ばれる。

ホコリタケ
ホコリタケは、ほぼ世界中に生息する。胞子は、かさの中でつくられるが、かさは、成熟すると表面が紙のようにうすくなる。何かがかさにふれたり、かさに雨粒があたったりすると、かさの穴から煙のように胞子が吹き出る。

ウスベニミミタケ
このキノコは、ナラの木やブナの木などが多い森林地帯で見られ、小道の近くに生えることが多い。ウサギの耳に似ているので、この名がついた。胞子は、子嚢とよばれるつつの中につくられ、この胞子を子嚢がものすごい力で子実体から放り出す。

黒っぽい色のくさい粘液がハエをひき寄せる
かさ
スッポンタケ
柄

スッポンタケ
この森林に発生するキノコは、地面に生える。そのかさは、胞子をふくむ粘液でおおわれている。粘液は、お腹をすかしたハエが好む腐りかけた肉のようなにおいがする。ハエが粘液を食べ、胞子を体につけて遠くへ運ぶ。

ひだは、車輪のスポークのように並んでいる
ひだから何百万という数の胞子が落下し、風によって運ばれる
エノキタケ
雨風に強いかさで胞子がぬれないように守る

エノキタケ
このキノコは、腐りかけた樹木にびっしりと生える。紙のようにうすいひだは、総面積がとても広く、その表面に胞子ができる。成熟した胞子は落下すると、風に乗って広く遠くまで飛んでいく。

ケカビが生えると、
全体に毛が生えた
ようになる
イチゴの
がく片(へた)

カビの生態
HOW MOULD WORKS

腐りかけの食べ物に生える毛のようなものは、カビとよばれる菌類が原因でできるものです。ほとんどの種類のカビは、腐りかけの植物や動物、または死んだ植物や動物をエサにして、栄養素のリサイクル（再利用）を手助けする役割を担っていますが、生きた生物を攻撃するものもいます。カビは、何百万個もの小さな胞子をつくり、胞子が空中を飛んでさまざまなところに行くことで繁殖します。

◀ イチゴに生えたカビ

一般的なカビであるケカビは、果物、パンなどの食べ物にすぐに生える。このイチゴに生えたケカビは、温度が低い状態で12日間かけて生えたものである。

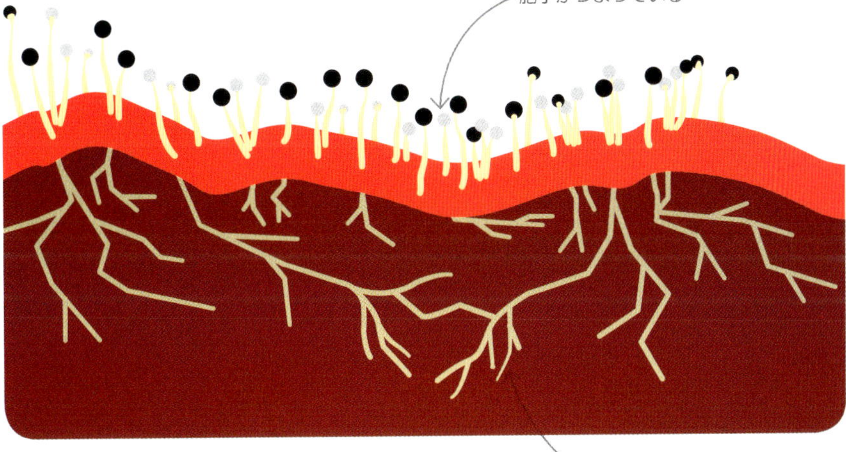

胞子の袋（胞子嚢）には胞子がつまっている
果物の表面に菌糸網目組織が広がっている

菌糸の網目組織

カビは、菌糸という細い糸のようなものからできている。腐りかけの生物に入りこみ、それを分解する。そして、その生物の表面で、菌糸が胞子のつまった小さな袋をつくる。

胞子の袋

ケカビの毛が生えたような表面は、何千という胞子嚢とよばれる小さな袋できている。胞子嚢は、胞子が成熟するにつれて、白から黒に色が変わる。やがて胞子嚢が破れて、空気中に胞子が飛びだし、新しい栄養源に向かって散らばっていく。

分解

カビは、死んだ生物を食べるとき、その生物にふくまれる栄養分を分解して、もっと単純な成分に変える。この過程を分解または腐敗という。

① 1日目

新鮮な果物には、カビが生えるのにふさわしい条件がそろっている。顕微鏡でしか見えないほど小さな胞子が果物の表面に落ちて、その表面の皮の下で菌糸が成長しはじめる。

② 5日～7日目

約1週間後に、果物の表面に、やわらかい毛でおおわれた斑点が出てくる。菌糸が成長するにつれて、果物が少しずつやわらかくなる。

③ 10日目

カビが増えるにつれて、菌糸の分解酵素によって果物がさらに分解されてくずれて、強いにおいが出てくる。葉のように見えるがく片は、やわらかい実の部分よりも、分解されるのが遅い。

④ 12日目

12日後には、カビが果物の果実をほとんど食べつくしてしまう。表面の胞子嚢が破れて、胞子が飛びでる。これで、胞子は散らばることができ、新しい栄養源を見つけだす。

地衣類の生態
HOW LICHEN WORKS

地衣類は、1種類の生物ではなく、2種類の生物が合体したものです。菌類と藻類の2種類の生物が一体となって共生し、その多くが岩や樹木に生息します。地衣類は乾燥した砂漠から北極地方のツンドラまで、地球上のもっともきびしい環境であっても生きることができます。地衣類は、育つのにほとんど何も必要としないため、かたい岩の内部に生息していることもあります。

地衣類は現在、約2万種が知られており、この葉のような地衣類はそのひとつである

これらの地衣類が育つために好む場所は、樹皮や樹木であるが、岩を好むものもいる

岩を土に変える

根をもたない地衣類は、土を必要としないので、ほかの生物であれば繁殖できないような岩などの表面でも生息できる。岩に群れをつくり、物を腐らせる酸を分泌しながら、ゆっくり岩を砕いて土に変える。時間がたつと、腐った岩のかけらが死んだ地衣類の残骸と混ざりあって、新しい植物が育つのに適した土となる。

地衣類の外側には、菌類の糸状体がぎっしり詰まっている

藻類は、糸状体に包みこまれて暮らす

地衣類は、偽根とよばれる毛のようなもので表面にしっかりとくっついている

共生

地衣類を形づくっている菌類と藻類は、共生というしっかりと結びついた関係によって、どちらも得をしている。菌類は藻類を守り、藻類がまわりから水やミネラルを吸収するのを助ける。その見返りとして、藻類が光合成によって栄養をつくり、その一部を菌類に与える。ほとんどの地衣類では、藻類は自給自足ができるが、菌類はそれができない。

大きなオレンジ色の円盤状のものによって、地衣類が繁殖するための胞子が作られる

▲ オオロウソクゴケ

この独特な姿で広がっている地衣類は、樹木や岩や壁の表面で見られることが多い。鮮やかなオレンジ色をした円盤のようなものは子実体といい、これが胞子を出して地衣類の繁殖を助ける。

丈の高いカシの木から丈の低い草まで、植物は、地球上のほとんどあらゆる環境で、生命にとってなくてはならない部分をしめています。植物は、太陽の光からエネルギーを取りこみ、それを使って、光合成とよばれる化学反応で自分のための栄養をつくります。すべての動物が呼吸するのに必要な酸素も、この過程でつくられます。

しょく　ぶつ
植物

植物

HOW PLANTS WORK

地球上には、39万種以上の植物があります。地球上のもっとも暑い地域、もっとも寒い地域、もっとも雨の多い地域、もっとも乾燥した地域でも、植物は環境に合うように変化して生きのびてきました。種子が動物、風、水によって運ばれ、その種子から新しく植物が育ちます。動物とちがい、植物は、光合成とよばれる反応をおこなって、自分自身のための栄養をつくり出します。

色のついた花びらが昆虫をひき寄せ、昆虫が花粉を運んで、植物の繁殖を助ける

葉柄は、水や養分を葉に運ぶだけでなく、葉で新しくできた栄養を植物のほかの部位に運ぶ

果実は、最初は小さく緑色をしているが、熟れるにつれて、しだいにやわらかく水分が多くなる

▶ 花をつける植物

植物のそれぞれの部位は、それぞれ特定のはたらきをする。根は、植物を地中でしっかり安定させ、水や養分を吸い上げる。長い茎は、植物を支え、根からとりこんだ水と養分を葉に運ぶはたらきをする。葉は、太陽光のエネルギーを吸収して、糖類というかたちで栄養素をつくる。繁殖には、花、種子、果実がそれぞれ重要な役割をはたす。

種子

花をつける植物の多くは、食べることができる果実の中に種子をつくる。種子は、動物に食べられると、そのふんにまじって地面に落ちる。そして、種子は、やがて成長して、新たな植物になる。

熟れた果実は、鮮やかな色をしていることが多いが、これは、動物に食べる気を起こさせるためである

葉脈が葉に水を運ぶ

花芽は、発達中の花である

花をつけない植物

植物には花をつけないで繁殖するものや、種子さえつけないで繁殖するものもある。針葉樹は、木質の球果の中に種子をつくる。球果が開くと、種子がとび出る。コケやシダは、種子のかわりに小さな胞子を飛ばす。これらの胞子は、ほこりのように風に乗って運ばれていき、湿った土に着地すると、新しい植物に育つ。

シダの胞子は葉の裏側につくられる

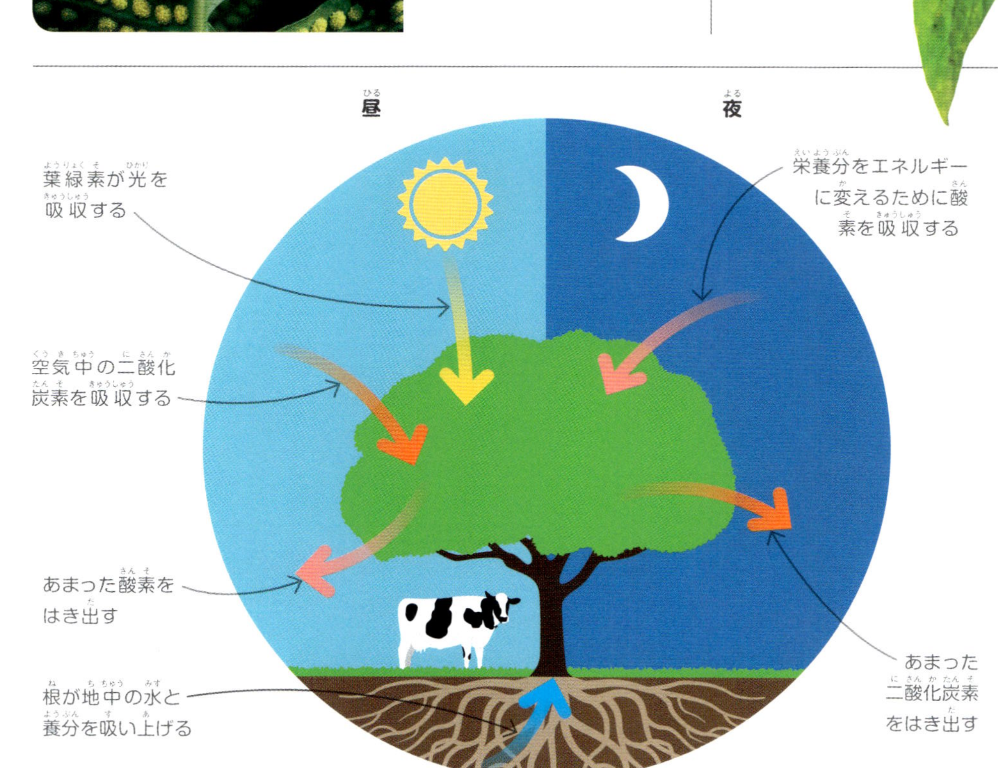
昼
夜
葉緑素が光を吸収する
空気中の二酸化炭素を吸収する
あまった酸素をはき出す
根が地中の水と養分を吸い上げる
栄養分をエネルギーに変えるために酸素を吸収する
あまった二酸化炭素をはき出す

日光の利用

葉に含まれる緑色の色素(クロロフィル)が太陽の光からエネルギーをとりこむ。これによって光合成という反応が引き起こされて、水と二酸化炭素が植物の栄養に変わる。そして、酸素がはき出される。植物は、動物のように、酸素を吸収して二酸化炭素をはき出すこともある。それが起きるのは、暗すぎて光合成ができないときである。

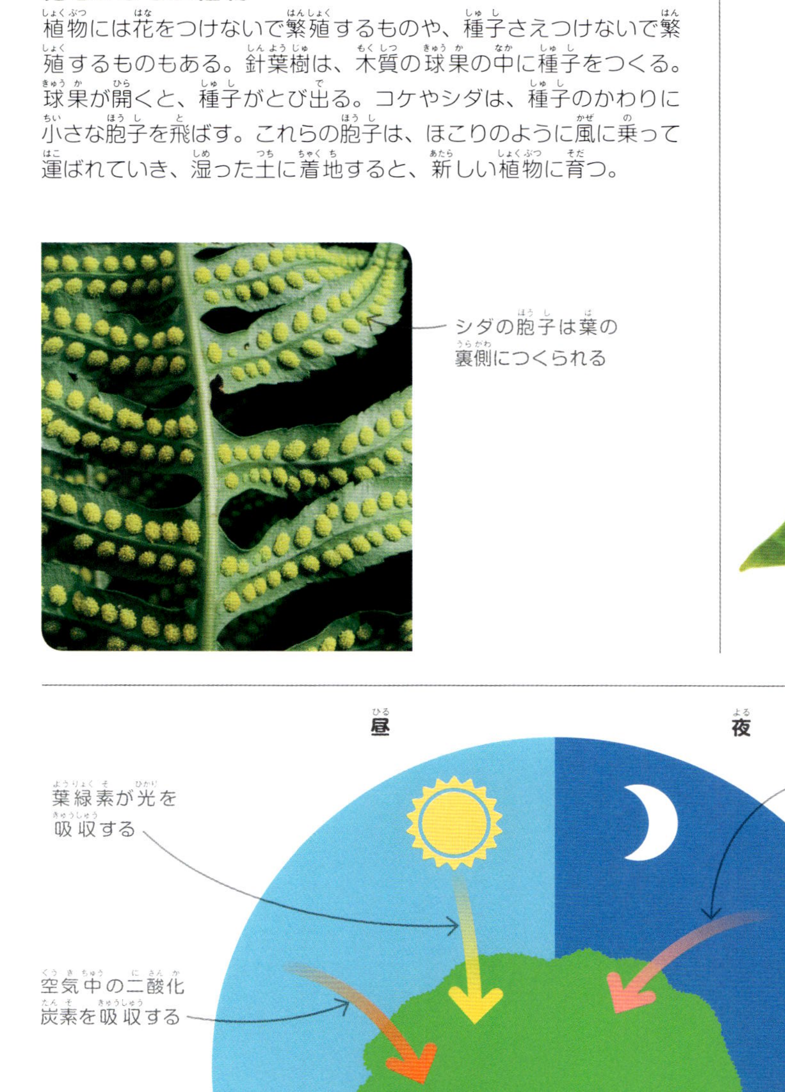
うすく広がった葉は、二酸化炭素と太陽光を吸収するために広い面積をもつ
中央の茎が植物全体を支える。茎の中には、顕微鏡でしか見えないほど小さな管があり、根によって吸い上げられた水やミネラルを上のほうに運ぶ。茎は葉からの栄養を運ぶはたらきもする
枝分かれした長い根が植物をしっかり固定し、広い範囲から水やミネラルを吸い上げる

花をつける植物の成長

HOW **FLOWERING PLANTS** GROW

花をつける植物はすべて、種子からその一生が始まります。種子は成長しはじめると、まず根と芽が出ます。そして十分に成長すると、においのする鮮やかな色の花を咲かせ、動物をひき寄せて、花から花へ花粉を運ばせます。それによって植物は、また種子をつくります。やがてその種子がばらまかれ、また一生をくりかえします。

1 発芽

ヒマワリの種子が割れて成長しはじめる過程を発芽という。根が下に向かってのび、地面からは芽と最初の葉（子葉）が生える。

1日目

種子は、それぞれかたい殻に包まれている

種子の殻
3日目
根

子葉
茎
8日目
種子の殻が脱ぎ捨てられて地面に落ちる
茎がのびて長くなる

2 成長

子葉が開くにつれて、茎がのびて長くなり、古い種皮を脱ぎ捨てる。新しい葉が生え、その葉は、光合成という反応をおこなって栄養をつくる。そして、その栄養でさらに成長し、つぼみをつける。

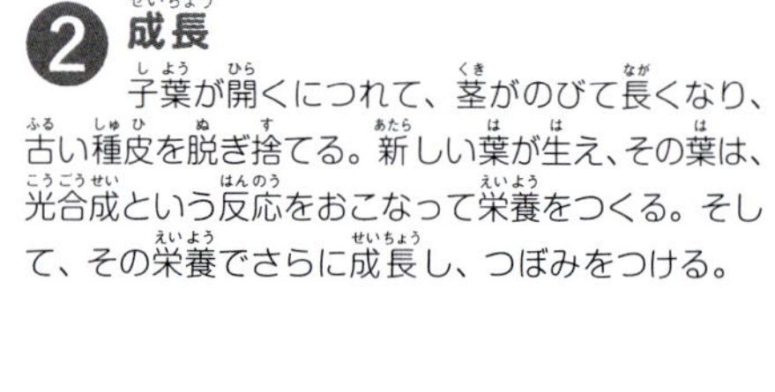

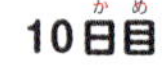

10日目

水と養分を吸い上げるため、根がのび広がる

開いていないつぼみ

茎から葉が出て、太陽から光のエネルギーをとりこむ
葉の柄（葉柄）
50日目

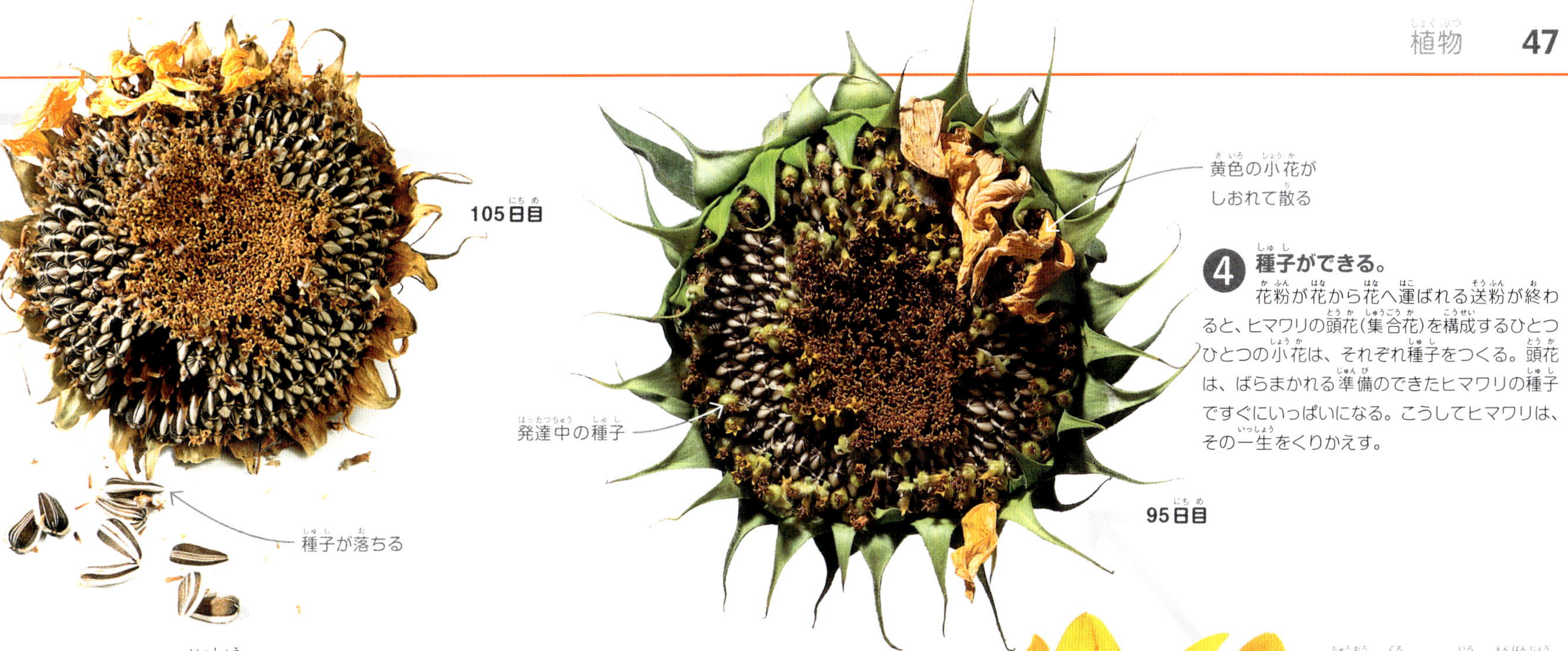
105日目
種子が落ちる
発達中の種子
黄色の小花がしおれて散る
95日目

4 種子ができる。

花粉が花から花へ運ばれる送粉が終わると、ヒマワリの頭花（集合花）を構成するひとつひとつの小花は、それぞれ種子をつくる。頭花は、ばらまかれる準備のできたヒマワリの種子ですぐにいっぱいになる。こうしてヒマワリは、その一生をくりかえす。

▶ ヒマワリの一生

植物のなかには、成熟して次の世代の種子をつくるのに何年もかかるものがあるが、ヒマワリのように、たった1年でその一生を終えるものもある。重さが0.1gしかない種子から一生が始まるヒマワリは、たった2か月で人間の大人の背の高さにまで生長する。その花は、1つの花ではなく、たくさんの小花が集まった集合花というものである。

中央の黒っぽい色の円盤状の部分は、2000個もの小花が集まってできている

中央の小花が咲く時期になると、まわりの黄色く色づいた花びらのように見える小花が咲きはじめる

背の高い1本の茎の上部に集合花が開花する

3 開花

植物の栄養のほとんどは花芽に送られ、花芽の成長に使われる。生殖器官のおしべとめしべが成熟すると同時に花が開き、鮮やかな黄色の花びらのように見える小花がむき出しになり、動物をひき寄せる。

75日目

70日目

種子の成長
HOW SEEDS GROW

多くの植物の一生は、種子の中にある小さな胚とよばれる部分から始まります。胚は、種子のじょうぶな外側の皮に守られ、自分で栄養をまかないながら生きつづけ、水や温度など成長するのに適した条件がそろうまでじっと待ちます。種子は生命力が強く、なかには数十年間待ちつづけられるものもあります。そして、条件がそろえば、休眠していた胚が発芽をすぐに始めます。

種子の内部

種子は、胚が入ったいれものであり、その中には植物の最初の芽、最初の根、成長を始めるのに必要なエネルギーをあたえる栄養源がある。花をつける植物の種子は、大きく分けて2種類、「1枚の子葉」の植物(単子葉植物)と「2枚の子葉」の植物(双子葉植物)のタイプがある。

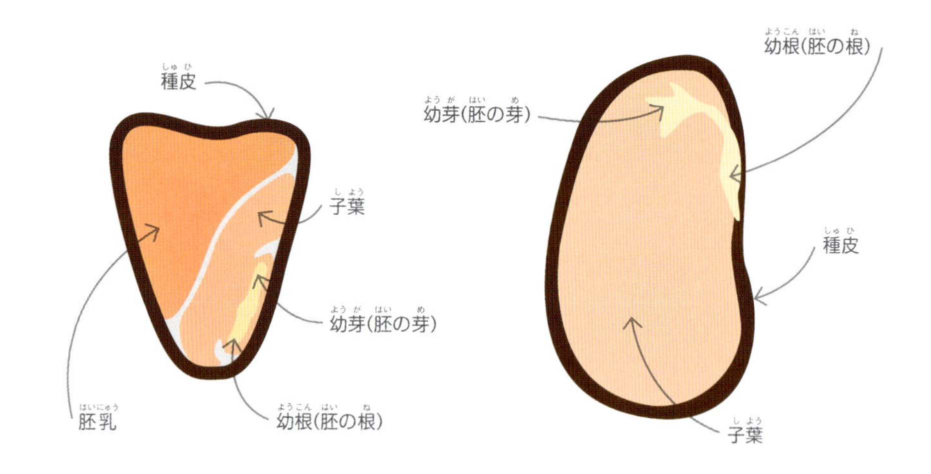
種皮
子葉
幼芽(胚の芽)
胚乳
幼根(胚の根)
幼根(胚の根)
幼芽(胚の芽)
種皮
子葉

単子葉植物
このトウモロコシのように、子葉が1枚で、胚乳とよばれる栄養源からエネルギーをとり出す。

双子葉植物
この豆の場合は、子葉が2枚あり、それぞれの葉の中に植物が成長を開始するのに必要な栄養源がある。

▶ 豆の成長

種子は、発芽するのに、水、酸素、適切な温度を必要とする。種子は水を吸いこむと、ふくらみはじめる。種皮が破れて、芽と根がのびはじめる。2週間以内にインゲンマメは、種子から小さな植物に姿を変える。

1 休眠している種子
発芽に適した条件がそろうまで、種子は、地中で休眠しつづける。

2 成長開始
種皮が破れて、幼根が地中へとのびはじめる。

3 発芽
幼根が土の中の水を吸い上げると、幼芽が上に向かってのびはじめる。

芽が出はじめる

クレソンの芽は、できるだけ効率的に光合成をおこなえるように、光のほうにかたむく
クレソンの種子

光をもとめる習性

植物の茎の片側に光があたると、オーキシンというホルモンが光の反対側に移動する。オーキシンが移動した側の細胞のほうがオーキシンのはたらきで成長してのびるので、茎全体が光のほうに曲がる。

葉脈が、茎から葉に水と養分を運ぶ
本葉
本葉
子葉よりも本葉のほうが大きくなる
子葉

❹ 芽が出る

幼芽が光を求めて地中から突き出る。光合成のための本葉が出るまで、種子の中にある2枚の子葉の中に蓄えられた栄養源からエネルギーをとり出す。

❺ 本葉

本葉が出る。本葉は、光から栄養をつくる光合成を、おこなうことができる。

❻ 新葉

新葉は、葉脈が運んだ水を吸収するとふくらむ。そして、今度はこれらの葉が、植物が成長するために栄養をつくる役割を引きつぐ。

根と茎のしくみ
HOW **ROOTS** AND **STEMS** WORK

根と茎は、植物の生命に関わる大切なものです。根と茎は、植物を固定して支えるだけでなく、内部にもっている細い管で栄養を運びます。根から水やミネラルを運ぶ管を道管といい、茎から水や栄養を運ぶ管を師管といいます。

▶ 根の内部

根の先端近くは、細かいブラシのような毛でおおわれている。それらが土の砂粒の間をかいくぐってのびながら水とミネラルを吸収する。そのあと、水とミネラルは、根の外層を通って根の中心部の道管に送られ、そこから茎に運び上げられる。根には師管もあり、この師管が茎から栄養と水を運んでくる。栄養や水を蓄えるために大きくなった根もあり、そのよい例がニンジンの食べられる部分である。

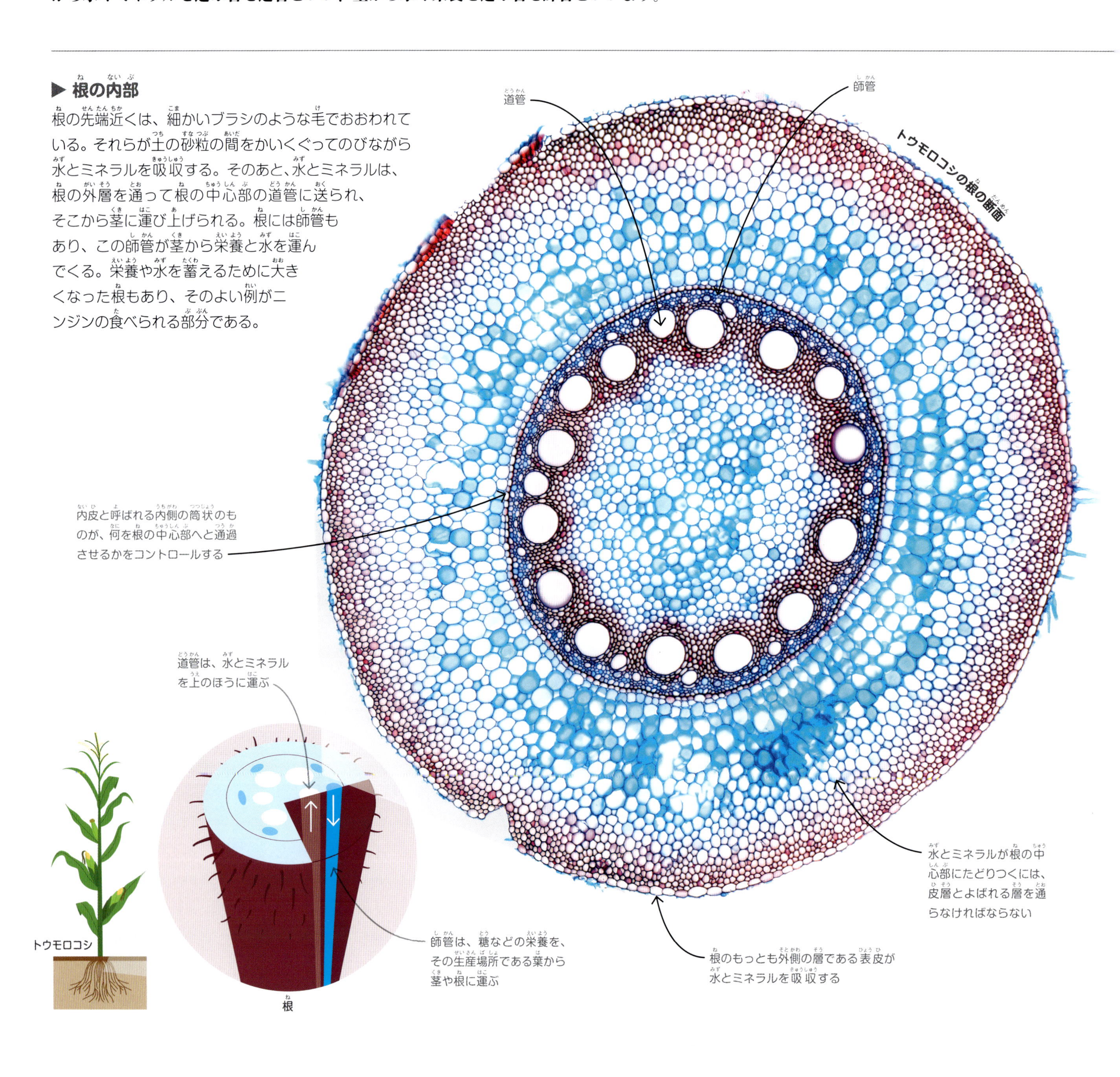
道管
師管
トウモロコシの根の断面
内皮と呼ばれる内側の筒状のものが、何を根の中心部へと通過させるかをコントロールする
道管は、水とミネラルを上のほうに運ぶ
トウモロコシ
根
師管は、糖などの栄養を、その生産場所である葉から茎や根に運ぶ
根のもっとも外側の層である表皮が水とミネラルを吸収する
水とミネラルが根の中心部にたどりつくには、皮層とよばれる層を通らなければならない

固定

ほとんどの根は、下に向けて枝分かれしながら地中にのびていき、植物をしっかり固定するとともに、植物が水やミネラルを得やすいように手助けする。植物の多くは、下にまっすぐのびる中心となる太い根をもつ。この根を主根という。

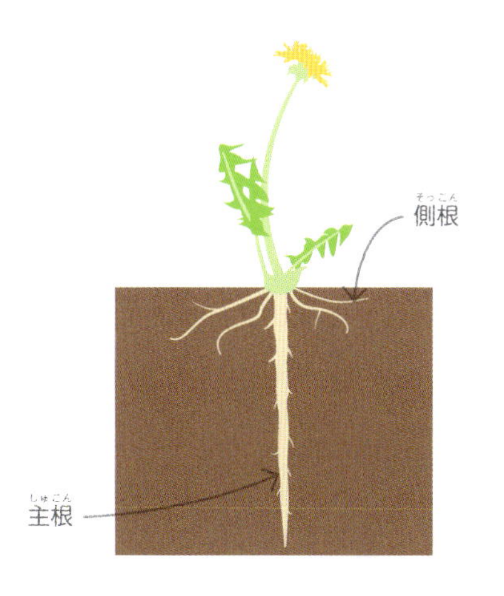
側根
主根

上のほうへの流れ

植物の体内で水は、道管を通って上のほうへ向かって切れ目なく流れることができる。そのため、葉から水分が蒸発すると、植物は、茎や根を通して地中から、もっとたくさんの水を吸い上げる。植物体内のこの水の流れによって、植物は地中からミネラルを取りこむことができる。

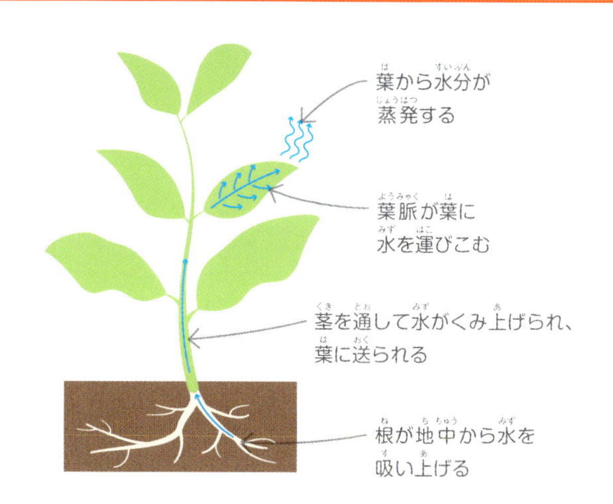
葉から水分が蒸発する
葉脈が葉に水を運びこむ
茎を通して水がくみ上げられ、葉に送られる
根が地中から水を吸い上げる

◀ 茎の内部

茎は、上に向けて枝分かれするが、直立した姿勢を保てるように、セルロースという繊維状の物質で強化されている。このトウモロコシの茎は、3mの高さまでのびることのできる強度があるが、ほかにも、成長して木のようにかたい幹になり、それ以上高くのびることのできる茎も多くある。どの茎にも束になった輸送管があり、木部が内側、師部が外側に位置する。これらを合わせて維管束とよぶ。

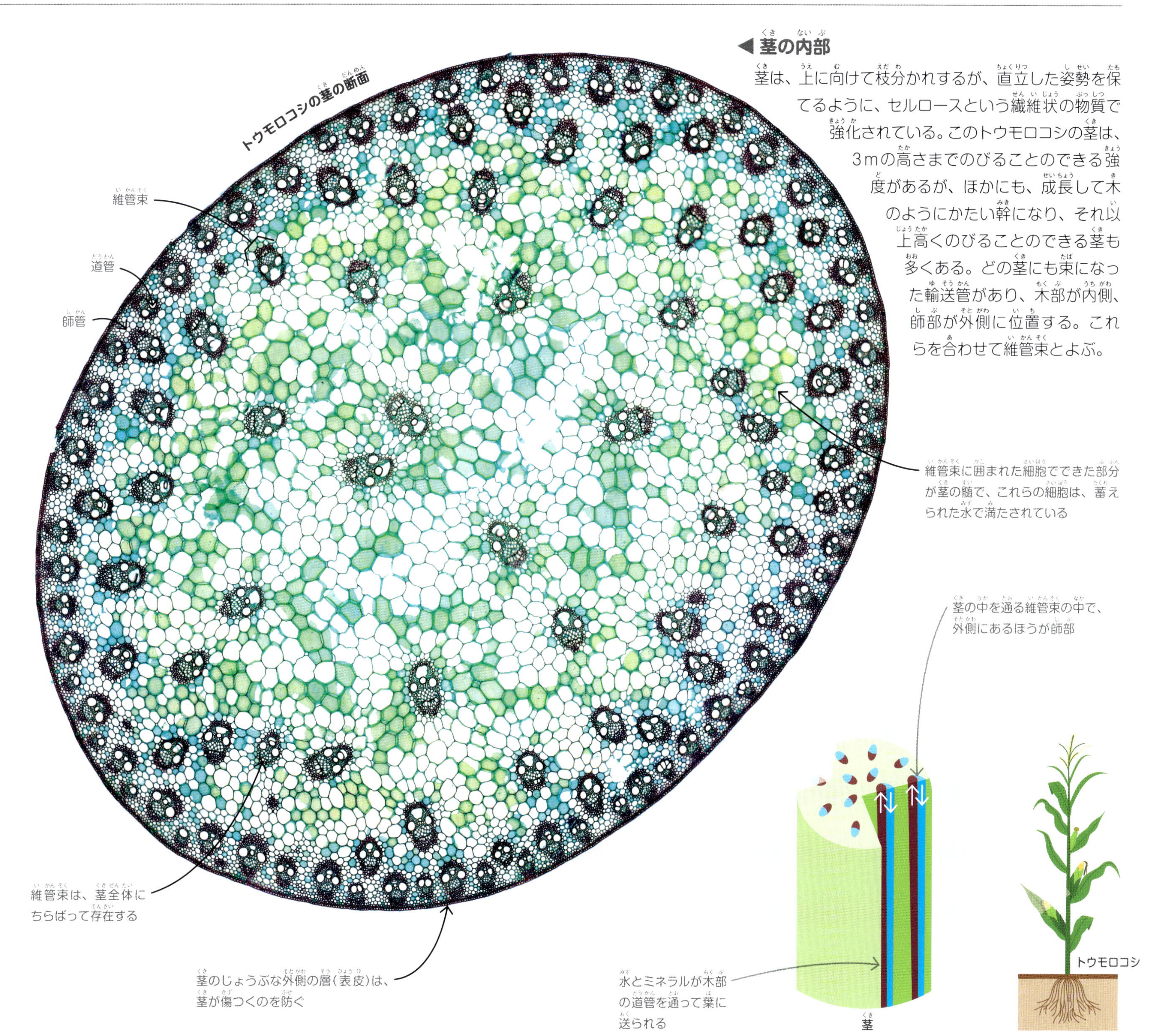
トウモロコシの茎の断面
維管束
道管
師管
維管束に囲まれた細胞でできた部分が茎の髄で、これらの細胞は、蓄えられた水で満たされている
茎の中を通る維管束の中で、外側にあるほうが師部
維管束は、茎全体にちらばって存在する
茎のじょうぶな外側の層(表皮)は、茎が傷つくのを防ぐ
水とミネラルが木部の道管を通って葉に送られる
茎
トウモロコシ

樹木
HOW TREES WORK

現在生きている木の中でもっとも丈が高いものは、30階建ビルよりも高く、また、もっとも年をとったものは、樹齢2000年を超えます。私たちが木とよぶ巨大な植物の多くは、木の性質をもった茎を進化させ、この茎が日光をできるだけ多く浴びる競争に勝つことで、ほかの植物を見下ろすほど丈が高くなります。また、木の体が大きいということは、さまざまな生物に住む場所を提供できるということでもあります。

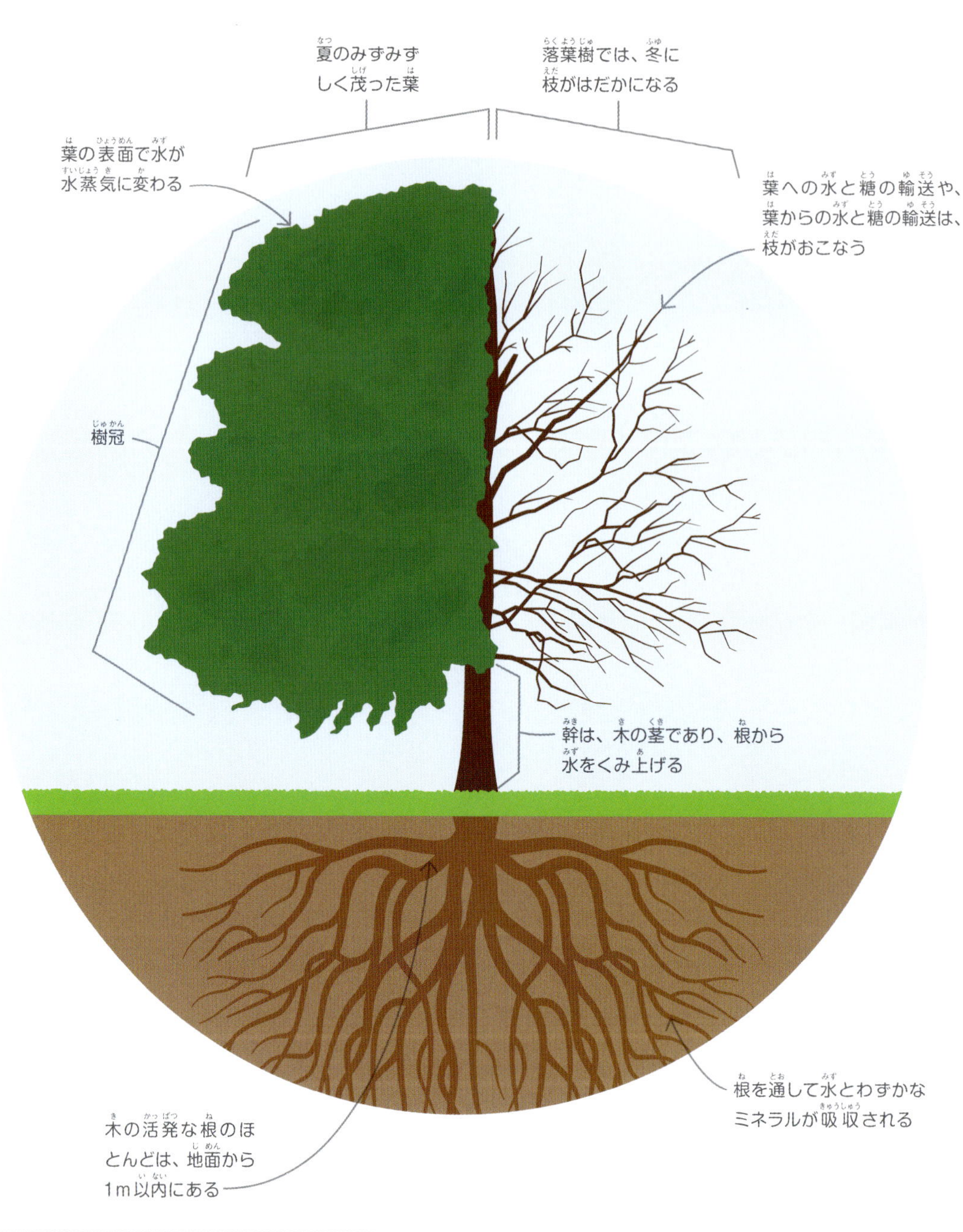

夏のみずみずしく茂った葉
落葉樹では、冬に枝がはだかになる
葉の表面で水が水蒸気に変わる
葉への水と糖の輸送や、葉からの水と糖の輸送は、枝がおこなう
樹冠
幹は、木の茎であり、根から水をくみ上げる
根を通して水とわずかなミネラルが吸収される
木の活発な根のほとんどは、地面から1m以内にある

樹木の構造
ほとんどの植物と同じように、木も根から水とミネラルを効率的に吸い上げることができる構造になっている。根で吸収された水は、幹、枝を通って葉に送られる。葉の表面にたどりついた水が蒸発すると、もっとたくさんの水が吸い上げられる。

常緑樹
落葉樹

常緑樹と落葉樹
樹木の中でも、常緑樹は、古い葉が落ちると、新しい葉におきかわる。一方、寒い季節や乾燥した季節には葉が完全に落ちて枝がはだかになり、気候がよくなると新しい葉が出る樹木もある。それを落葉樹という。

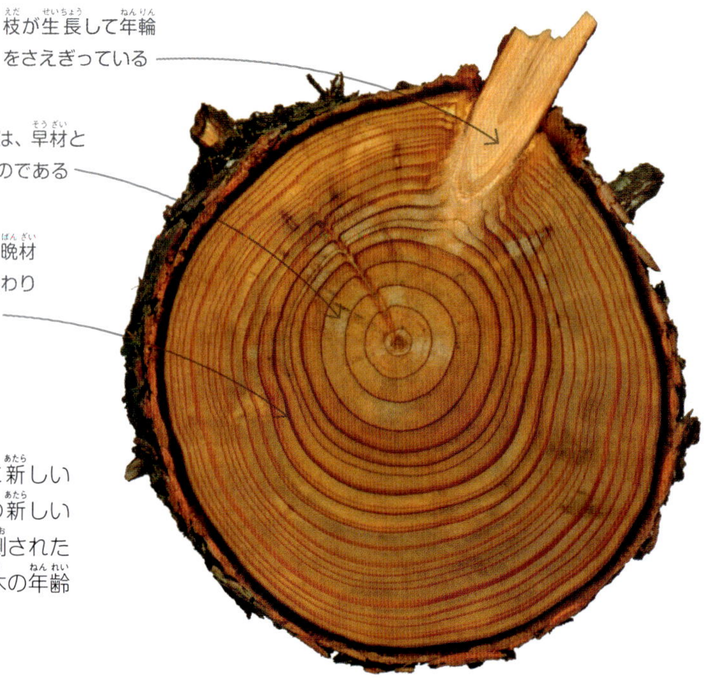

枝が生長して年輪をさえぎっている
色が薄く幅の広い輪は、早材といい、春にできたものである
色の濃い細い輪は、晩材といい、成長期の終わりにできたものである

年輪
木の幹は、毎年、樹皮のすぐ内側に新しい木部ができることで太くなる。この新しい木部の層が年輪になる。木が切り倒されたとき、年輪を数えることで、その木の年齢がわかることがある。

◀ナラの木の幹の内部

大きな木の幹は、その99パーセント以上の部分が死んでいる。中心にあるのが木全体を支える乾いた心材で、水を運ぶ辺材がそれを取り囲んでいる。これらの2つの層は木部という組織でできている。そのまわりを形成層と師部と呼ばれる内樹皮がおおい、これが生きた層となっている。それをさらに外樹皮が取り囲んでいる。

幹の中心部には、木全体を支える色の濃い心材があるが、これは、もう水を運ぶことのない古い道管からできている

色の薄い辺材は、新しい道管からできており、これらの道管が木の根から幹を通して水を運び上げる

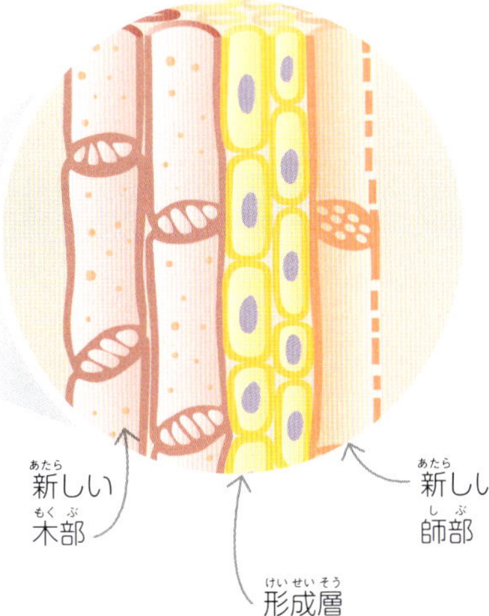
新しい木部
形成層
新しい師部

新しい層

木材部分(木部)と内樹皮(師部)との間で、形成層と呼ばれる成長をになう細胞層が新しい木部と新しい内樹皮を作る。これらの新しくできた生きた層が木の体の中でもっとも若い部分である。

内樹皮には生きた師部細胞が含まれており、これらの細胞が木全体に栄養と水を運ぶ

外樹皮には、その内側の弱い生きた内樹皮を守るかたい表面と、幹が酸素を吸収するのを助ける気孔がある

葉のはたらき
HOW LEAVES WORK

葉は、太陽から光のエネルギーを吸収し、光合成というはたらきで得たエネルギーを使って植物のための栄養をつくります。そして、植物を食べた動物もその栄養に蓄えられたエネルギーを利用できます。つまり、光合成とは、ほとんどあらゆる動物が必要とする栄養がつくられる重要なはたらきなのです。また、動物が呼吸できるのは、光合成によって地球の大気中に酸素が放出されるからです。

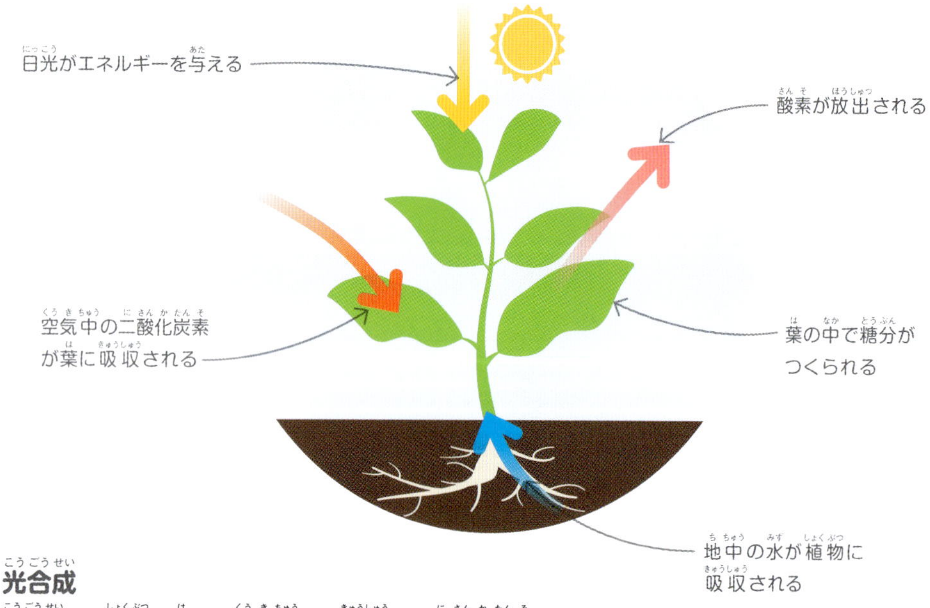
日光がエネルギーを与える
酸素が放出される
空気中の二酸化炭素が葉に吸収される
葉の中で糖分がつくられる
地中の水が植物に吸収される

光合成
光合成で、植物の葉は、空気中から吸収した二酸化炭素と地中から吸収した水とを、日光を使って結合させる。この複雑な化学反応によって、糖などの炭水化物がつくられる。植物はその炭水化物を使って、エネルギーを蓄えたり、成長するときに新しい組織をつくったりする。

ホウレンソウ

▶ 葉の内部
この画像は、切ったホウレンソウの葉の断面を電子顕微鏡で数百倍に拡大したもので、内部の組織をうつし出している。葉の中央に沿って走っているのが中肋という太い葉脈で、これが水とミネラルを葉に運びこみ、新しく作られた栄養を植物の体のほかの部分に向けて運び出す。光合成は、日光がもっともよく当たる葉の上の面あたりでおこなわれることが多い。

細胞の層

葉は、種類の異なるいくつかの細胞の層からできている。それぞれの層がそれぞれのはたらきをする。

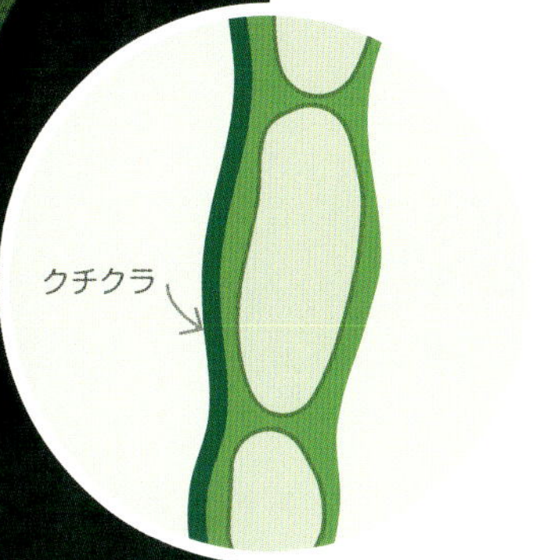

クチクラ
葉緑体
木部細胞
師部細胞
気孔

上の面の表皮
一番上の平たい細胞層は、光を通す。水を通さないロウ状のクチクラとよばれる膜のおかげで、葉は太陽の熱をあびても、水分を失いすぎることはない。

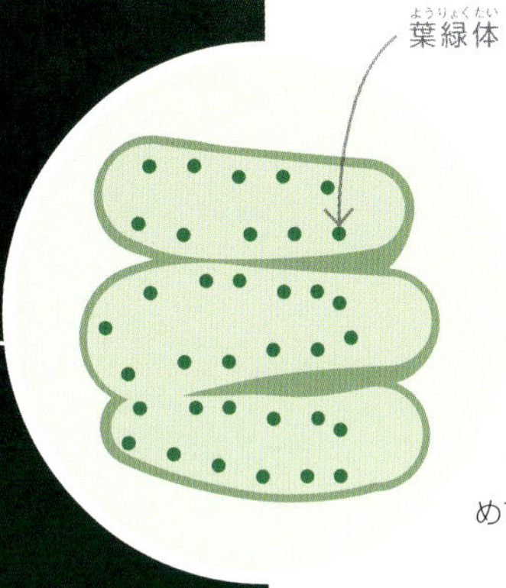

柵状組織
この層には葉緑体を含む細長い細胞がぎっしり詰まっており、小さな粒である葉緑体で光合成が行われる。葉緑体は、緑色の色素である葉緑素を使って光を吸収する。植物が緑色なのは、葉緑素(クロロフィル)をもつためである。

海綿状組織
柵状組織の下には、薄い細胞壁をもつ細胞がすきまだらけの状態で入った層がある。すきまがあるので、二酸化炭素は柵状組織にたどりつくことができる。

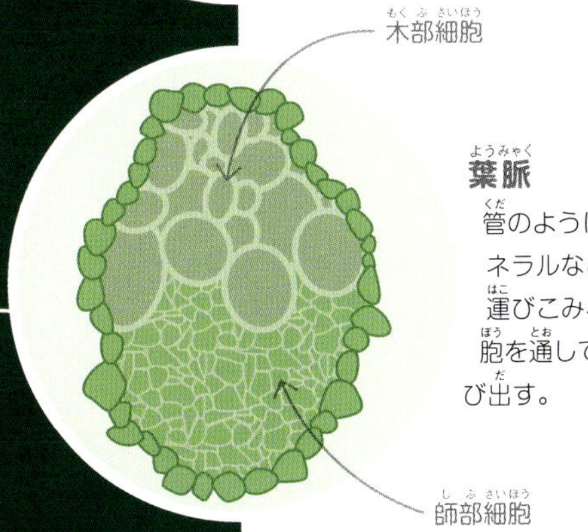

葉脈
管のようになった細胞の束が水やミネラルなどを木部細胞を通して葉に運びこみ、葉で作られた糖を師部細胞を通して植物の体の他の部分に運び出す。

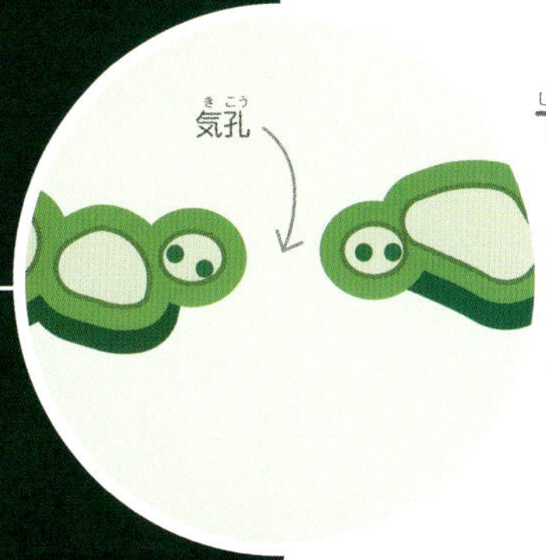

下の面の表皮
一番下の細胞層(下面の表皮)には気孔とよばれる小さな穴があり、空気はこれらの気孔から葉に入りこむことができる。乾燥すると、気孔を閉じて、水が蒸発しないようにする。

花のはたらき
HOW FLOWERS WORK

花の多くは色が鮮やかで、甘い香りを出します。それは美しさで人間を引きつけるためではなく、ミツバチやコウモリなどの動物をおびき寄せるためです。動物は蜜を求めて花から花へ移動するとき、知らず知らずのうちに重要なはたらきをしています。花粉の粒が動物の体に付いて花から花へ運ばれていくことで、植物は繁殖できるのです。

ハチの脚に付いた花粉

マルハナバチ

▶ 受粉

花をつける植物はどれも、有性生殖を受粉というはたらきによって行う。おしべが花粉という黄色い粉状の粒をつくる。花粉には精細胞が入っている。風または動物(送粉者)によって花粉が別の花へと運ばれると、花粉から花粉管が花の奥にのびていく。こうして、精細胞と卵細胞が合わさることができ、やがて種子ができる。

つぼみ
がく片
花柄

花びら
おしべ
めしべ
ねじれがほどけるように花びらが開く
おしべから出た花粉
めしべの先端は柱頭とよばれる

鮮やかな色が送粉者を引きつける
開いていない柱頭
花の奥にある蜜腺で蜜がつくられる

1 新しいつぼみ
花が開くまで、花びらとおしべやめしべは、つぼみの中にぎゅっと押しこまれている。若いつぼみは、がく片という葉のような構造でできたさやに包まれている。

2 花が開くとき
おしべやめしべができると、花はいつでも開くことができる。がく片が後ろにそりかえり、花びらの細胞が花柄の葉脈から水分を吸いこんでふくらむと、花びらは、すばやく広がる。このトルコギキョウの写真は、内部のおしべやめしべが見えるように縦半分に切ったものである。

3 開こうとしているつぼみ
花びらが広がりながらほどけていき、やがて開ききって、鮮やかな色の花冠をつくる。花びらの色は、昆虫の目から見ると人間の目で見るよりも鮮やかに見える。

4 昆虫をおびき寄せる
多くの花は、開くとき、送粉者をおびき寄せるために強い香りを出す。花を訪れる昆虫を奥深くへと誘いこむため、花は、花びらの付け根近くで、昆虫を引きつけてはなさない甘い液を出す。この液を蜜という。

開いた柱頭の表面は、花粉がつきやすいように粘り気がある
雌性器官の付け根を子房という
子房には、胚珠という小さな粒が詰まっている。これらが成長して種子になる
送粉者がおしべに触れると、その体に花粉が付く
柱頭から子房に向けて花粉管がのびる
子房
胚珠
花粉管
トルコギキョウ

5 花を訪れる者

花を訪れた昆虫は、蜜を探して花の中にもぐりこむときに、おしべに触れて花粉まみれになる。そして、別の花を訪れたときに、花粉をその花の柱頭に払い落とす。

6 受粉

花粉が柱頭の上に落ちると、種子のように発芽する。花粉管が心皮の中へのびていくことで、精細胞は、子房にたどりつくことができる。そして精細胞が胚珠の中に入りこみ、卵細胞と合わさることで、植物の赤ちゃんである胚ができる。それを取り囲む胚珠は、成熟すると種子になる。

さまざまな花
TYPES OF FLOWERS

どんな花でもするべきことは、同じです。それは、有性生殖を行うために、花粉がかならずほかの花まで運ばれるようにすることです。花は、それぞれさまざまな方法で、これをやりとげます。飛んでいる昆虫に甘い蜜などのほうびを与えて、おびき寄せ、花の中にもぐりこむ昆虫の体を花粉まみれにして運ばせるものもあれば、空気中に花粉をばらまき、風に運ばせるものもあります。

鳥に送粉してもらう花

花粉を運ぶのがじょうずな送粉者と親しい関係になり、自分に合った種に花粉が運ばれる確率を高めようとする花もある。鳥に送粉してもらう植物は、筒状の花をつけることが多く、くちばしの長い鳥以外の動物にとっては、花の奥にある蜜にありつくことはむずかしい。

トリトマ

くちばしの長い鳥は、筒状の花の奥深くにある蜜に簡単にたどりつくことができる

ミドリオナガタイヨウチョウ

鳥が花をつつくときに、粘り気のある花粉が鳥の頭に付く

広く昆虫をおびき寄せる花

さまざまな種類の動物が蜜にありつけるようにして、できるだけ多くの送粉者をおびき寄せようとする植物もある。そのような植物は、単純なむきだしの花をつけ、強い香りを出す。ルリタマアザミは、ミツバチからチョウまで、さまざまな昆虫をおびき寄せる。

ルリタマアザミの小花は奥行がないので、蜜が送粉者に届きやすいところにある

ルリタマアザミ

キアゲハ

擬態

ランは、花粉を運ぶのがじょうずな送粉者をおびき寄せるために、さまざまな方法を使う。たとえば、ビー・オーキッドは、メスのハチにそっくりな花をつける。これを擬態という。間違えたオスのハチがこの花に交尾しようとし、その結果、受粉しやすくなる。

ミツバチ

このランの花は、メスのハチにそっくりである

ソンバー・ビー・オーキッド

風を利用する受粉

風に送粉をしてもらう花は、花粉を空気中にばらまく。ほとんどの花粉がむだになるので、受粉が確実に行われるようにするには、大量の花粉をつくらなければならない。雌花は、花粉を受け取りやすいように柱頭が羽毛状になっている。

雄花序
（雄花の集まり）
カバノキ
風に授粉をしてもらうカバノキの尾状花序（花の集まり）は、何百万という花粉の粒を空気中にばらまく
若いバナナ
バナナの花の集まり
これらの雌花がそれぞれバナナの実になる
苞葉とよばれる大きな紫色の葉はバナナの花を保護する
ヨアケオオコウモリ
キンバエ
鮮やかな色が腐りかけの肉に似ている
スタペリア
細かい毛はコケに似ている

夜の受粉

ガやコウモリなどの夜にだけ活動する動物によって受粉を行う花もある。暗やみでは、色のついた花びらは見えにくいので、夜に受粉を行う花は、香りが強く、花びらが白いものが多い。野生のバナナは、じょうぶな花柄にぶらさがって蜜を食べるコウモリに授粉をしてもらう。

いやなにおい

スタペリアは、花が咲いているとき、腐りかけの肉のようなにおいがする。ふだんは死んだ動物をエサにするハエや甲虫がこのにおいにおびき寄せられる。これらの昆虫が花から花へと花粉をまき散らし、受粉が行われる。

果実の種類

簡単に果実と見分けられるリンゴなどと同じように、私たちが野菜と呼んでいるトマト、トウガラシ、エンドウマメなどもじつは果実である。なぜならば、それらは花の子房という部分が成長してできるからである。かんきつ類やモモなどの水分が多く果肉が厚い果実(液果)の多くは、子房が1つしかない花からできる。ラズベリーのような、たくさんの果実が合わさって1つの実となる果実は、いくつもの子房をもつ1つの花からできるが、1つの果実が複数の花からできるものもある。

果柄
種子
子房
がく片

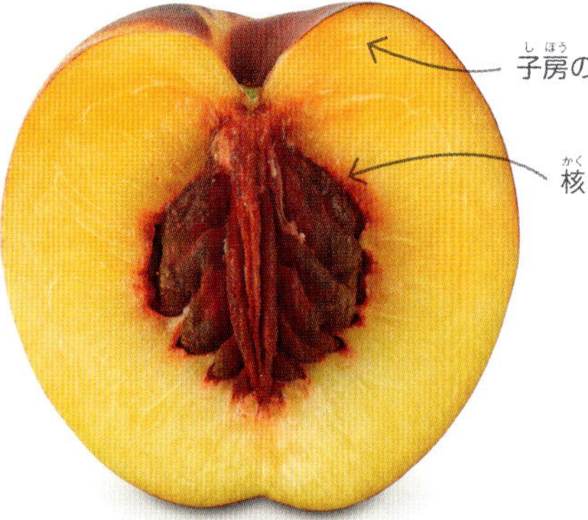
子房の外側部分
核

種子
子房(殻)

堅果

堅果は、かたい殻になった子房に種子が包まれている果実である。ほかの種類の乾果とはちがい、堅果は、成熟しても割れて中の種子が出ることはない。

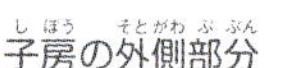

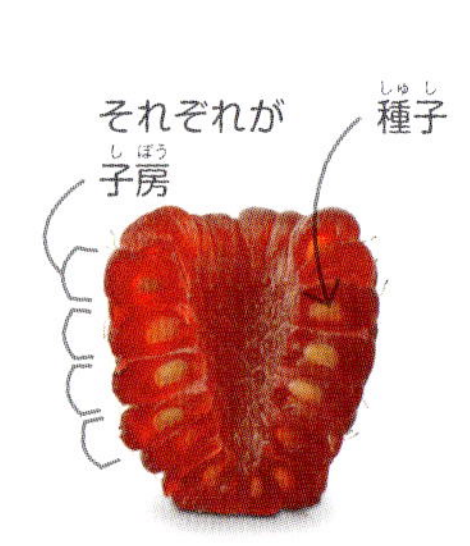
それぞれが子房
種子

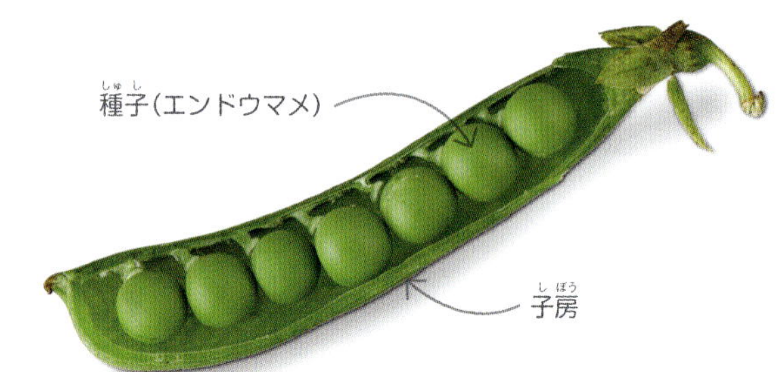
種子(エンドウマメ)
子房

偽果

花の子房以外の部分が大きくなってできる果実もあり、偽果とよばれる。たとえばリンゴは、子房のまわりにある組織が成長してできる。

核果

核果は液果の一種で、中心部にかたい核が1個ある。核は、子房の内側の部分からできたかたい殻の中に種子が1個入ったものである。

集合果

集合果は、1つの花にある複数の子房が成長してできたものだ。複数の子房が集まり、ラズベリーやブラックベリーなどの果実になる。

さや

さやに入ったエンドウマメを私たちは野菜だと思いこんでいるが、じつは果実である。さやは、花の子房が成長してできたもので、その中のエンドウマメは、種子である。

▼ 花から果実への成長

花の外からよく見える部分がしおれると、種子のまわりで果実ができはじめる。果実には、植物のほかの部分が光合成によってつくったでんぷんなどの栄養が蓄えられている。果実はふくれて熟すと、やわらかくなり、蓄えられたでんぷんが糖に変わるため、甘みが増す。トマトも多くの果実と同じように、緑から赤に色が変わるが、これは、種子をばらまいてくれる動物をさそうためである。

受粉後、花はしおれる

子房がふくらみはじめる

子房

種子になる部分(胚珠)

種子になる部分

雌花のつけ根にある子房の中には胚珠がある。受粉が終わると、胚珠が成長して種子になる。次に、それをとり巻く子房の組織が成長して果実になる。

熟れていないトマトのかたい皮

果実の成長
HOW FRUITS GROW

花の受精が終わると、花の中の子房がふくれて成熟し、果実になります。多くの果実は、色が鮮やかで、果肉は甘く、動物に食べたいという気持ちを起こさせて、そのふんにまじって種子がばらまかれるようにしています。そのほかに、かわいた、かたい果実もあります。私たちが野菜とよんでいるもののいくつかは、じつは果実です。

がく片
花柄
種子
子房壁
果実が熟すと
色が変わる

花托

花が咲きおわった頭花にやっとついているかたい果実(痩果)には、それぞれ種子が1個ずつ入っている

空中や水中での移動

空中を飛んで移動する種子は、小さくて軽くなければならない。多くの種子には、つばさや羽のようなものがあって、空気抵抗を大きくして、空中にとどまりやすくしている。水に運ばれる種子は、水に浮く必要があるため、もっと大きい。

ケシ

ケシのさやが風にゆれて、小さな種子を空中に飛ばす。

カエデ

カエデの種子は、つばさのような形をしていて、くるくる回転しながらゆっくり落ちて、ただよいながら木から離れていく。

ヤシ

ヤシの実は、海に浮かんで流れていき、遠くの浜辺に打ち上げられ、そこで芽を出す。

種子の移動

HOW **SEEDS** TRAVEL

種子は時期がきたら、親からはなれて遠くまで移動し、新たに生きる場所を見つけて、そこで成長しなければなりません。種子が自分に合った場所に必ず到着できるように、多くの植物は、たくさんの種子をさまざまな方法を使ってまき散らします。空中を飛んでいくのに役立つつばさやパラシュートをもつ種子もあります。動物を利用して移動する種子は、その毛皮にくっついたり、飲みこまれたりして移動します。

羽毛のような毛で風にのる

◀ タンポポの種子

タンポポの花は100〜150個の小さな花（小花）が集まったもので、頭花とよばれる。1つの小花に1個の種子ができ、種子は、それぞれ、痩果という小さなかたい果実に包まれてほうり出される。羽毛のような毛でできたパラシュート（冠毛）のおかげで、種子は、風にのって飛び立つことができる。

カプセルのようなかたい痩果が種子を保護する

地上に落ちると、小さなとげが地面に引っかかる

ゴボウの頭花の総苞片にあるかぎ

動物を利用した移動

動物によってばらまかれる種子は、風で運ばれる種子ほど小さくなくてもよい。そのため、そのような種子は大きめで、ばらまかれる数も少ない。運び手の体にくっついて移動する種子もあれば、果実もろとも運び手に飲みこまれて、肥やしになってくれるふんのかたまりにまじって地面に落ち、やがて自分が生きていける場所にたどり着く種子もある。

ゴボウ

ゴボウの頭花では先の曲がったかぎが、通りすぎる動物の体に引っかかり、運ばれてまき散らされる。

ドングリ

鳥やリスはドングリを運んで隠すが、ドングリを埋めた場所を忘れてしまうことがある。

アカフサスグリ

アカフサスグリなどの液果の種子は鳥に飲みこまれ、ふんといっしょにばらまかれる。

落葉樹林

夏が過ぎて、秋が訪れた、アメリカのニューイングランドにある樹林の木の葉は、緑色からしだいに黄色、オレンジ色、赤、紫色に変わる。秋に葉の色が変わるのは、日が短くなったことで、葉が日光のエネルギーを吸収する緑色の色素がこわれて、ほかの色の色素が見えるようになるためである。やがて葉は、木にとって必要なくなり、木々は冬に備えて葉を落とす。

植物の体を守るしくみ

HOW **PLANT DEFENCES** WORK

葉や茎には、刺毛ではない毛もたくさん生えている
それぞれの管には、刺すような痛みをひきおこす刺激物がつまっている
かたい管状の基部が刺毛を支える
先端はもろく折れやすい
葉の裏側は、針状の毛におおわれている

お腹をすかせた動物におそわれても、植物は逃げたり反撃したりすることができません。そのかわり植物は、かたい皮やいやな味、消化しにくい葉、危険なとげや針などの方法で身を守ります。植物がもつこれらの武器には、動物に痛手を負わせて、同じ植物に二度とふれさせないようにする効果があるのです。

▶ イラクサ

イラクサの茎と葉は、中が空洞になっている細かい毛でおおわれている。この毛には、さまざまな毒(生き物に害を与える化学物質)がつまっている。動物がこれらの毒にふれると、熱や痛みの症状がおこることがあり、それは12時間も続く。

毛先で刺す

イラクサの毛は中が空洞で注射針のような働きをする。動物がふれると、先端が折れて鋭い毛先が皮膚に突き刺さり、毒をそそぎこむ。

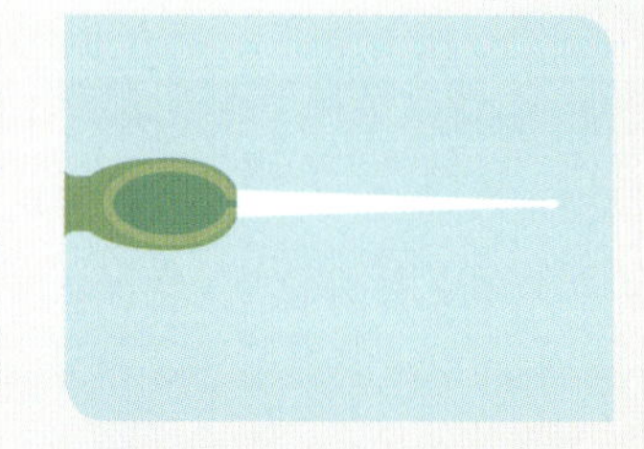

❶ 毒のある毛
イラクサは、毛の根元に毒を蓄えている。

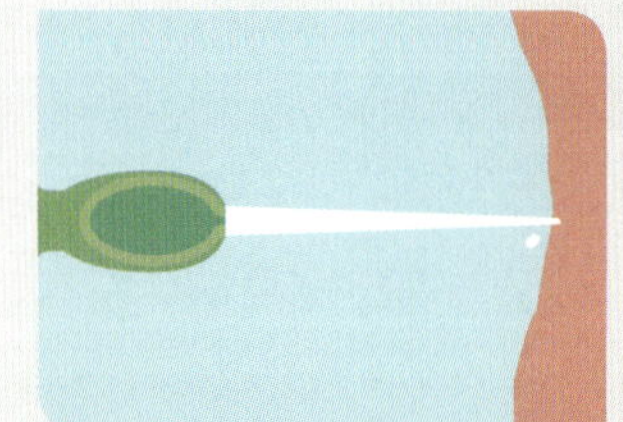

❷ 先端が折れる
動物が葉をかむと、毛のもろい先端が折れる。

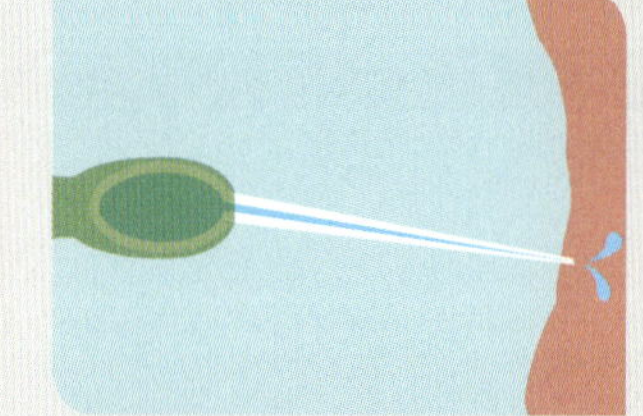

❸ 皮膚を突き刺す
毛が皮膚を突き刺し、毒が動物の体内にそそぎこまれる。

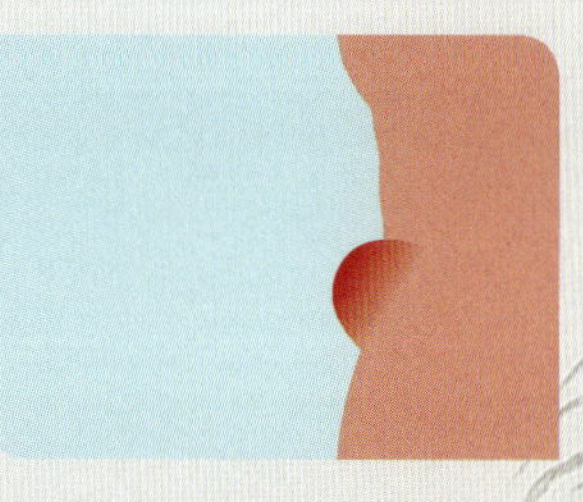

❹ 痛みをともなう発疹
熱や痛みの症状とともに皮膚に発疹ができる。

植物の武器

植物は、お腹をすかせた敵を撃退する方法をいくつももっている。害がないように見える植物でも、葉に強力な毒が含まれていることがある。ほかにも、鋭いとげや共生している昆虫を利用して身を守る植物もある。

とげ

乾燥した地域では、植物を食べて水分をとる動物もいる。それに対抗するため、サボテンなどの植物は、全身をとげでおおって身を守る。

毒のある化学物質

ディフェンバキアは、害のない観葉植物に見えるが、じつは毒性が強い。敵が食べると、葉の細胞が敵の口の中に毒のある結晶を噴射し、吐き気やまひ、臓器の障害をひきおこすことがある。

共生

植物の中には動物とたがいに得をする共生という関係を築き、その動物に身を守ってもらうものもある。南米原産のセクロピアの木は、攻撃的なアステカアリと共生し、自分の敵である昆虫や競争相手の植物をアリに退治させる。

樹液

樹木の中には、粘り気のある樹液を出して自分の傷を治し、この樹液で草食の昆虫を追いはらったり、殺したりするものもある。また、この樹液は昆虫を閉じこめることもあり、やがてゆっくりと固まり、昆虫の死骸を含んだ琥珀という化石になる。

▼モウセンゴケ

モウセンゴケは、世界の食虫植物の約4分の1を占める。多くの食虫植物と同じように、モウセンゴケが動物をつかまえて食べるのは、モウセンゴケが生息する沼地の土には、自分が生きるために欠かせない栄養素が含まれていないからである。その葉には一面に赤い粘り気のある腺毛とよばれる細かい毛があり、接着剤のような液を分泌して獲物をとらえる。

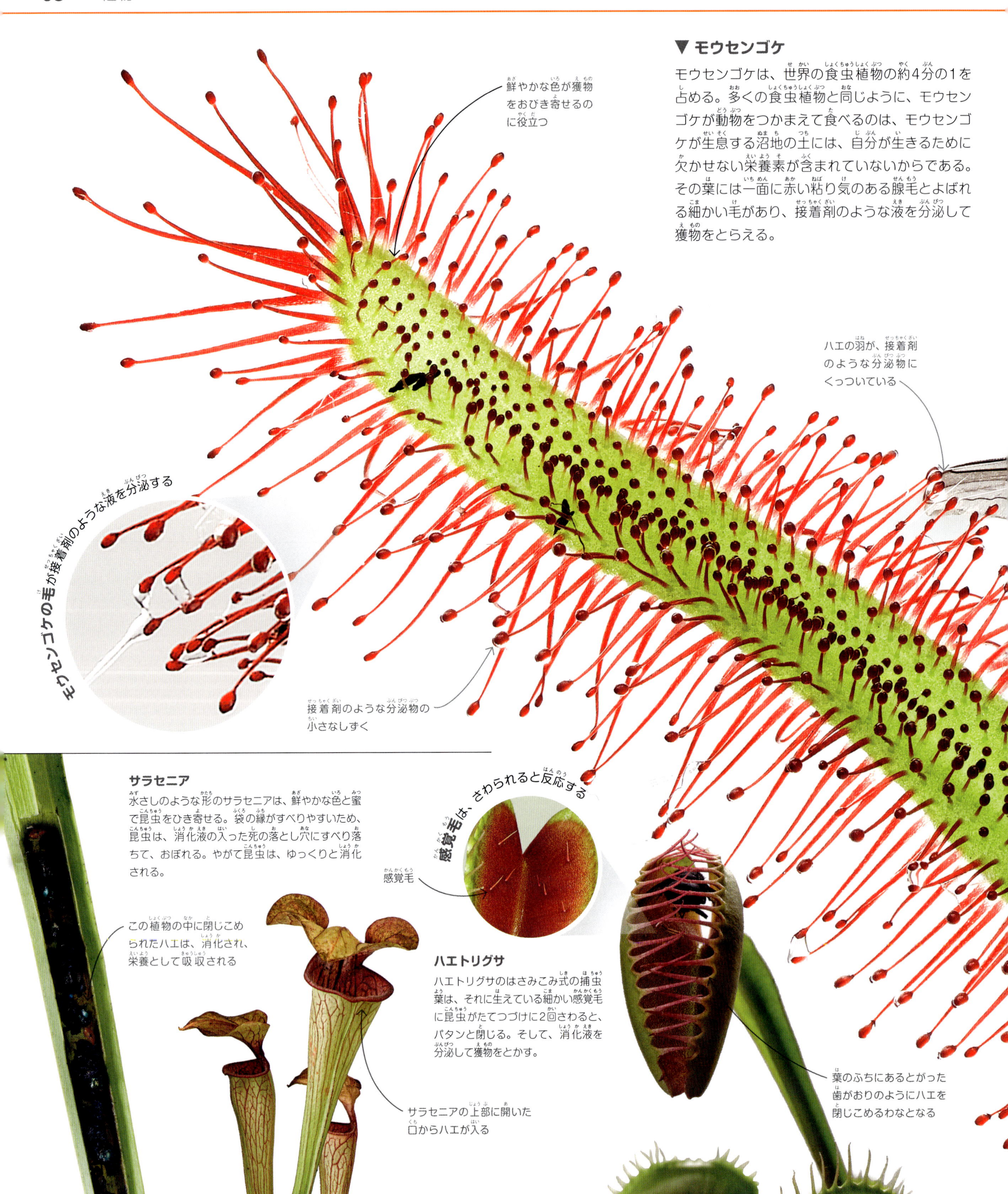
鮮やかな色が獲物をおびき寄せるのに役立つ
ハエの羽が、接着剤のような分泌物にくっついている
モウセンゴケの毛が接着剤のような液を分泌する
接着剤のような分泌物の小さなしずく
感覚毛は、さわられると反応する
感覚毛
この植物の中に閉じこめられたハエは、消化され、栄養として吸収される
サラセニアの上部に開いた口からハエが入る
葉のふちにあるとがった歯がおりのようにハエを閉じこめるわなとなる

サラセニア

水さしのような形のサラセニアは、鮮やかな色と蜜で昆虫をひき寄せる。袋の縁がすべりやすいため、昆虫は、消化液の入った死の落とし穴にすべり落ちて、おぼれる。やがて昆虫は、ゆっくりと消化される。

ハエトリグサ

ハエトリグサのはさみこみ式の捕虫葉は、それに生えている細かい感覚毛に昆虫がたてつづけに2回さわると、パタンと閉じる。そして、消化液を分泌して獲物をとかす。

食虫植物

HOW **CARNIVOROUS PLANTS** WORK

食虫植物は、昆虫などの小さな生き物をとらえて、栄養として吸収します。獲物をとらえるため、獲物をひきつける色やにおい、パタンと閉じるわな、粘りけのある分泌物などを使います。獲物はつかまると最後、逃げきることはできず、死んでしまいます。強力な酵素で消化され、栄養として吸収されてしまいます。

② ハエがもがく
ハエは、モウセンゴケの葉から逃げようともがきはじめるが、もっと多くの毛にくっついてしまう。

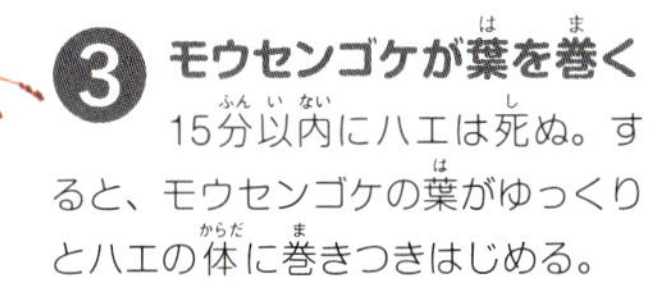

③ モウセンゴケが葉を巻く
15分以内にハエは死ぬ。すると、モウセンゴケの葉がゆっくりとハエの体に巻きつきはじめる。

① ネバネバしたわな
モウセンゴケのネバネバした葉には、甘い蜜に似たにおいがあり、それにひきつけられて、ハエがその上に止まり、身動きがとれなくなる。

昆虫がふれると、腺毛は昆虫のほうに曲がる

④ 消化する
粘りけのある液に含まれている消化酵素が、ハエをとかし、モウセンゴケは、それを栄養として吸収する。

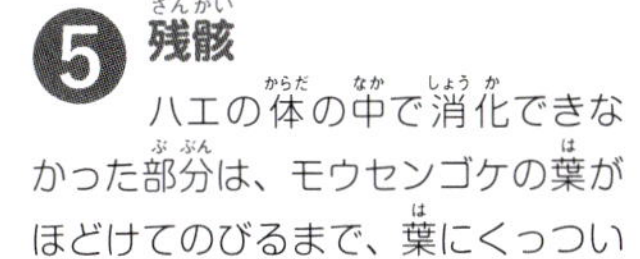

⑤ 残骸
ハエの体の中で消化できなかった部分は、モウセンゴケの葉がほどけてのびるまで、葉にくっついたまま残る。

砂漠の植物

HOW **DESERT PLANTS** SURVIVE

砂漠は、地球上でもっとも乾燥した地域であり、数か月間または数年間も雨が降らないことがあります。砂漠の植物がそのようなとてもきびしい環境に耐えるには、特殊な適応能力が必要です。雨が降ったあとにすばやく水を集め、長い間それをためこみ、水を求める動物や、絶え間なく照りつける太陽から、その貴重な水分を守ることができなければなりません。

▶ サボテンのしくみ

多くの植物は長く細い茎で葉を支えているが、サボテンの茎は水をためこむために樽の形をしている。サボテンの葉は進化して、身を守るためのとげになった。この樽の形をしたサボテンの根は、浅く広くのびているので、短い時間の暴風雨のあとに、湿った地面から水をすぐに吸い上げることができる。

茎の内部の、分厚いスポンジ状の肉(やわらかい組織)に水がためこまれている

先のとがったとげが敵を寄せつけない

根が浅いのは、すばやく雨水を吸い上げるためである

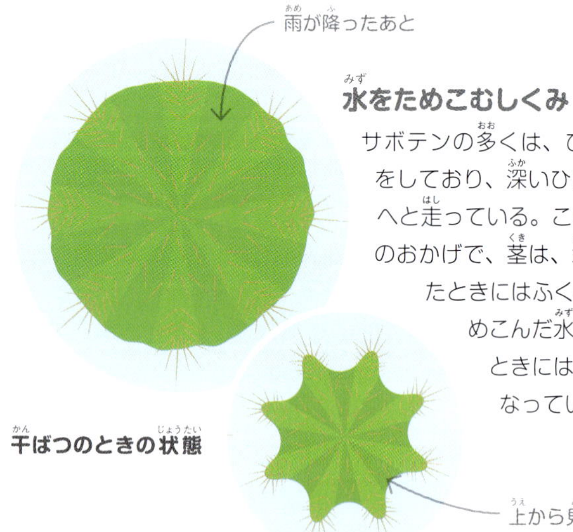
雨が降ったあと
干ばつのときの状態
上から見たところ

水をためこむしくみ

サボテンの多くは、ひだのある形をしており、深いひだが上から下へと走っている。このようなひだのおかげで、茎は、水を吸い上げたときにはふくれあがり、ためこんだ水がなくなったときにはしぼむようになっている。

とげが雨水や露を
とらえる
先のとがったとげ
水が流れ落ちる
浅い根が水を
吸い上げる
ひだが日陰をつくる

先のとがったとげ

サボテンが葉をとげに進化させたのは、動物に食べられないようにするためだけではなく、水分を失わないようにするためでもある。ふつう、葉は表面積が大きいので、植物から水分が蒸発してしまう。そのためサボテンは、広い葉のかわりにあまり水分を蒸発させないとげを生やすことにしたのである。

水を集めるしくみ

雨が降り、サボテンのひだによって水が根元に送られると、広がってのびた浅い根が、日光が当たって水が干上がる前に、すばやく水を吸い上げる。

日よけ

このサボテンは、茎にある5〜8本のひだのおかげで、日中、ずっとかならず一部が日陰になる。ひだの生えかけの白い綿毛のようなものも日よけのはたらきをする。

ふくらんだ幹

長く続く干ばつを生きのびるため、バオバブという木の幹はとても大きくふくらんでいて、中に水をためることができるようになっている。

石ころに見える植物

アフリカのナミブ砂漠原産のリトープスという植物は、葉が小石そっくりなため、水分を求める動物に気づかれずにすむ。葉は2枚しかないが、水をためておけるように多肉質で、ひどい干ばつのときには、地中にもぐることができる。

ホテイアオイ

スイレン

スイレンの花は、強い香りで昆虫をひき寄せて、昆虫に花粉をまき散らしてもらう

ホテイアオイの羽のような根は、水底に固定されないので、日の当たる水の上をただようことができる

水生植物

HOW **AQUATIC PLANTS** WORK

植物にとって、水の中で生きるのはとてもたいへんなことです。陸生植物と同じように、水生植物も光合成によって栄養をつくるために、日光のエネルギーが必要です。しかし、泥や砂のまじった水が日光をさえぎるので、光合成は簡単ではありません。そのため、ほとんどの水生植物は、水中でも生きられるように進化するか、水の上に浮かぶことができるように進化しました。こうした植物の多くは、水の流れによって傷つくことがないように、根と葉が強くなければなりません。

海沿いで生きる

海沿いは、植物にとってとくに生息しにくい場所である。なぜならば、海水に含まれる塩分がほとんどの細胞をこわしてしまうからである。海沿いの湿地に生えるマングローブの木はじょうぶな支柱根をもっている。この根が木を支えて、泥の中でも安定させ、しかも塩分を取りのぞく。そのおかげで、マングローブの木は、浄化された水を使って生きつづけることができる。

水中で生きる

水生植物の中には、茎が長く、そのおかげで、葉や花が水の上に浮かんで日光のエネルギーを吸収できるものがある。このような植物は底深くまで根をはり、自分を固定する。ほかには、水中で根を自由にブラブラさせながら、水の上をただよう水生植物もある。川の中で生息する植物に必要なのは、しっかり固定してくれる強い根と、水がよけて通りやすく、破られずにすむような葉である。水の浅いところでは水中に完全にもぐって生息する植物もある。

スイレンは長い根で泥の中に固定される

水の上に浮かんでいる大きな葉の表面で、日光による光合成を行う
スイレンのように、水中に沈んでいる植物の茎の中には、空洞(すきま)があり、酸素をいきわたらせることができる。この管状のすきまのおかげで、植物は軽くなり、浮かぶことができる
茎の中のすきま
ハゴロモモの細い羽毛のような葉は、水が通りやすいので、傷つかずにすむ
長い葉が、日がよく当たる水面に向かってのびる
ハゴロモモは、完全に水の中に沈んだときは、水の力でまっすぐ立つことができる
セキショウモは、流れる水の中で、水が通り過ぎるたびに、曲がったり、ゆれ動いたりして、根が抜けないようにする
ハゴロモモ
セキショウモ

「無脊椎動物」とは、背骨（脊椎）がない動物のことです。地球上のほとんどの動物は無脊椎動物です。わたしたち人類のような骨格が体の中にない動物です。無脊椎動物には、昆虫やクモのように、外側に体を保護するためのかたい外骨格をもつものや、巻き貝や二枚貝など、丈夫な殻の中に入っているものなどがいます。しかし、保護用のかたいおおいをまったくもたず、やわらかい体をしているもののほうが多いのです。

無脊椎動物

無脊椎動物の生態
HOW **INVERTEBRATES** WORK

地球上の動物の95%以上は無脊椎動物、つまり背骨がない動物です。無脊椎動物はすべてが同じ科に属するというわけではなく、背骨をもたないという以外にはほとんど共通点のない、独立したたくさんの科に分かれます。とても小さな海洋生物やイモムシ、ヒトデ、クモなど、さまざまな無脊椎動物がいます。水中で生活するものも多いのですが、地上でもっとも種類が多いのは昆虫です。

▶ 昆虫
昆虫は地球上に約100万種以上いて、個体数としてはつねに1000京(1兆の1000万倍)程度が生息していると考えられている。すべての昆虫には、体を守る外骨格、6本の足、触角とよばれる敏感な感覚器がある。成虫のほとんどにはねがあり、一度に広い範囲を見ることのできる眼がある。昆虫の多くは卵からふ化した後、イモムシのように幼虫の体で活動を始め、成長の過程で変態と呼ばれる大きな変化の時期を過ごす。たとえば、イモムシは変態によってガやチョウになる。

さまざまな無脊椎動物
無脊椎動物は種類が多い。とくに大きなグループとしては、節足動物(昆虫類、クモ類、甲殻類など) 棘皮動物、刺胞動物、軟体動物などがある。

棘皮動物
とげ(棘)のある皮膚をしたこの海洋動物の体は、ふつう、等しく同じ5つの部分からなっている。各部分はそれぞれ内部器官を一そろい備えている。棘皮動物には、ヒトデ、ウニ、ナマコなどがいる。

腕は、カキの殻をこじ開けて中身を出すことができるほど強力である

体は体節に分かれている
柔軟な外骨格がイモムシのやわらかい体を保護している
原始的な眼が光を感知する
昆虫の口にはさまざまな形があるが、それはエサが違うためだ。イモムシにはかむためのあごがある
イモムシの体の前のほうにある足が、変態を経て、成虫の足になる
イモムシは偽の足で植物にしがみついている。偽の足はチョウやガになるとなくなる

触腕が獲物をとるのに役立つ
かさの部分がクラゲの移動を助ける

クモは口の牙の隣にある触肢で獲物をおさえてかむ

ロブスターは大きくなると殻を脱ぎ捨て、新しい殻をつくる

刺胞動物

サンゴ、クラゲ、イソギンチャクはいずれも刺胞動物である。これらの水生動物のほとんどは水の中をただよって生きるが、なかには岩にはりついて一生を送るものもいる。ふつう、体は円形か花のような形をしている。針のある触手をもち、脳はない。

軟体動物

このやわらかい体をもつ動物のグループには、ナメクジ、巻き貝、カキ、イカ、タコがふくまれる。軟体動物はすべて、やすりのような舌をしている。また多くのものが、体の壁の一部から保護のための殻をつくりだす。軟体動物はほとんどが海にすんでいる。

節足動物・クモ類

クモ類は関節のある外骨格をもつ。脚は8本で、はねや触角はない。クモやサソリなど、ほとんどのクモ類は肉食性であるが、ダニ類など腐食性、植食性、寄生性のものも多数いる。

節足動物・甲殻類

カニやエビなどの甲殻類は、ふつう、体節に分かれた硬い外皮、4対以上の足、2対の触角をもつ。ほとんどに水中で呼吸するためのエラがあるが、ワラジムシのように陸にすむものもいる。

巻き貝の生態
HOW **SNAILS** WORK

巻き貝やナメクジは無脊椎動物のうち軟体動物とよばれる大きなグループに属します。軟体動物のほとんどはやわらかい体をしていて、多くが身を保護するための殻をつくっています。巻き貝は陸上だけでなく海水や淡水中にもたくさんいて、陸上に生息するものをカタツムリとよんでいます。巻き貝は体全体を引っ込めることができるほどの大きさの、コイルのように巻いた独特の形をした殻をもっています。ナメクジは巻き貝に近い親せきです。ナメクジは敵から身を守るために、殻の代わりに、ひどい味のする粘液を使います。

硬い殻がやわらかい体を保護している
カタツムリは危険を感じるとやわらかい体を殻の中に引っ込める
体から分泌されたぬるぬるした粘液におおわれている。この粘液のおかげでカタツムリはいろいろなものの上をはって進みやすくなる

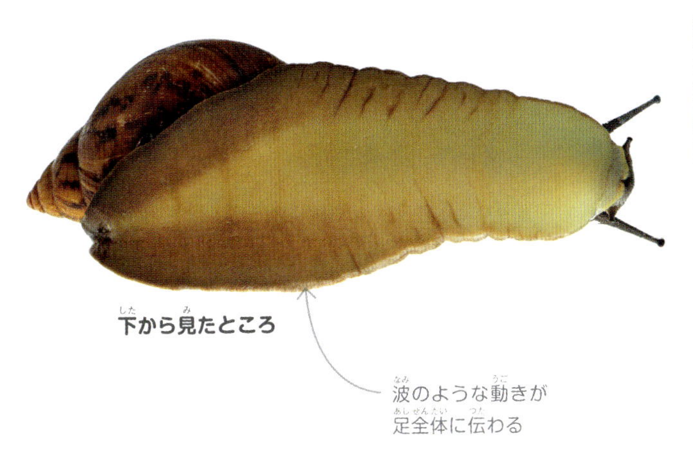
下から見たところ
波のような動きが
足全体に伝わる

筋肉でできた足

カタツムリの土台はひとつの大きな筋肉である。カタツムリはこの筋肉を波のように収縮させてはう。足にある腺から分泌される濃度の高い液体によって、カタツムリは地面をなめらかに移動したり垂直面にはりついたりすることができる。はったところには、跡が残る。カタツムリはほかのカタツムリの残した、はった跡をたどることが多い。そのほうが速く移動できるからである。それによって、カタツムリの最高速度は時速1mとなる。

殻の中

巻き貝の消化器はらせんのように曲がってコイルのように殻の中に入っている。殻の入り口のそばは空洞になっていて、巻き貝は危険が迫ると体をここに引っこめる。巻き貝には脳はないが、神経細胞の集まりからできている小さな脳のような構造がいくつもある。これを神経節という。

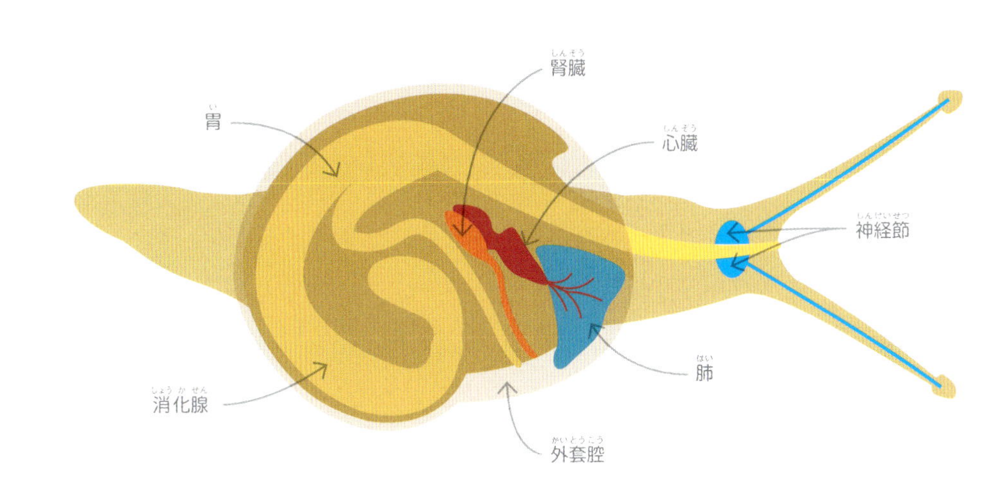
腎臓
胃
心臓
神経節
消化腺
肺
外套腔

▼アフリカマイマイ

陸上に生息する巻き貝、つまりカタツムリで、世界最大級のものはアフリカマイマイである。ウサギほどの大きさ、体長30cmほどになる。

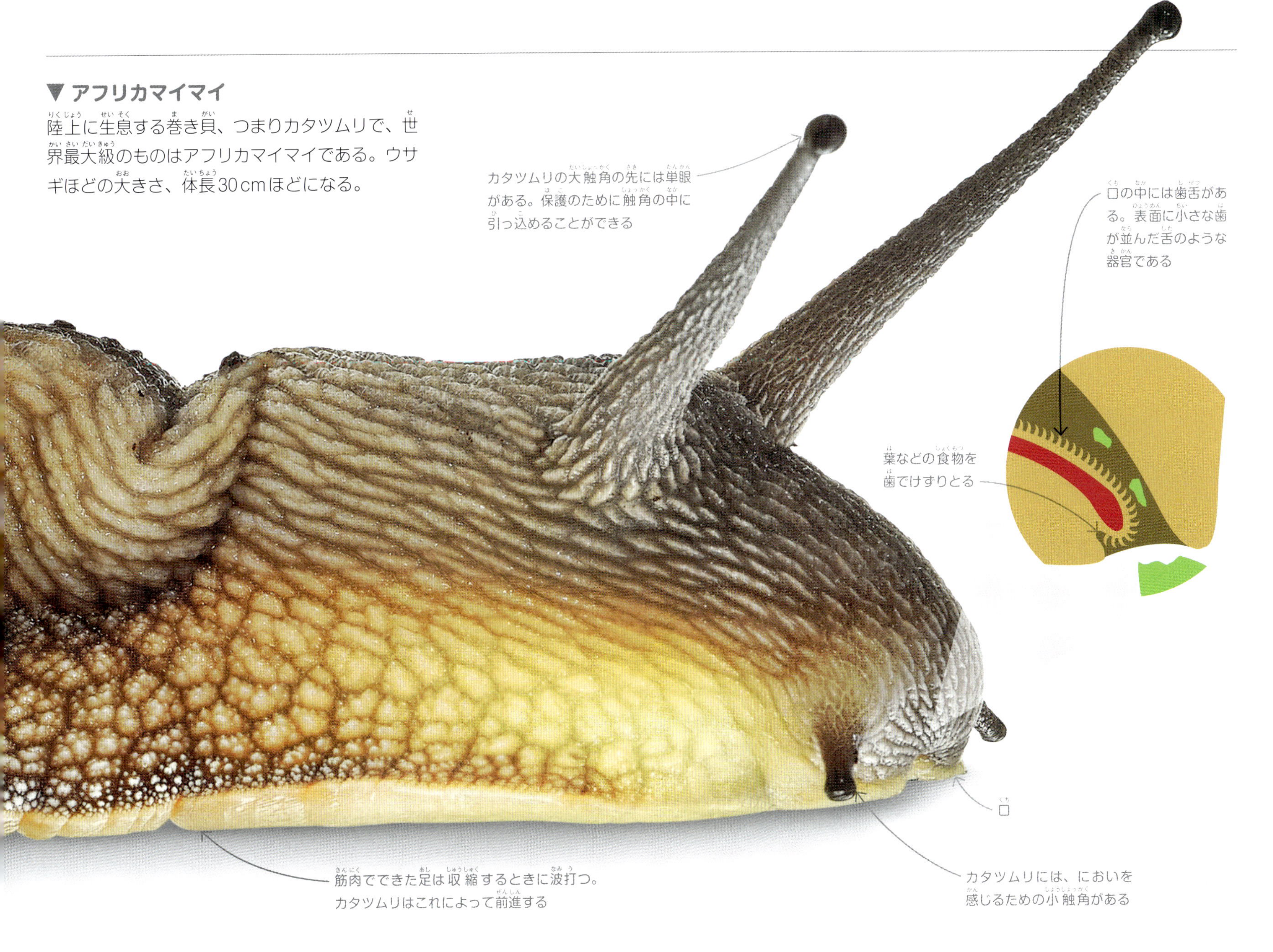
カタツムリの大触角の先には単眼がある。保護のために触角の中に引っ込めることができる
口の中には歯舌がある。表面に小さな歯が並んだ舌のような器官である
葉などの食物を歯でけずりとる
口
筋肉でできた足は収縮するときに波打つ。カタツムリはこれによって前進する
カタツムリには、においを感じるための小触角がある

二枚貝の生態

HOW **BIVALVES** WORK

二枚貝は、ナメクジや巻き貝などと同じく軟体動物というグループに属しています。頭部はなく、蝶番でつながった2枚の貝殻の内側にすんでいます。この2枚の貝殻は危険が迫るとぴったりと閉じます。ほとんどの二枚貝は砂や泥の中にもぐって敵から身をかくしてくらしていますが、岩にくっついたり、岩のすき間にはまりこんだりしているものもいます。二枚貝は2本の管(水管)で食事をし、呼吸します。この管をストローのように使って水を吸いこみ、その水をエラに通して酸素とエサを取りこみます。

▶ 蝶番のある貝殻

このアメリカイタヤガイのように、二枚貝の貝殻は、2枚の殻がそれぞれのとがった部分で蝶番によってつながって、ひとつに合わさっている。殻どうしは、二枚貝が生きているときは、のびたり縮んだりする組織が蝶番を支えている。死んで浜に打ち上げられた貝は、その組織がこわれているので、すぐに2枚がはなれる。

光を感知する

砂や泥にもぐる二枚貝には眼がない。しかし、砂の上に生息するホタテガイには最大100個もの単眼がある。単眼は湾曲した鏡のようになっており、それで光を集めて、敵がつくる影を探知する。危険を感じると、貝殻をすばやく閉じる。

下側の殻は湾曲していて、砂のくぼみにはまる

触手は水中の化学物質を感知したり、接触に反応したりする。それによってヒトデなど、敵が近づいてきたことを知ることができる

貝殻が開いているときは水が出入りしている

二枚貝の筋肉や外套膜は、内臓をおおっており、貝の内側の層を分泌する

貝殻には毎年、新しい成長線がつくられる

砂にもぐる

砂にもぐって暮らす二枚貝はふつう一か所から動かないが、ハマグリやアサリのように、筋肉質の足で砂を掘り進むことのできるものもいる。そういう貝は、敵から逃げるために砂の中の深くにもぐり、あとでエサをとるために上に戻ってくる。マテガイなどは人間が掘るよりも早く砂にもぐることができる。

1 足が伸びる
貝の足が行きたい方向に伸びる。

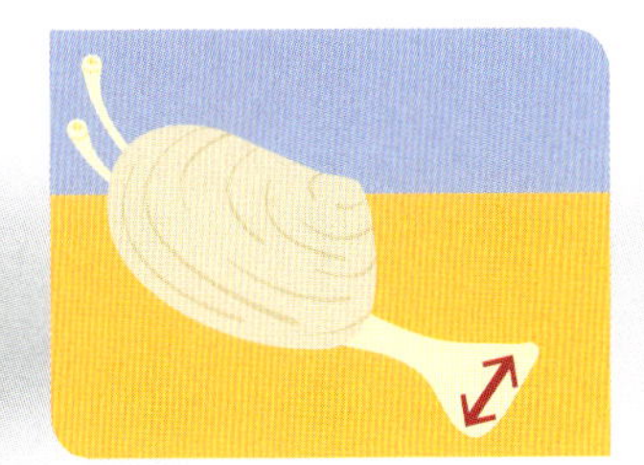

2 足が固定される
砂の中で足の先が横に広がって錨のようになり固定される。

3 体が移動する
筋肉質の足が縮んで、貝を砂の中に引きこむ。

真珠のできかた

ほとんどの二枚貝の貝殻の内面は艶のない物質でできている。しかし、シンジュガイの貝殻の内側は、真珠層とよばれる光沢のある水晶のような物質でおおわれている。この物質は外套膜から分泌され、真珠貝の軟体(やわらかい体)を保護している。貝の中に入り込んで体を傷つける砂粒などの破片は、どんなものでも真珠層でおおわれて真珠になる。

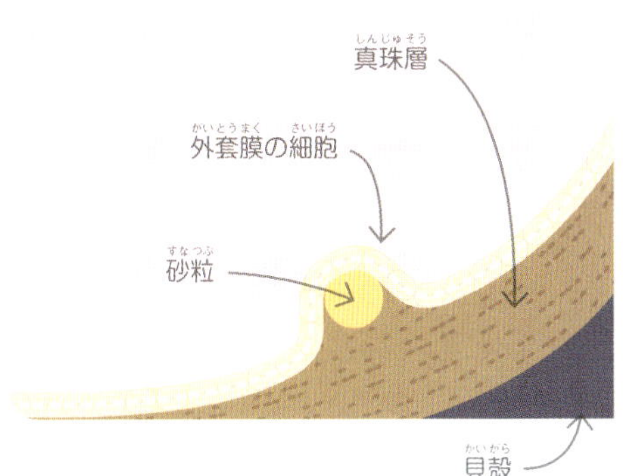
真珠層
外套膜の細胞
砂粒
貝殻

1 砂が貝殻の中に入る
砂がシンジュガイの中に入ると、貝の外套膜がゆっくりとおおう。

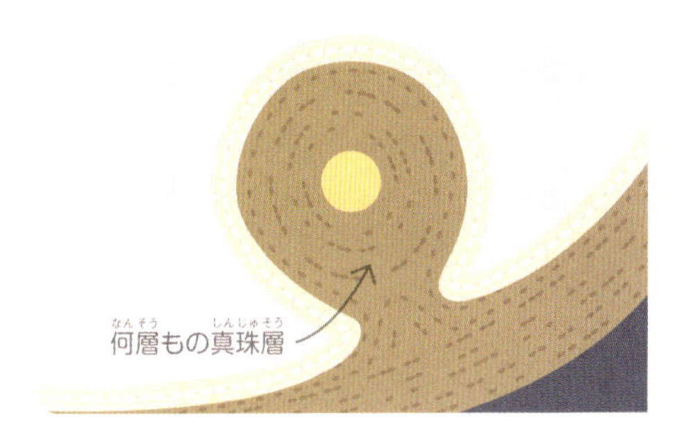
何層もの真珠層

2 真珠層が重なる
外套膜が砂粒を真珠層でおおう。砂粒が貝を傷つけられなくなるまで、真珠層は何層にも重なる。

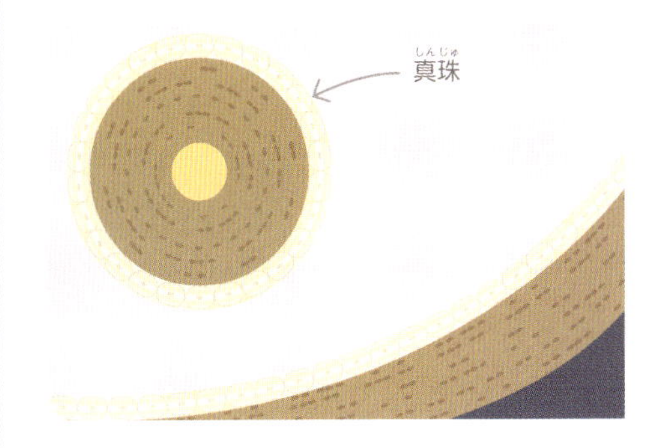
真珠

3 真珠ができる
ついに、砂粒を核とした真珠層の球ができあがる。これが真珠である。真珠は貝殻の内部にとどまる。

さまざまな貝殻
TYPES OF SHELLS

ほとんどの軟体動物はかたい殻をもっていて、中にあるやわらかい体を敵や環境から守っています。殻は外套膜という体表が出す分泌液でつくられ、補修されます。殻は1つの場合も、2つの場合もあります。そして、中にいる動物が死んだあとも長く残ります。軟体動物の殻はほとんどどこにでもありますが、海に行けば、さまざまな種類の殻を見つけられます。

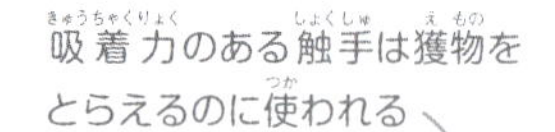

吸着力のある触手は獲物をとらえるのに使われる

殻は空洞の小室に分かれており、気体が入っている。これによってオウムガイは浮いたり沈んだりすることができる

オウムガイ

頭足綱

オウムガイは無脊椎動物の中の頭足綱に属する。殻の中の水と気体の割合を調節することで、水の中にいるときの浮力をコントロールすることができる。オウムガイは何億年もの間、ほとんど変化していないことから、「生きた化石」とよばれている。

殻の周りには帯状になった筋肉がある

ダイリセキヒザラガイ

殻が8枚の板に分かれているので、多板綱は体を丸めることができる

多板綱

多板綱の殻は8枚の板が重なり合うように並んでいる。それぞれの板が、体にくっついていながら、騎士の鎧のように分かれて動く。板のおかげで多板綱は敵から守られ、自由な動きができる。

二枚貝綱は2枚の殻を開け閉めできる

ヒレシャコガイ

深いひだのおかげで岩の間に固定されやすい

二枚貝綱

二枚貝綱の殻は2枚の殻が合わさった形をしている。2枚の殻は、蝶番としなやかな靭帯でつながっている。海の中では、深いひだのあるヒレシャコガイの殻は、小さなカニの隠れ家になっている。

先のほうにある穴から水が出たり入ったりする

ゾウゲツノガイ

力強い足で海底を掘って、砂や泥の中に入ったり出たりする

掘足綱

ゾウの牙に似た形をした殻の上の端には穴があいていて、そこから水を出し入れして、殻の中に酸素を取りこむ。殻の下のほうは太くなっており、そのおかげで足を使って砂を掘り進むことができる。

縞模様のおかげでまわりの景色にまぎれて敵に見つからないようにする
口
触角
足
イトマキボラ
これらの突起は貝がひっくり返るのを防ぐ
鋭いトゲによって敵から守られている
アクキガイ
チャイロハズレキリガイダマシ
コルク抜きの形をした殻によって、カイメンの中に深く入り、細い体を固定する
インドセンジュガイ
モヨウカヤノミガイ
殻は先が細くなった流線形をしているので移動しやすい
ムラサキムカデガイ
リュウオウスガイ
内側のつるつるした真珠層が、かたい外側の表面まであらわれてきている
タケノコガイ

腹足綱

筋肉質の足で移動する軟体動物を腹足綱とよぶ。これには巻き貝類がふくまれる。殻が開いているように見えるが、足にくっついた扉のようなふたで、殻の内側に閉じこもることができるので、敵につかまりにくくなる。

タコの腕は、けがで
失われても新しく
生えてくる
腕には吸盤が2列に並んでいる。
タコは吸盤でものの表面にくっつ
いたり、ものをつかんだりする

▶ 万能の腕

タコのやわらかい肉につつまれた体の中には、大切な内臓が入っていて、目もここについている。タコの神経全体の3分の2は、8本の腕の強い筋肉を動かすことに使われる。腕には吸盤が並んでいて、それによってタコはものをしっかりとつかむことができる。腕はサメとレスリングができるほど強いが、おいしいロブスターを岩の間から引き出せるほどうまく動かすこともできる。

タコの生態

HOW **OCTOPUSES** WORK

タコは、動きのゆっくりしたナメクジやカタツムリの仲間ですが、無脊椎動物の中でもっとも頭のいい動物の一種で、すぐれたハンターです。タコは8本の腕ではうように動いたり、獲物をとらえたりします。力が強く、かたい口をもち、とてもかたい貝殻以外はどんなものでも砕くことができます。

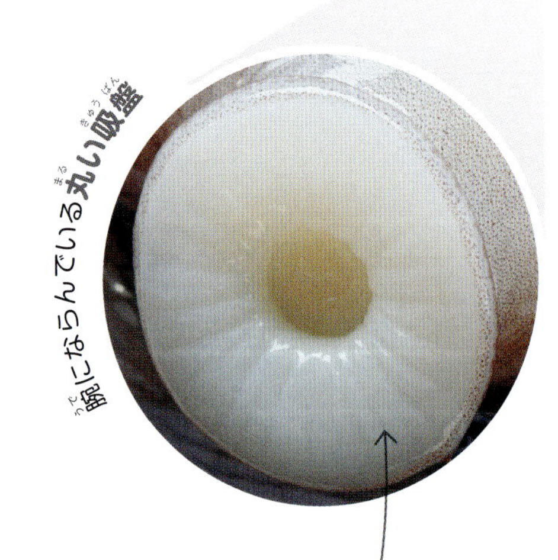
腕にならんでいる丸い吸盤

吸盤は何かをつかむだけではなく、まわりのものや水の味を感じる器官ももっている

タコは脱出の天才

体の内側には骨格がなく、外側にも殻がないため、タコはせまいところを通りぬけることができる。野生のタコは危険をさけるために岩の小さなすき間に入りこむ。動物園や水族館のタコは、まわりを困らせる脱走犯である。

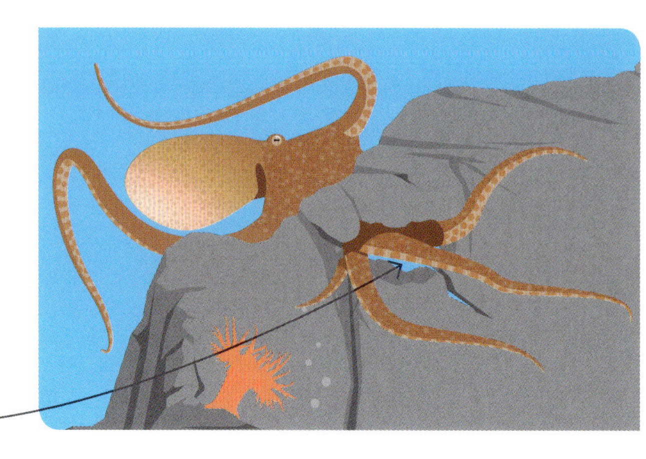

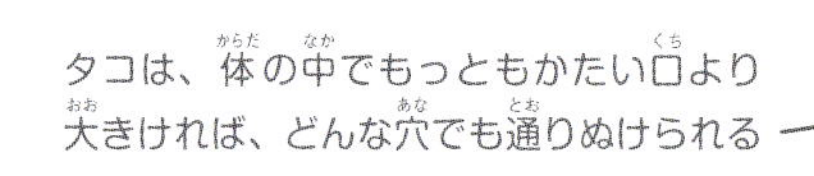
タコは、体の中でもっともかたい口より大きければ、どんな穴でも通りぬけられる

視力がいいので、タコは敵を遠くから見つけることができる
外套膜(頭のように見える胴体)の内側には、タコの大切な内臓がすべて入っている
8本の腕のつけ根の部分が集まっているところに、オウムのくちばしのような口がある。この部分はたいへんかたくて強く、カニの甲を割って中の身を取り出すこともできる
カレイ
ミミックオクトパス
ミノカサゴ
ミミックオクトパス
色を変えて、腕を6本分かくしている
ウミヘビ
ウミヘビに見せかけているミミックオクトパス
腕をかかえこんでいる
ヤドカリ
ミミックオクトパス

擬態

ほとんどのタコは、まわりに合わせて体色や模様を変えることができる。しかし、ミミックオクトパス(ものまねタコ)にできるのはそれだけではない。色と形の両方を変えて、いろいろな海の生き物になりすますことができる。毒をもつウミヘビのように見せかければ、敵を追いはらうことができ、害のないカニをまねれば、獲物に近づくことができる。

身を守る

タコは危険から逃げるためにウォータージェットのしくみを使うことができる。頭の部分が袋になっていて、その中に水をため、それをろうととよばれる管から後ろの方に押し出して体を前進させて逃げる。さらに敵を混乱させるために、墨を吹き出して水をにごらせ、敵から姿が見えなくなったすきに逃げる。

イソギンチャクの生態

HOW **SEA ANEMONES** WORK

イソギンチャクは花のように見えるかもしれませんが、じつは動物です。口を上に向けた姿勢で海の底にくっついています。とげのある筋肉質の触手を水中でひらひらさせ、エサとなる生き物をつかまえると、それを体の中心にある口に運びます。ほとんどのイソギンチャクは海の中をただよう小さな生き物を食べるので、大きな生き物にとって害はありませんが、魚を麻痺させるほどの強い毒針をもつものもいます。

触手には毒針をもつ細胞がふくまれている。これで獲物を麻痺させる

▶ 2つに分裂する

イソギンチャクは卵と精子を放出して繁殖することができるが、体を2つに分裂させて2つのイソギンチャクになることもある。右の写真のイソギンチャクにはすでに口が2つあり、それぞれを触手がとりまいている。分裂は上のほうから根もとに向かって起こり、まったく同じ2つのイソギンチャクが生まれる。

イソギンチャク

ヤドカリは死んだ巻貝の貝殻をすみかにしている

ヤドカリ

ボディガード

ヤドカリはよく、自分たちが背負っている巻貝の貝殻に、若いイソギンチャクを乗せている。この協力関係は、両方の種にとってよいことである。イソギンチャクの毒針となりすましがヤドカリを守り、ヤドカリのこぼした食べかすをイソギンチャクが食べる。

柱のような体の根もとは足盤とよばれ、岩石や砂利にくっついているが、移動もできる

口

触手の環の真ん中には口が1つある。ここから食べ物を入れたり、いらない物をはき出す。

自分を守る

イソギンチャクの多くは危険がせまると触手を中に引っこめる。潮だまりに広く見られるウメボシイソギンチャクも、干潮のときに空気にさらされると、乾燥をさけるために触手を引っこめる。

触手を伸ばしている　**触手を引っこめている**

体のおもな部分には、食べ物を消化したり、精子や卵を出す小さな部屋がある

体の壁は筋肉でできていて、それが縮むことで危険をさけることができる

サンゴの生態

HOW **CORALS** WORK

サンゴはイソギンチャクやクラゲと近い関係にある、海にすむ生き物です。水の中に、コロニーとよばれる巨大な集団をつくります。コロニーの多くは、岩のようなかたい骨格によって支えられています。コロニーがとても大きくなると、岩でできた海底の丘のようになります。これを礁(リーフ)とよびます。オーストラリアのグレートバリアリーフはたいへん大きなサンゴ礁で、宇宙からも見えるほどです。コロニーはポリプとよばれる何千という個体からできています。ポリプは触手を水中にただよわせて、浮かんでいる生き物(プランクトン)をつかまえます。

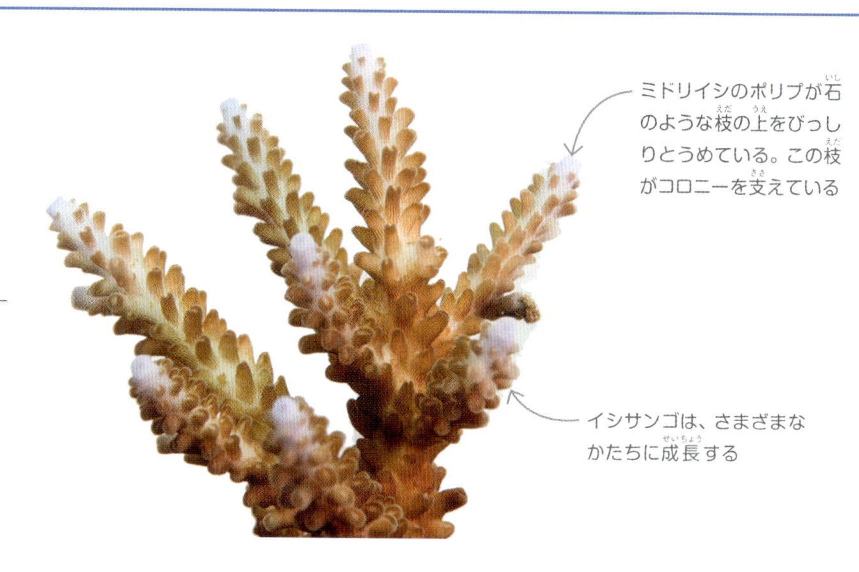
ミドリイシのポリプが石のような枝の上をびっしりとうめている。この枝がコロニーを支えている
イシサンゴは、さまざまなかたちに成長する

イシサンゴ
ミドリイシ(上)やアザミサンゴ(下)など、サンゴのコロニーには、かたい骨格をつくって、傷つきやすい部分をその中に引っこめることのできるものがいる。骨格は炭酸カルシウムでできていて、長い時間をかけて石灰質の礁に成長する。

▶ サンゴの構造

このアザミサンゴもふくめて、サンゴはたくさんのポリプでできているが、ポリプは全体で1個の生き物としてふるまう。コロニーの中のポリプは、体からのびたネットワークによって、まわりのポリプとつながっているが、それぞれに胃と口がある。中央にある口は、食べ物をとりこむだけでなく、かす(老廃物)や生殖細胞を出したりもする。

アザミサンゴの触手はふつう、先が白くなっている
サンゴのポリプは、中央の口のまわりに触手をもつ
触手にある毒針で獲物を麻痺させて、ポリプの口にとりこむ
口は食べ物をとりこんだり、かすを外に出したりする
薄い膜でポリプどうしがつながってコロニーをつくり、1個の生き物のようにふるまう
ポリプがつくった石灰質の骨格

ほかの動物がサンゴのコロニーにすみかをつくることがある。これは、白い羽のような足をもつ、蔓脚類(フジツボなどのように水中のエサをこして食べる甲殻類の一種)だ
上側の層
あいだのゼリー状の部分（中膠）
細胞のならぶ内側の層に藻類がすんでいる
多くのサンゴと同じように、アザミサンゴも光合成をする藻類といっしょにくらして(共生して)いて、藻類はサンゴが栄養をとるのを助けている

たいせつな協力体制

いろいろな種類のサンゴが藻類を共生させていて、それがサンゴの色の一部になっている。藻類は光合成によって栄養分をつくるが、その一部はサンゴが成長する助けとなっている。気候変動のせいで水温が上がると、ポリプが藻類を追いはらい、これによってサンゴ礁が白くなって死んでしまうことがある。これを「サンゴの白化現象」という。

サンゴの共同体

オーストラリアのグレートバリアリーフにある、あざやかな色をしたサンゴ。グレートバリアリーフは長さが2600 kmを超える、たくさんの島や小さな礁がふくまれるサンゴ礁で、多くのサメやエイなどの魚類、クジラ、カメなど多彩な生き物が住んでいる豊かな環境である。サンゴは変化に対してとても敏感だ。この写真にうつっている場所には、すばらしい自然があり、海の生き物がたくさんいるが、きびしい気象と人間による汚染のせいで傷つけられしまった地域もある。水温が上がることによってサンゴが白くなる白化現象がおこり、あざやかな色がなくなってしまうこともある。

クラゲの生態
HOW JELLYFISH WORK

クラゲはサンゴやイソギンチャクの仲間ですが、海底に付着するのではなく、水中で生活しています。クラゲはかさのような体をリズミカルに動かして移動します。脳や複雑な感覚器官はありませんが、より高等な動物を触手の針で麻痺させてつかまえることができます。人間を数分間で死なせるほど強力な毒をもつクラゲもいます。

▶ 単純な体

クラゲの体は95%以上が水分で、2層の細胞で構成されている。2つの層の間はゼラチン状の物質で満たされている。食べ物はかさの形をした体の内部で消化する。このかさの部分を収縮させて水を噴射し、その力で移動する。かさの部分の外には針のついた触手と食べ物を口に送るための口腕がのびている。

この奥に口があり、口は単順な胃につながっている。排泄も口から行う

サムクラゲにはカーテン状の口腕があり、それによってほかのクラゲなどの、獲物を取りこむ

触手には筋肉があり、獲物にからみつくことができる

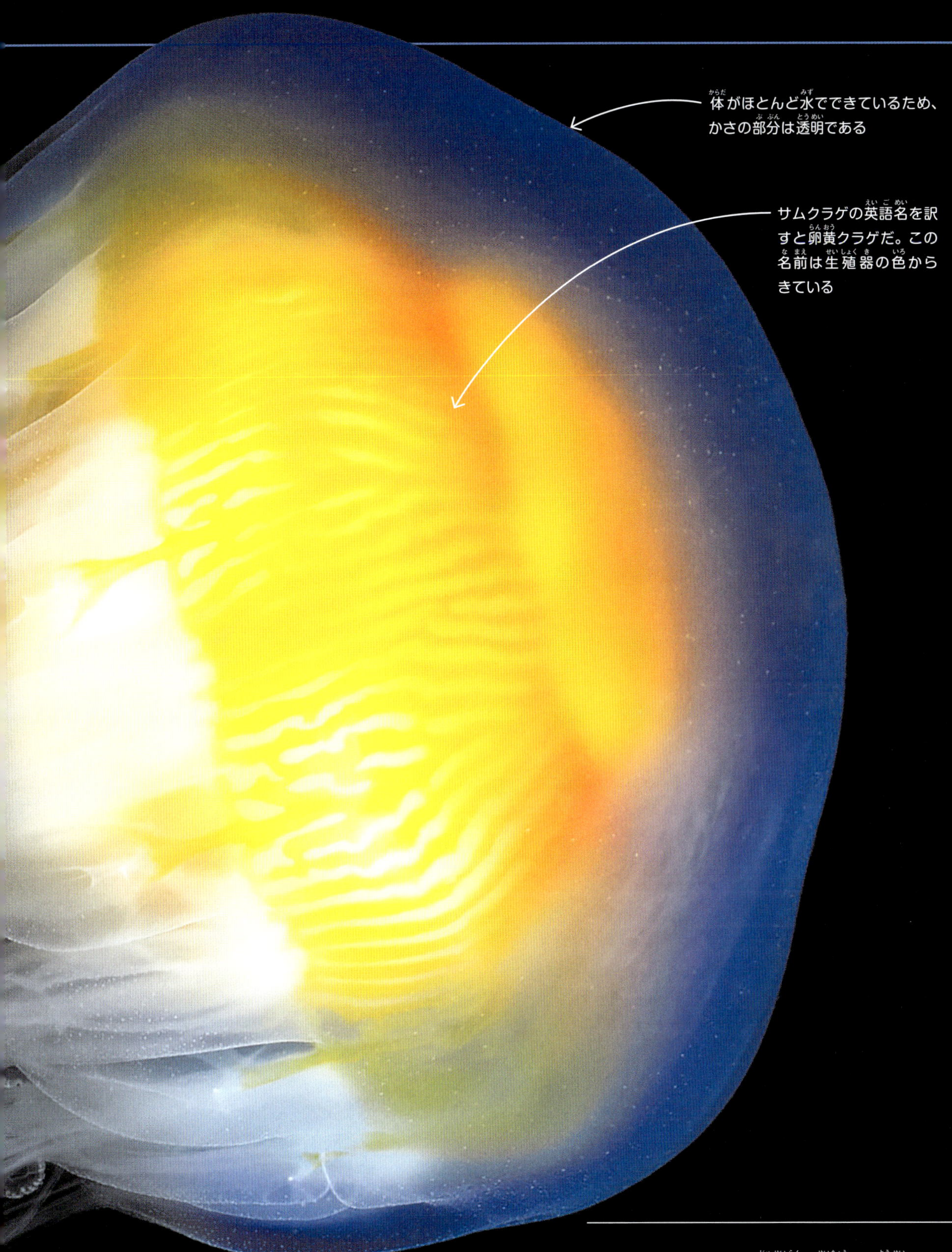

体がほとんど水でできているため、かさの部分は透明である
サムクラゲの英語名を訳すと卵黄クラゲだ。この名前は生殖器の色からきている

クラゲが刺すしくみ

クラゲの触手には数えきれないほどの針がある。針は1本ずつ刺胞という細胞の中に入っている。動物が髪の毛状の刺針をさわると針が作動して、細胞内にあるコイル状の刺糸が勢いよく飛び出し、獲物の皮膚に突き刺さる。剣状棘が獲物の肉に針を固定し、管を通じて毒が注入される。

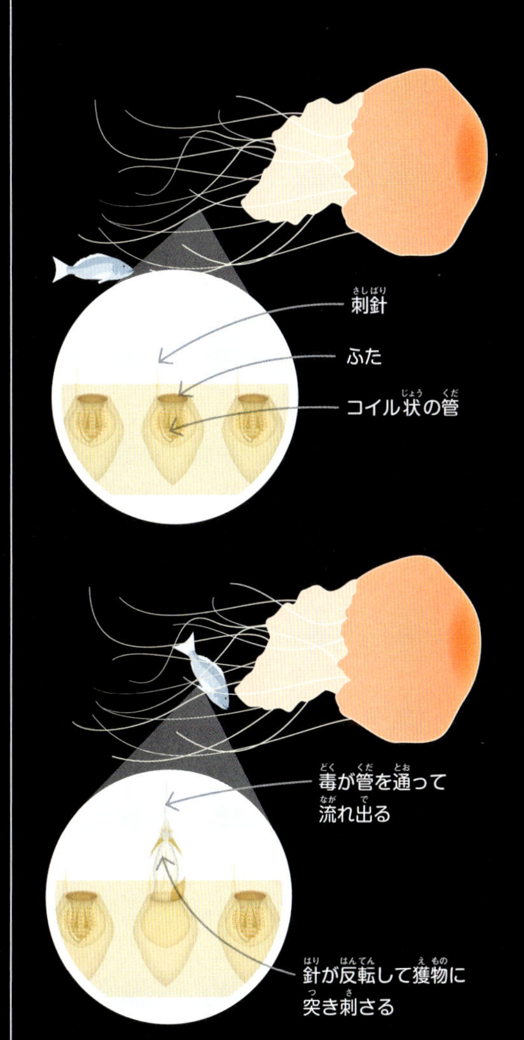

刺針
ふた
コイル状の管
毒が管を通って流れ出る
針が反転して獲物に突き刺さる

クラゲの一生

クラゲの一生は、自由に泳ぎまわるクラゲの時期と付着するポリプとよばれる2つの時期からなる。ポリプは小さなイソギンチャクのような外見をしており、水中のエサを捕って生きている。ポリプは繰り返し分裂して、多数の幼いクラゲが産まれる。

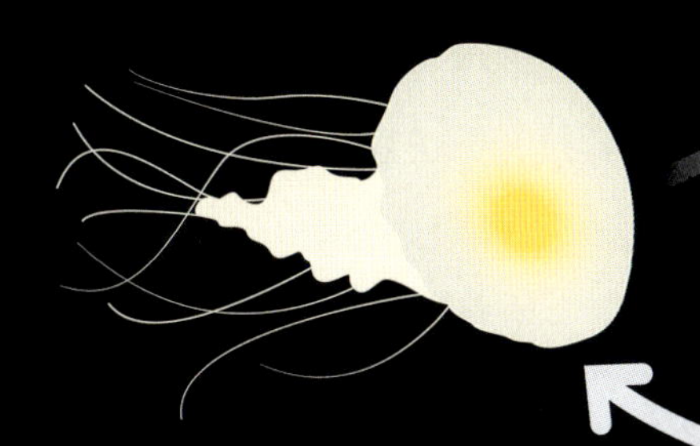

受精卵は成長して幼生になる。幼生は水中をただよって海底の岩に付着する

幼生はサンゴのポリプのような形になる。中央の口の周りにはエサを捕らえるための触手が輪のように並ぶ

ポリプが水平方向に分裂し、円盤を積み重ねたような形になる

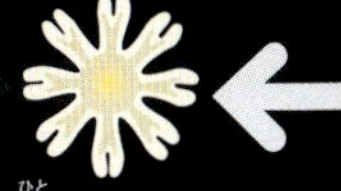

円盤が一つずつはなれて幼いクラゲとなる

オスのクラゲは無数の精子を水中に放出し、メスが抱えている卵を受精させる

ヒトデの生態

HOW **STARFISH** WORK

ヒトデは英語でスターフィッシュ（星の魚）といいますが、実際には魚類ではなく、動きののろい無脊椎動物です。たくさんの吸盤のような足で海底をはって動くヒトデは、海の生き物の中で、棘皮動物という大きなグループに属しています。「棘皮」という言葉は「刺のある外皮」というギリシャ語に由来します。ほとんどの動物とは異なり、棘皮動物には前後の区別がなく、頭や脳もありませんが、ふつう、五角形または5つ以上の部分が放射状に分かれ、円形に並んだかたちをしています。

このちぎれた腕は、4本の新しい腕を再生し始め、それによってまったく新しい1個のヒトデが生まれる
管になっている足は、移動したり、ものをつかむのに使われる
腕の先についている足は、かすかなにおいを感じる

再生

ヒトデは失った腕を再生することができる。切り離された1本の腕からでも、その腕に中央の盤の一部がついていれば、体全体を再生できるものもいる。

▲ 星形の体

ヒトデはふつう、中央の盤から放射状に広がる5本の対称形の腕をもっているが、中には50本もの腕をもつものもいる。口は体の下面の中央にあり、肛門は上面の中央にある。体の下面にある割れめから管になった何百本もの足を伸ばすことができる。足の先端はくっつきやすく、カップ状になっていて、ものの表面をしっかりつかむことができる。

海水はここから体の中に入る

放射状にのびた管が腕に水を運ぶ

水が送りこまれると足がのびる

輪になった管が消化器の中に水を通す

輸送のしくみ

ヒトデには心臓や血管はないが、体の中に張りめぐらされた、海水の入った網状の管を利用して、酸素、食べ物、排泄物を移動させる。このしくみはヒトデの移動にも役立っている。足の中に水を送りこんで足をのばし、海底の斜面をよじ登るのだ。

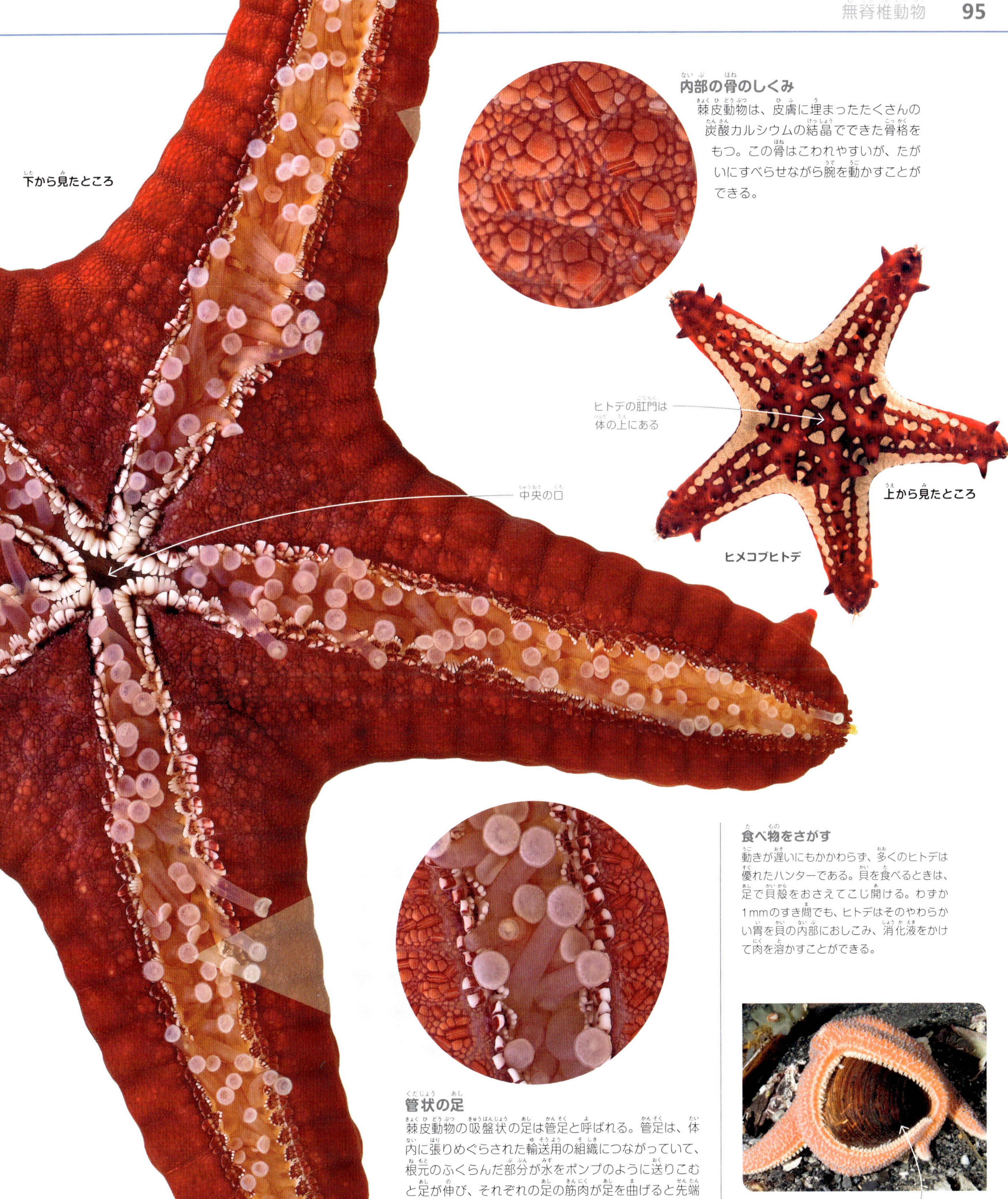
下から見たところ
中央の口
ヒトデの肛門は
体の上にある
上から見たところ
ヒメコブヒトデ

内部の骨のしくみ

棘皮動物は、皮膚に埋まったたくさんの炭酸カルシウムの結晶でできた骨格をもつ。この骨はこわれやすいが、たがいにすべらせながら腕を動かすことができる。

管状の足

棘皮動物の吸盤状の足は管足と呼ばれる。管足は、体内に張りめぐらされた輸送用の組織につながっていて、根元のふくらんだ部分が水をポンプのように送りこむと足が伸び、それぞれの足の筋肉が足を曲げると先端が吸いつくようになる。

食べ物をさがす

動きが遅いにもかかわらず、多くのヒトデは優れたハンターである。貝を食べるときは、足で貝殻をおさえてこじ開ける。わずか1mmのすき間でも、ヒトデはそのやわらかい胃を貝の内部におしこみ、消化液をかけて肉を溶かすことができる。

おそわれる二枚貝

蠕虫の生態
HOW WORMS WORK

蠕虫(ワーム)は、やわらかい体をした無脊椎動物です。体は細長く、前のほうに頭、後ろに尾があり、足はありません。ふつうは湿った場所にいますが、他の動物の体内もふくめ、さまざまなところにすんでいます。蠕虫には平らなものや丸い筒状のもの、顕微鏡で見るほど小さなものや数メートルの大きさのもの、節でつながったものもいます。ほとんどの蠕虫は両はじが同じように見えるので、どちらが頭かわからない場合があります。

▼ 環形動物

節とよばれる部分がつながってできている動物は多いが、とくに目立つのはミミズなどの環形動物である。体の表面が筋肉質であるため、ミミズは土を掘って進むことができる。そこでミミズは土を口に吸いこんで栄養分をとる。このような穴を掘る動きによって、土がまざってほぐれ、土に空気が送りこまれる。これは植物の根や地中にすむほかの動物の役に立つ。

環帯

ミミズの体には、環帯とよばれるふくらんだ帯状の部分がある。交尾のあと、その部分が粘り気の強い液体を分泌する。ミミズはこの環帯を脱ぎ捨てるとき、その中に卵をのこす。このねばねばした部分は卵胞とよばれ、孵化するまでの数週間、卵を守る。

頭と尾は同じように見えるが、排泄物を出すほうが尾である

ミミズには肺がない。そのかわり、湿った皮膚を通して呼吸する

体の節ごとに独立した筋肉がある

ミミズの体の中

ミミズの体には液体がつまった部屋がある。これは体腔とよばれる。ミミズの体腔は、他の動物のかたい骨格と同じように、ミミズの体をささえている。それぞれの節の筋肉が体腔を圧迫することでミミズは移動する。それらの筋肉は、ミミズの全身を通っている消化管や血管を取り囲んでいる。

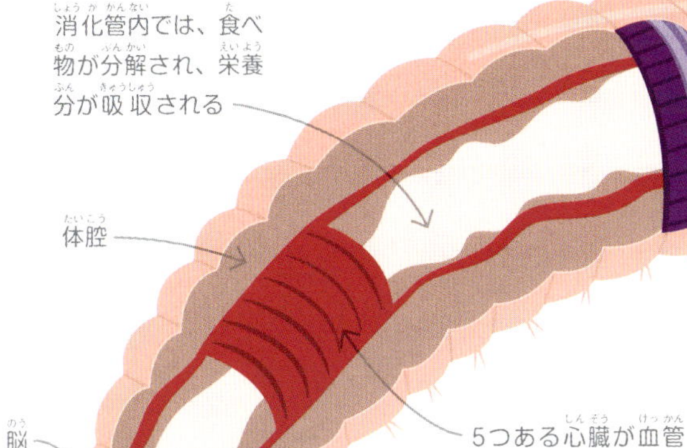

排泄物は肛門から排出される。これは泥の連なりのようなかたちで、糞塊とよばれる
ミミズは環帯で卵を産む
消化管内では、食べ物が分解され、栄養分が吸収される
体腔
脳
5つある心臓が血管を通じて体の各部に血液を送る。
ミミズが動くとき、それぞれの節の中の長い輪のような筋肉と、体の方向に向いた短い筋肉が伸びたり縮んだりしている

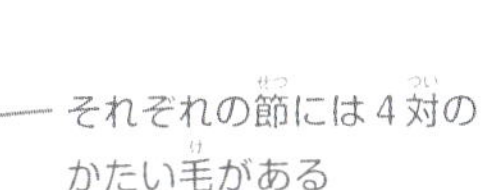

それぞれの節には4対のかたい毛がある

かたい毛

ミミズの体はなめらかに見えるかもしれないが、小さなかたい毛がある。この毛は、ミミズが移動するとき体を固定するのに役立っている。

移動のしかた

ミミズはアコーディオンのような動きで移動する。節をぎゅっと集めたりのばしたりすることで、尾を引き寄せ、頭を前につき出す。体腔をとりまく輪になった強力な筋肉と体の方向に向いた短い筋肉とが、体腔を締めたりゆるめたりして、ミミズを前に進める。

かたい毛はミミズが後方にすべってしまうのを防いでいる
頭

大きく、厚くなる

体の方向に向いた筋肉が収縮するとき、節が短く、大きく、太くなる。それによって尾の部分が前のほうに引き寄せられる。

頭が前のほうに伸びている

長く、薄くなる

輪のような筋肉が収縮するとき、節は長く、薄くなる。それによって頭が前に突き出される。

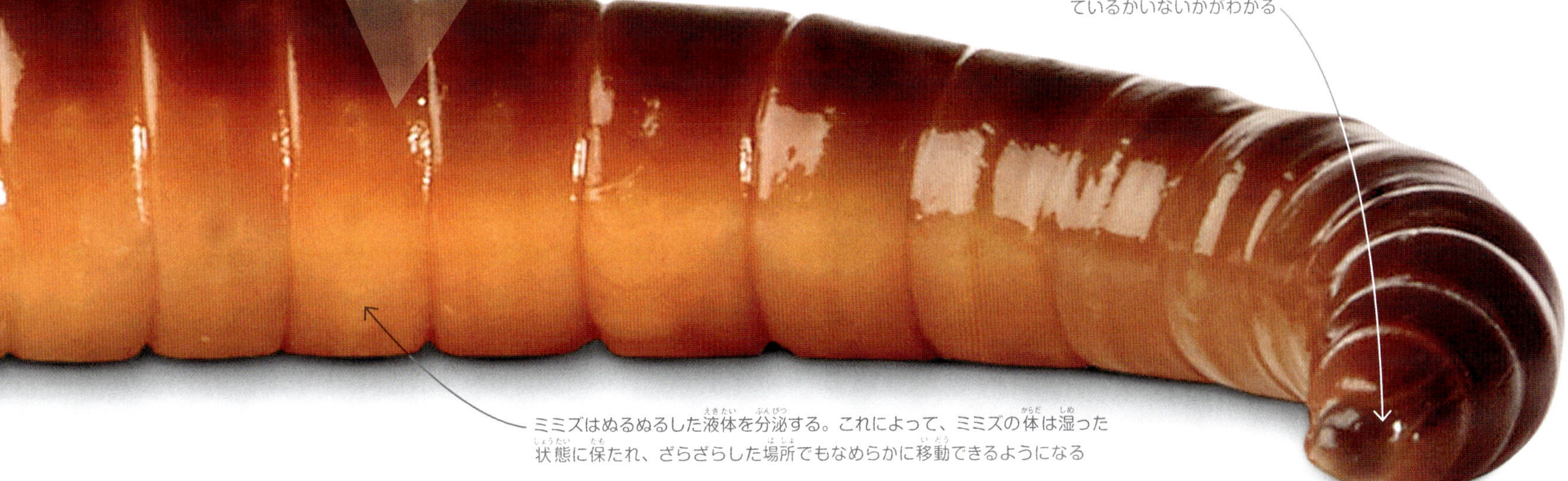

ミミズには目がないが、皮膚に光を感じる器官がある。それによってミミズは、日光に当たっているかいないかがわかる
ミミズはぬるぬるした液体を分泌する。これによって、ミミズの体は湿った状態に保たれ、ざらざらした場所でもなめらかに移動できるようになる

海の蠕虫の生態

HOW **SEA WORMS** WORK

蠕虫は陸上と同じくらい海にもたくさんいます。しかしほとんどの海の蠕虫(シーワーム)は、ミミズのような土の中にすむ種類とは外見が大きく違います。あるものは泥でできたかたい管の中にすみ、花のような触手を水中にひらひらさせて食べ物をとりいれ、海の底を掘ったり、海底をはったり、海の中を泳いだりして食べ物を探します。もっとも活発な蠕虫のなかには、とても強いあごをもち、獲物をふたつにかみ切るものもいます。

▶ 家をつくる

管状の蠕虫(チューブワーム)は成長とともに、口と触手で自分のまわりにすみかをつくる。このケヤリムシは細かい泥で管をつくり、自分の出す粘液で固める。砂や貝殻を使うものや、石膏型のようにチョークのような物質を出すものもいる。ふ化したばかりのケヤリムシは海中にふわふわ浮いて、いずれ海の底に降り、すみかをつくり始める。

管の内部

ケヤリムシの体は節でつながったかたちをしており、尾を下にして管の中にぶら下がっている。頭と触手が管の上からさかさまになった傘のようにつき出ているが、敵を感じると、それらをすばやく引っこめる。節ごとについているかたい毛が、管の内側で体を支えるのに役立っている。

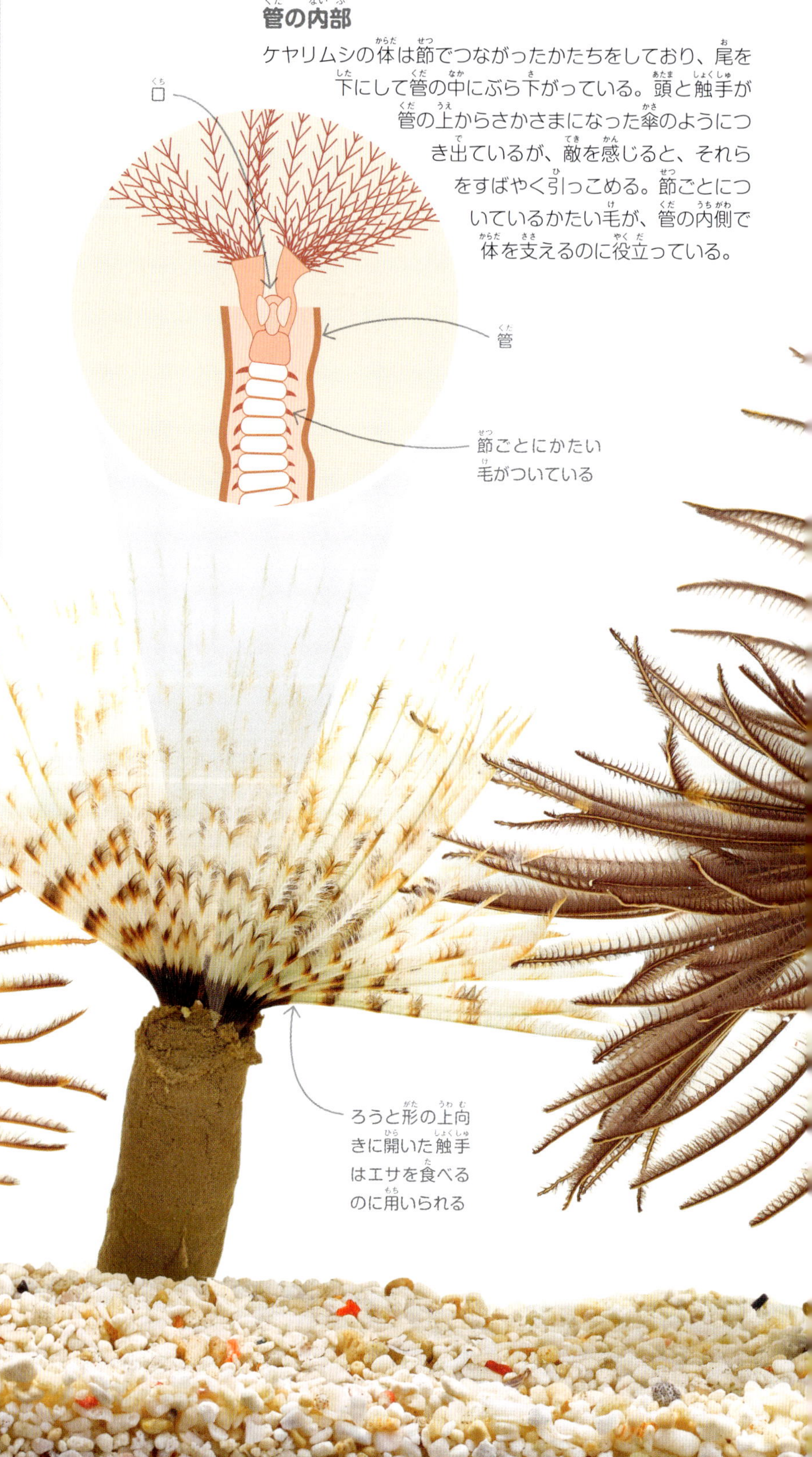
口
管
節ごとにかたい
毛がついている
ろうと形の上向
きに開いた触手
はエサを食べる
のに用いられる

触手は引っ込んでいる
体が入っている管
口
口
この管は革のように見えるが、粘液と泥でできている
触手の横に細かくついている毛でエサをつかまえる

触手の罠

ケヤリムシの触手は逆さまになった傘のように水中に広がっている。とても小さな動物は水に流されてこの罠に導かれ、触手の細い毛につかまえられて、口まで運ばれ、ゆっくりと食べられていく。

さまざまな種類

海にはさまざまな形の蠕虫がすんでおり、まったく蠕虫に見えないものもいる。大きさもさまざまで、顕微鏡で見るぐらい小さなものから、ヒモムシのように体長30mになるものもいる。

オニイソメ

砂の中にかくれていて、急に飛び出しては歯のついた強いあごで小さな魚をつかまえる。

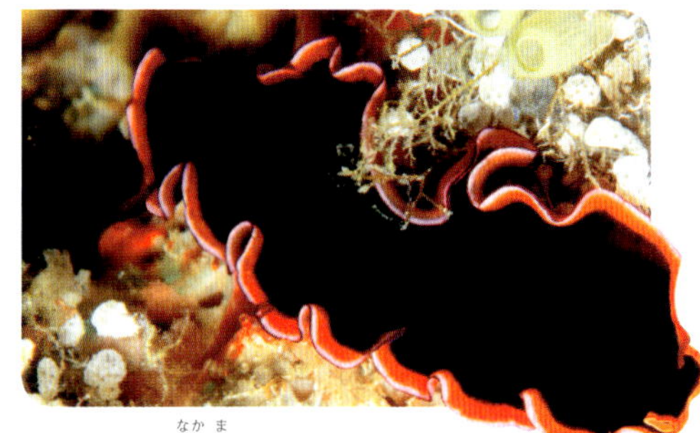

ヒラムシの仲間

海底をナメクジのように、すべるように進む。あざやかな色で、敵に対して自分を食べてもまずいぞと警告している。

ウミケムシの仲間

自分たちを魚が食べようとすると、毒をもつ長くてかたい毛がはずれて魚を刺す。サンゴ礁にすんでいる。

ホシムシ

ホシムシは英語ではピーナッツワームという。この名前は、小さな頭を体の中に引っ込めたとき、太ったピーナッツのように見えるからだ。

呼吸

昆虫は網の目のようになった管(気管)に空気を通すことによって呼吸する。気管は筋肉やほかの器官に酸素を直接送りこみ、いらなくなった二酸化炭素を運びだす。

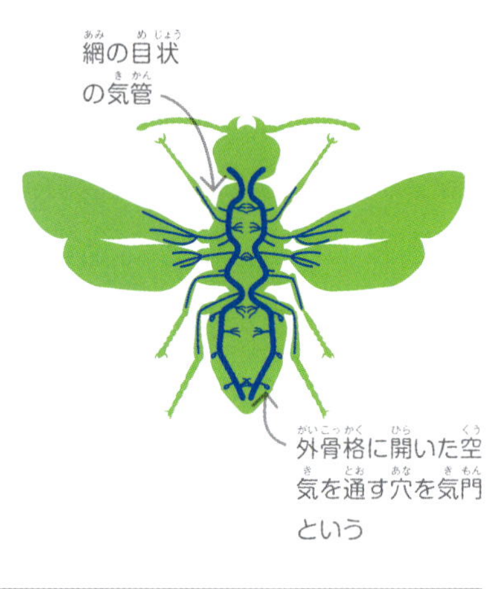
網の目状の気管
外骨格に開いた空気を通す穴を気門という

体の部分

昆虫の体は3つの部分からできている。頭の部分には口とほとんどの感覚器官がある。胸の部分には、脚やはねを動かす筋肉がある。お腹の部分には消化器と生殖器がある。

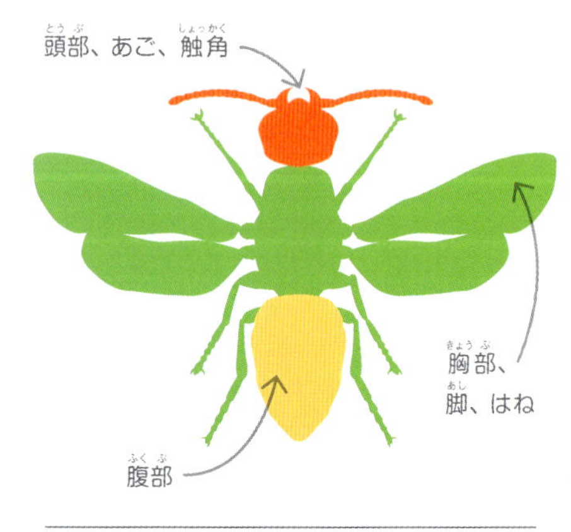
頭部、あご、触角
胸部、脚、はね
腹部

卵と幼虫

ほとんどの昆虫は産卵によって増える。卵はふ化して幼虫になる。幼虫の形は親とは大きくちがっている。

産卵するナナフシの仲間

昆虫の複眼は、たくさんの個眼が集まったもので、ものの動きをとらえるのに優れている
胸部には筋肉がつまっている
頭部
胸部
(体の真ん中の部分)
セイボウの仲間は肉食もするので、鋭いあごをもつ
昆虫は3対の脚をもつ
節でつながった触角
脚はかたい節でつながっている
太い筋が薄いはねを支えている
敏感な触角は空気の流れとにおいを探知する

▲ よろいのような肌

昆虫の体は節のように部分部分に分かれている。すべての部分はよろいのようなかたい殻におおわれている。これを外骨格とよぶ。きらきら輝くセイボウの仲間のよろいには小さなくぼみがある。このくぼみがそのよろいの強さを高め、ハナバチなどの針から守っている。

多くの昆虫はものの動きをとらえる感覚毛をもつ
昆虫は蠕虫のような動物から進化したため、腹部が体節に分かれている
腹部
かたい脚の節は自由に動く関節でつながっている
成虫の多くには、はねがあり、ほとんどがこのセイボウの仲間のように2対あるが、1対しかもたないものもいる
脚の先には、ものにつかまるためのするどい爪がついている

昆虫の生態
HOW **INSECTS** WORK

昆虫は、地球上で知られている動物の種の少なくとも4分の3をしめています。氷におおわれた北極から焼けつくような砂漠まで、陸上のすべての生息環境に分布しています。昆虫が成功をおさめた理由のひとつはその体の構造にあります。傷つきやすい体内の器官を守るがんじょうな外骨格をもっていて、さまざまなエサが食べられる口の形をしています。昆虫は、飛ぶという進化をとげた最初の動物であり、飛ぶことのできるただひとつの無脊椎動物です。

さまざまな昆虫
TYPES OF INSECTS

力強く飛ぶことができる唯一の無脊椎動物である昆虫は、陸上のほとんどの場所で見ることができます。昆虫は、地球上でもっとも数が多く、もっとも広い範囲にすんでいます。動物の全種類のかなり多くをしめ、およそ95万種もいます。そのおもな種類を紹介しましょう。

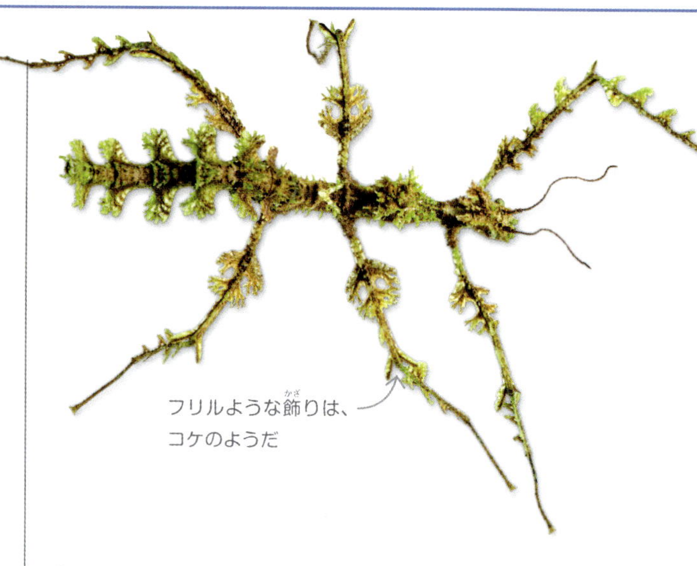
フリルような飾りは、
コケのようだ

ナナフシやコノハムシ
変装の名人。枝や葉にそっくりに見える。ほとんどが植物をエサとする。

鞘ばね

カブトムシなど甲虫の仲間
甲虫の仲間は昆虫の中でもっとも大きなグループである。ふつう、1対のはねをもち、じょうぶな鞘ばねとよばれるケースの下にたたまれている。

スズメバチはふつう、胸部と
腹部の間が細くくびれている

ハナバチ、スズメバチ、アリ
2対のはねをもつが、前ばねと後ろばねは、おたがいにフックでつながっている。多くは大きな集団を作ってすみ、メスはしばしば針をもっている。

カメムシ
くちばしのようにつき刺すことのできる口をもっている。植物の樹液を吸うものや、ほかの昆虫をおそって刺すものがいる。

ハエ
ほとんどの昆虫は4枚のはねをもつが、ハエ類は2枚(1対)である。このはねの後ろには、平均棍とよばれるこん棒のようなものがついていて、飛ぶときの操縦を助け、安定させる。

大きな複眼
はねは1対ずつ別々に動く

トンボやイトトンボ
すばしこいトンボは、大きな目で獲物を見つけ、それを強い脚を使って空中でつかまえる。

このリボンカゲロウの
一種は、リボン状の
珍しい形の後ろばね
をもっている

ウスバカゲロウやクサカゲロウ
ウスバカゲロウは成虫も幼虫も肉食性。幼虫はアリジゴクと呼ばれ、落とし穴を掘ってアリをとらえて食べる。クサカゲロウの幼虫も肉食だが、成虫は主に花粉やアブラムシの甘露を食べる。

ハサミ
複眼
目玉模様は敵である
鳥を驚ろかして追い
はらうのに役立つ
ジャンプに適した
長い後ろ脚
鱗粉におおわれたはね

ハサミムシ

平らな体と胴体の先にあるハサミですぐにわかる。ほとんどが夜中にエサとなるほかの昆虫や植物を探しにあらわれる。

チョウやガ

チョウやガは花の蜜を吸い、鱗粉におおわれた、大きくて色とりどりのはねをもっている。幼虫はイモムシである。イモムシは葉を食べる。

バッタやコオロギ

バッタやコオロギのほとんどは植物を食べる。大きな頭、太いえり巻きのような前胸背板、力強い後ろ脚をもつ。

外骨格のしくみ

HOW EXOSKELETONS WORK

昆虫では、体を支える骨格が体の内側にはなく、外側のかたいケースが体を支えています。これを外骨格とよびます。外骨格はキチン質というじょうぶな物質をふくんでいて、けがや水分を失ってしまうことから防いでくれます。かたいところもありますが、自由に動く部分もあり、昆虫はそうした部分で脚や口や触角を動かしているのです。

▼カブトムシの仲間の外骨格

昆虫の外骨格にはさまざまな厚みのものがある。たとえばカブトムシの仲間では、幼虫のときには外骨格はうすくてしなやかだが、このキンセスジウグイスコガネのように、成虫になると外骨格はよろいのようにかたい。またあざやかな色をしていることがある。

頭をおおっている外骨格はじょうぶなカプセルだ。ここには1対の触角、複眼、口がついている

下から見たところ

頭

上から見たところ

口

触角（感覚器）

複眼

脚の関節のまわりの外骨格は、うすく、自由に動く。このような部分では、脚が蝶番のように曲がる

口

昆虫の口にはおどろくほどいろいろな種類がある。食べ物をつき刺したり、うすく切ったり、吸ったり、かみくだいだり、むしゃむしゃ食べたりするのに使う。

バッタ
大あごは、葉を切ったり、さいたり、つぶしたりする。

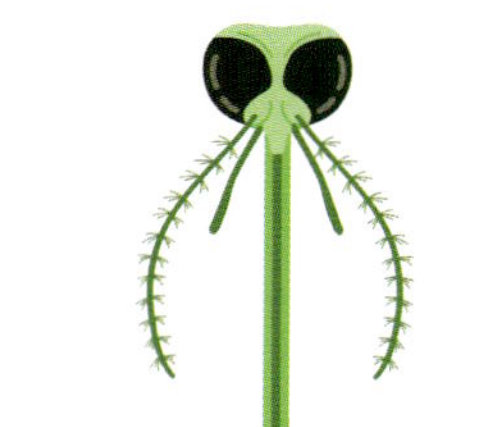

カ
大あごは、皮膚を刺して血液を吸う、針のようなはたらきをする。

チョウ
かむための大あごの代わりに、花の蜜を吸うための管（吻）がある。

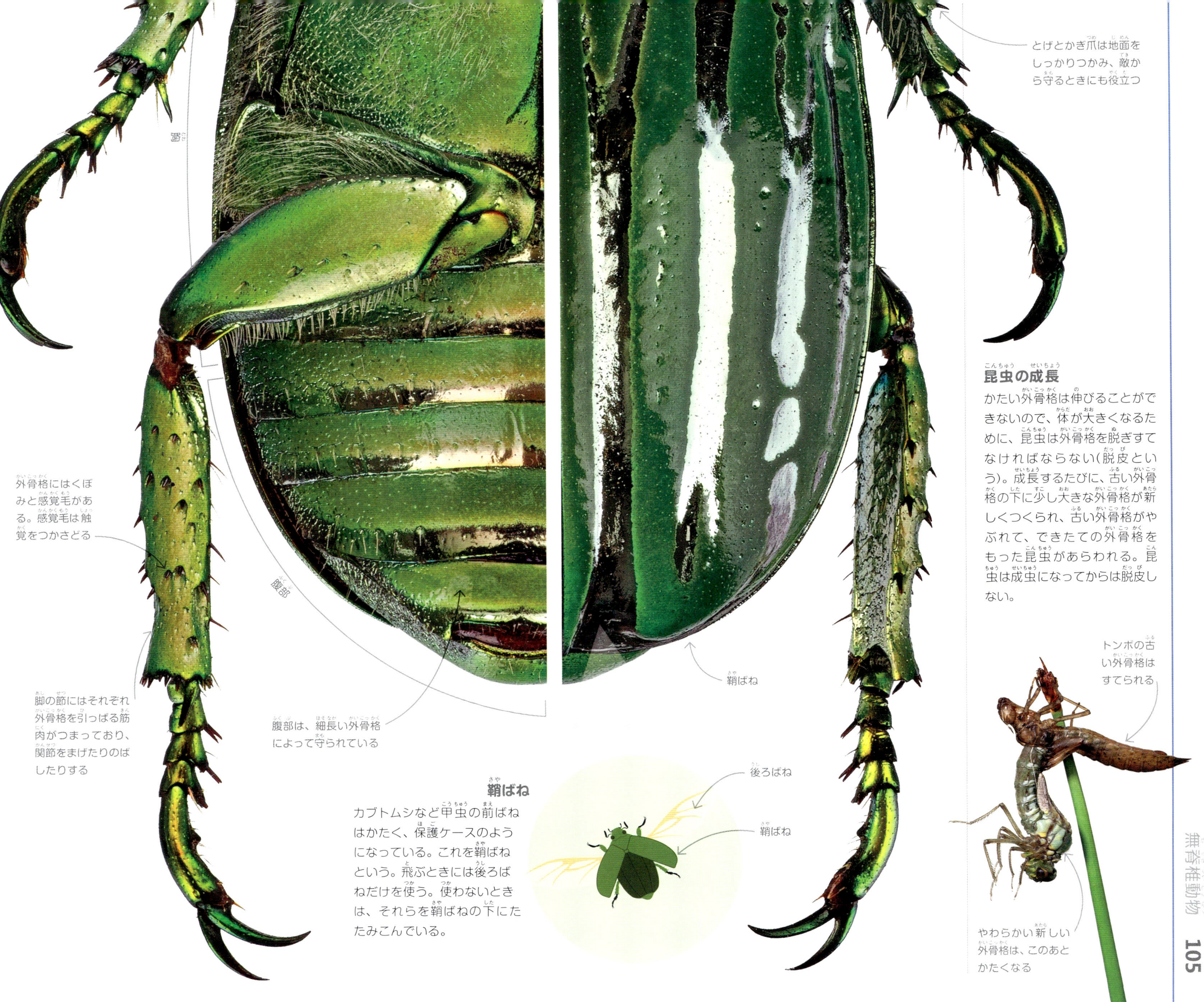
とげとかぎ爪は地面をしっかりつかみ、敵から守るときにも役立つ
胸
外骨格にはくぼみと感覚毛がある。感覚毛は触覚をつかさどる
腹部
脚の節にはそれぞれ外骨格を引っぱる筋肉がつまっており、関節をまげたりのばしたりする
腹部は、細長い外骨格によって守られている
鞘ばね
後ろばね
鞘ばね
トンボの古い外骨格はすてられる
やわらかい新しい外骨格は、このあとかたくなる

昆虫の成長

かたい外骨格は伸びることができないので、体が大きくなるために、昆虫は外骨格を脱ぎすてなければならない(脱皮という)。成長するたびに、古い外骨格の下に少し大きな外骨格が新しくつくられ、古い外骨格がやぶれて、できたての外骨格をもった昆虫があらわれる。昆虫は成虫になってからは脱皮しない。

鞘ばね

カブトムシなど甲虫の前ばねはかたく、保護ケースのようになっている。これを鞘ばねという。飛ぶときには後ろばねだけを使う。使わないときは、それらを鞘ばねの下にたたみこんでいる。

❶ 卵から幼虫へ

変態する昆虫の子どもを幼虫という。ガの幼虫はイモムシともよばれる。カイコガは、卵の中で約14日間成長したあとにふ化し、カイコとなる。幼虫であるカイコは約25日間エサを食べつづけ、重さが最初の1万倍になる。体を大きくするためには4回脱皮しなければならない。

15日目
5日目
カイコはクワの葉しか食べない

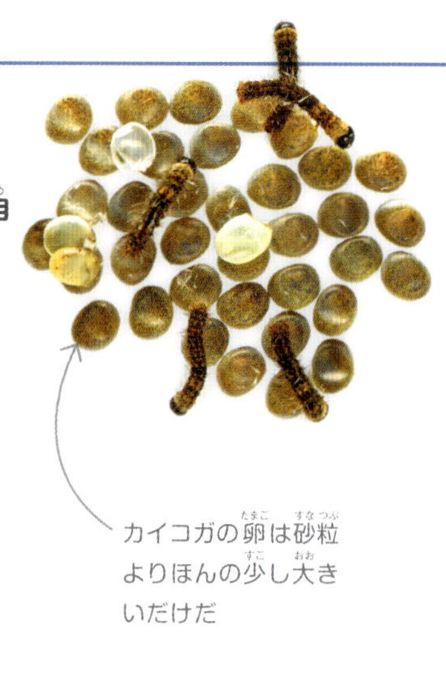

1日目

カイコガの卵は砂粒よりほんの少し大きいだけだ

17日目

変態のしくみ

HOW **METAMORPHOSIS** WORKS

昆虫の一生には劇的に変化するときがあります。それは幼虫から成虫になるときにおこり、変態とよばれます。たとえば、ガやチョウはふ化したときはイモムシの姿をしています。イモムシはじゅうぶん成長すると、さなぎとよばれるじっと動かない段階をむかえます。さなぎの中では体がつくり直され、成虫になるのです。

糸はカイコの口にある腺でつくられる

26日目

28日目

糸が厚い層となり、かたい殻ができる

カイコは、頭をぐるぐると動かし、体のまわりに糸をめぐらせる

27日目

29日目

❷ まゆをつくる

変態している間、体を保護するために、カイコは糸でまゆをつくる。糸はカイコの口から液体として出され、空気に触れるとかたまって糸になる。糸とともに分泌されるねばねばした物質が、巻きつけられる糸がくっつくのを助ける。まゆをつくるには1日から2日が必要だ。まゆは1本の糸でできており、糸の全長は約1kmにもなる。

51日目
カイコガ
50日目
オスはメスのにおいをとらえるために、細かく枝分かれした高性能の触角をもつ
ガは口から唾液を出してまゆに穴を開け、せまい穴からむりやり出てくる
まゆを切り開いたところ
さなぎ
最後の脱皮のときの殻
35日目

④ 成虫が現れる

まゆの中でおよそ2週間を過ごしたのち、ついに大人になったカイコガが現れる。カイコガの成虫は何も食べず、数日間しか生きていない。オスは交尾相手のメスを見つけ、交尾のあと、メスは1000個ほどの卵を産んで死ぬ。

カイコガの一生

カイコガの一生はだいたい10週間である。カイコガは、体を保護するための、糸でできたまゆの中で変態する。カイコガが成虫として生活する期間は1週間もない。

③ まゆの内部

まゆの中に入ったカイコは最後の脱皮をしてさなぎになる。さなぎはカイコガの一生のうちのじっとしている時期である。まゆの中では、体の大部分が消化されて栄養豊富な液体になってしまう。幼虫のときに休んでいた細胞のかたまりがこのとき元気になる。細胞のかたまりはその液体を栄養源として新しい内臓をつくる。

昆虫の視覚

HOW INSECTS SEE

昆虫の目は、光に敏感な何千もの小さな管でできていますが、この管を個眼とよびます。その個眼がぎゅっと束になって2個の大きな複眼をつくっています。ひとつひとつの個眼の小さなレンズは、人間の目の大きなレンズのように焦点を合わせることができないため、複眼で見ると、人間が見ているものにくらべてぼんやりして見えます。それでも昆虫は、複眼のおかげで視野が広く、周りのほんのちょっとの動きでもとらえることができます。

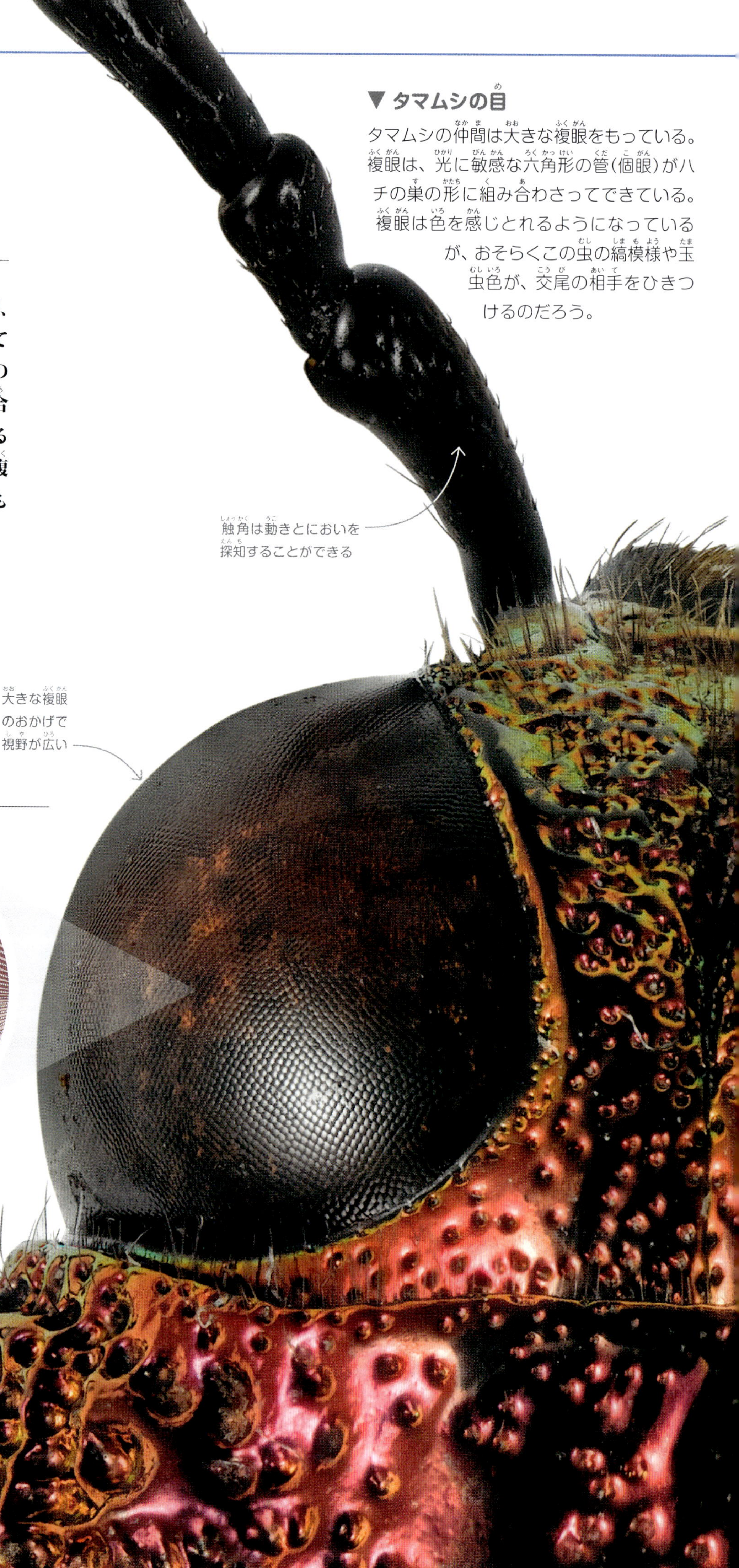
触角は動きとにおいを
探知することができる
大きな複眼
のおかげで
視野が広い

▼タマムシの目
タマムシの仲間は大きな複眼をもっている。複眼は、光に敏感な六角形の管（個眼）がハチの巣の形に組み合わさってできている。複眼は色を感じとれるようになっているが、おそらくこの虫の縞模様や玉虫色が、交尾の相手をひきつけるのだろう。

複眼の表面は
多数のレンズ
でできている

個眼が集まっている

個眼のレンズ

光を感知する器官

円すい形の水晶体

個眼の1つ

複眼
複眼をつくっている個眼は、ひとつひとつが小さな眼のようだ。個眼には、光を集めるためのレンズと円すい形の水晶体、そして光を感知する器官がある。

金属のように光る
玉虫色をしている
ルリタマムシ
個眼はハチの
巣の形になら
んでいる

ものの動きをとらえる

複眼は動いているものに対してとても敏感である。個眼が次々と動いているものをとらえていく。

個眼1つの視野はせまい
複眼は動きの速
い敵をとらえる
ことができる

ヒト

ヒトの目は、相手に焦点を合わせてはっきり見えるようにできる1個の大きなレンズをもっている。しかし、動きをとらえる能力は、昆虫の眼のほうがすぐれている。

トンボ

トンボの眼には3万個に近い個眼があり、多くの昆虫よりはっきりとものを見ることができる。このおかげでトンボは飛んでいる最中に獲物をつかまえることができる。

ミツバチ

ミツバチの個眼の数は多くて8000個だが、昆虫の中でははっきり見えるほうだ。オスのハチの交尾は視覚に頼って行われる。

イエバエ

イエバエの眼は形をはっきり見ることはできないが、動きをとらえる能力でそれをおぎなっている。

昆虫にはどのくらい見えているのか

昆虫の目は、動きをとらえるのはとても得意だが、じっとして動かないものは人間ほどよくは見えない。なかにはもう少しはっきり見える昆虫もいる。

触角のしくみ
HOW ANTENNAE WORK

すべての昆虫は頭に触角がついています。触角はさまざまな目的をもった感覚器官で、それによって自分のまわりのにおいを感じたり、味を感じたり、触って調べたりすることができます。触角についた小さな毛のような感覚器官が化学物質や動きをとらえ、その根もとにある特別な探知器が触角全体の振動を感じます。

外の世界を感知する

触角は昆虫ごとに形が違うだけではなく、機能もさまざまだ。暗やみの中で進む方向をさぐったり、飛ぶときの助けとするために使う昆虫もいれば、交尾相手からの化学的な信号を受けとるために使うものもいる。

長く細い触角であたりをさぐりながら歩く

触覚

キリギリスの仲間の長い触角は、においに対してだけでなく、触れる感覚も敏感である。これはキリギリスの仲間が暗やみの中で進む方向をさぐったり、相手を見つけたり、敵をさけたりするのに役立つ。

ガのなかには触角に6万個ものにおいの受容体をもつものがいる

▶ においの探知器

このノンネマイマイ(ドクガの仲間)のように、ガのオスの多くは、くしの歯のような触角をもっている。この触覚で、何キロも離れたところにいるメスのにおいをとらえることができる。メスは、フェロモンとよばれる化学物質を空気中に出し、オスをおびきよせる。

触角にある化学物質の
探知機

フェロモンの
探知機
触角は空気の
動きを感じる
触角は時刻を
教えてくれる

気体の探知
ミツバチの触角は、巣の中の二酸化炭素濃度が上昇すると、それが1%以下でも感知する。その場合、ハチたちははねをふるわせて空気の循環をよくする。

コミュニケーション
アリはたがいに触れ合って化学物質のフェロモンを感知する。フェロモンは、グループの仲間を刺激して侵入者を撃退したり、食べ物へと導いたりする。

飛ぶ
ホウジャクの仲間がもつ触角の根もとにある探知機は、空気の動きによって引き起こされるどんな小さな振動も感じることができる。この探知機は、ガがホバリングして花の蜜を吸うのを助ける。

コンパス
オオカバマダラは、触角の中に時刻がわかる時計をもっている。これと太陽の方向という視覚的な情報とを組み合わせることで、長い距離を移動することができる。

触角は、においをさぐる
ために、根もとをひねっ
たり曲げたりできる
幅が広く表面の面積も大きいので、
においの分子を探知しやすい

毛でおおわれた触角
ガの触角は感覚子と呼ばれる細い毛でおおわれ、においを受けとる。この毛は1本の触角に何万本もついていることがある。

昆虫の聴覚
HOW INSECTS HEAR

大きな動物と同じく、昆虫にも耳があります。空気の揺れを感じる器官です。ヒトはそれを音として聞きます。頭の両側についている脊椎動物の耳とはちがって、昆虫の耳は脚、はね、胸、腹部にあります。音を聞きとることによって、昆虫は交尾相手を見つけたり、獲物を追いかけたり、危険にそなえたりすることができます。

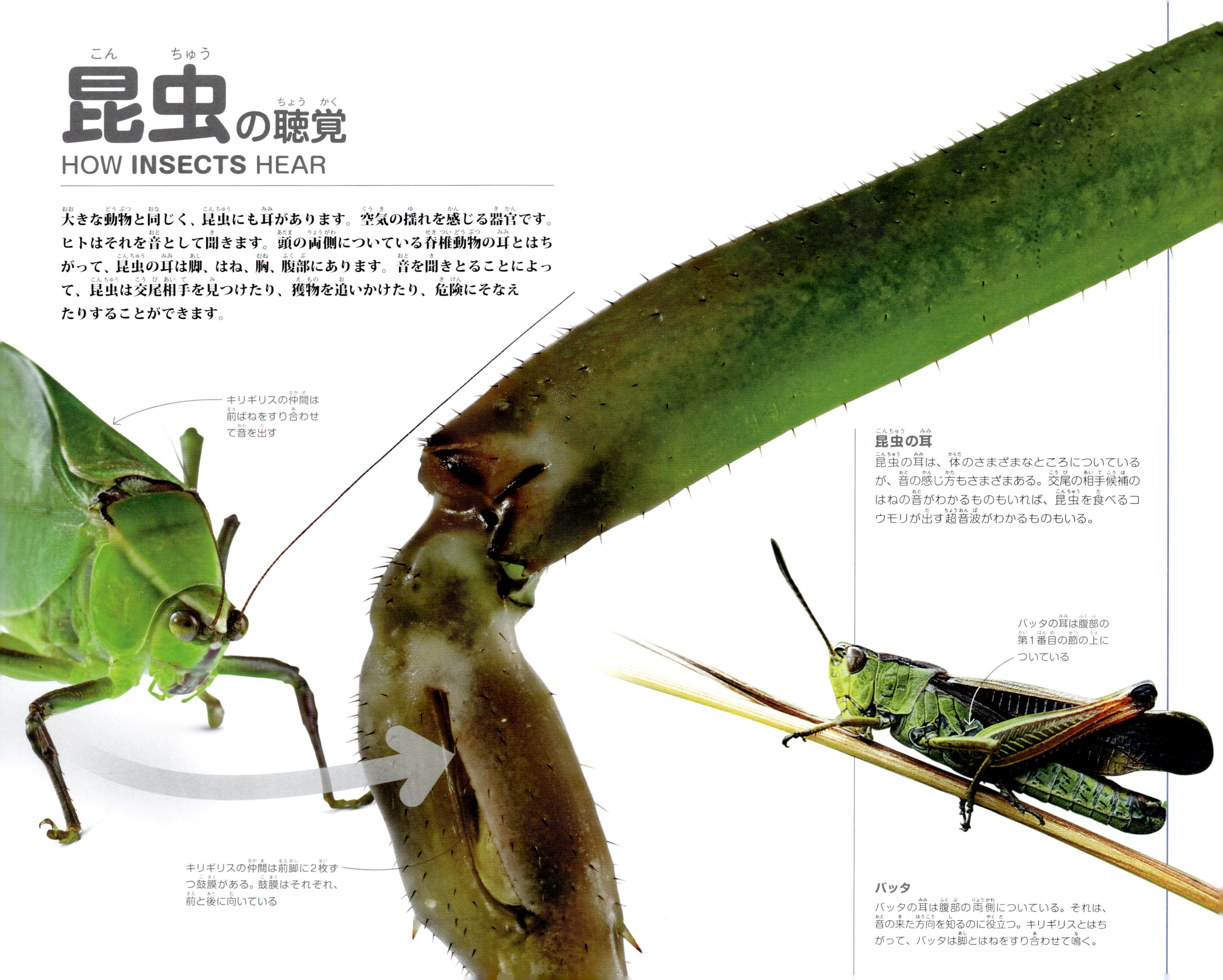

キリギリスの仲間は前ばねをすり合わせて音を出す
キリギリスの仲間は前脚に2枚ずつ鼓膜がある。鼓膜はそれぞれ、前と後に向いている
バッタの耳は腹部の第1番目の節の上についている

昆虫の耳

昆虫の耳は、体のさまざまなところについているが、音の感じ方もさまざまある。交尾の相手候補のはねの音がわかるものもいれば、昆虫を食べるコウモリが出す超音波がわかるものもいる。

バッタ

バッタの耳は腹部の両側についている。それは、音の来た方向を知るのに役立つ。キリギリスとはちがって、バッタは脚とはねをすり合わせて鳴く。

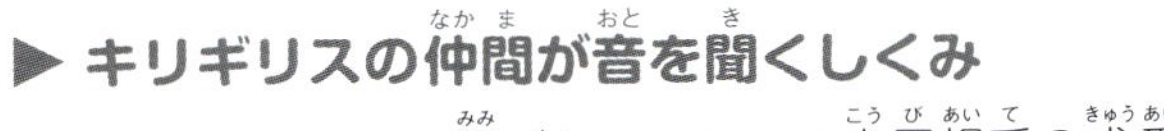

▶ キリギリスの仲間が音を聞くしくみ

キリギリスはひざに耳があり、そこで交尾相手の求愛の歌を聞く。両ひざの関節のすぐ下にくぼみがあり、その中に敏感な膜(鼓膜)がある。ちょうど人間の耳の鼓膜のようにうすく、音波がそこに届くとゆれ動く。振動は脚の中にある感覚器官に伝えられる。速さのちがう振動は、ちがった神経細胞を刺激するので、キリギリスは音のちがいを聞き分けることができる。

脚の鋭い刺は自分を守るためのものだ

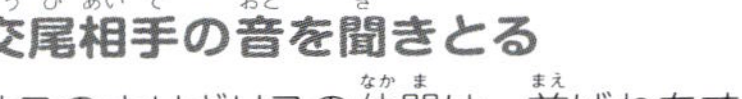
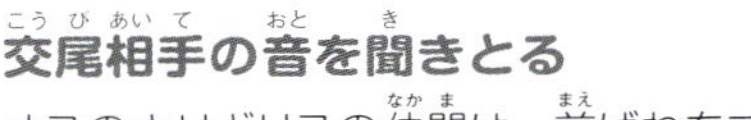
オスははねをすり合わせて呼ぶ
メスはその音を前脚にある耳で探知する

交尾相手の音を聞きとる

オスのキリギリスの仲間は、前ばねをすり合わせて音を出し、メスによびかける。キリギリスの耳にある2枚の鼓膜は別々の方向を向いているので、メスにはどこから音が来たかがわかり、交尾相手のいる場所をつきとめることができる。

セミは外骨格全体を揺らすことで求愛の歌の音を大きくする

セミ

セミの耳は腹部についている。オスの求愛の歌は音が大きすぎるので、鳴いているあいだに傷つかないように、耳のスイッチを切っておかなければならない。

触角
ジョンストン器官

カ

カは触角で音を聞く。触角は、音波が届くと振動する。その動きが、触角の根もとにある感覚器官(ジョンストン器官)を刺激する。オスはこのジョンストン器官を使って、メスがはねを打つときの高い音を聞きとる。

ヨーロッパメンガタスズメの仲間は口で音を聞くことができる

スズメガ

スズメガの仲間は、敵であるコウモリが飛びまわっている夕暮れに花蜜を吸う。スズメガの中には、近づいてくるコウモリの超音波を口で聞くことができるものもいる。

昆虫のはねのしくみ

HOW WINGS WORK

昆虫は飛ぶ力を進化させた最初の生物でした。それは4億年以上前のことです。鳥類は前足(手)が飛べるように変化したのですが、昆虫のはねはそれとはちがって、外骨格からできたものです。はねは体の中の筋肉で動かします。筋肉は、はねに直接ついているものもいれば、胸の形を変化させることではねを動かすものもいます。1秒間に1000回も動かすことができ、おどろくべきスピードで動いたり、たくみな飛び方ができたりするのです。

厚くなった部分は、風にのるときバランスをとるのを助ける

長くほっそりした形によって、速く、たくみに飛びまわることができる

はねはそれぞれ別々に動く。これによって、飛び方をうまくコントロールできる

飛ぶための筋肉

昆虫のはねは、胸の横を支点にして動く。ほとんどの昆虫は、筋肉を縮めたり伸ばしたりして胸の上の部分を上下させることではねを動かす。

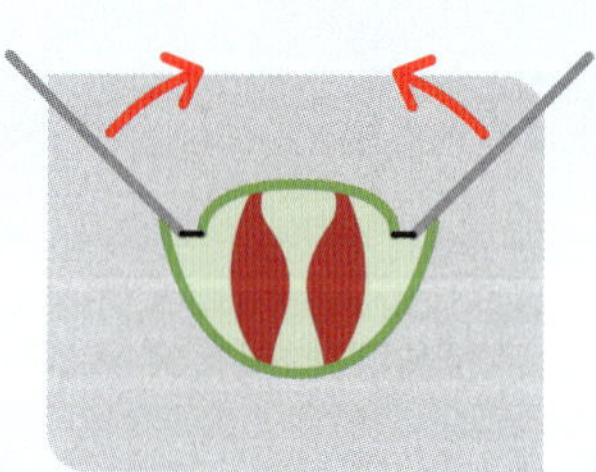

1 はねを上げる
筋肉が収縮して胸の上の部分を下げる。これによって、はねが上がる。

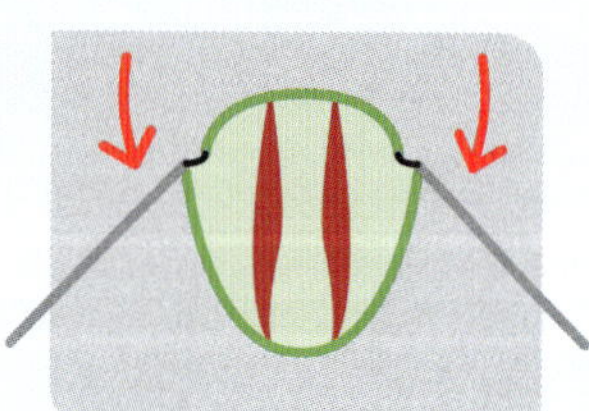

2 はねを下ろす
筋肉が伸びて長くなり、胸の上の部分を押し上げる。これによって、はねが下向きになる。

飛び立つ

コガネムシなど甲虫の仲間のはねはふつう、前ばねがかたくなってできたケースのような鞘ばねの下にかくれている。飛ぶためには、鞘ばねの下にある後ろばねを広げなければならない。

1 とまる
鞘ばねを閉じたまま植物のつぼみにとまっている。このコフキコガネの仲間は、飛び立つ前に触角を使って風の速さを調べる。

2 準備する
じょうぶな鞘ばねがまず開き、傷つきやすい後ろばねがあらわれて広がる。

3 飛び立つ
後ろばねをいっぱいに広げると、1秒もかからないうちに空中に飛び出す。

4 飛ぶ
空中では、鞘ばねは後ろばねの上にあって、飛行機の翼のように揚力で体を浮かせるはたらきをする。

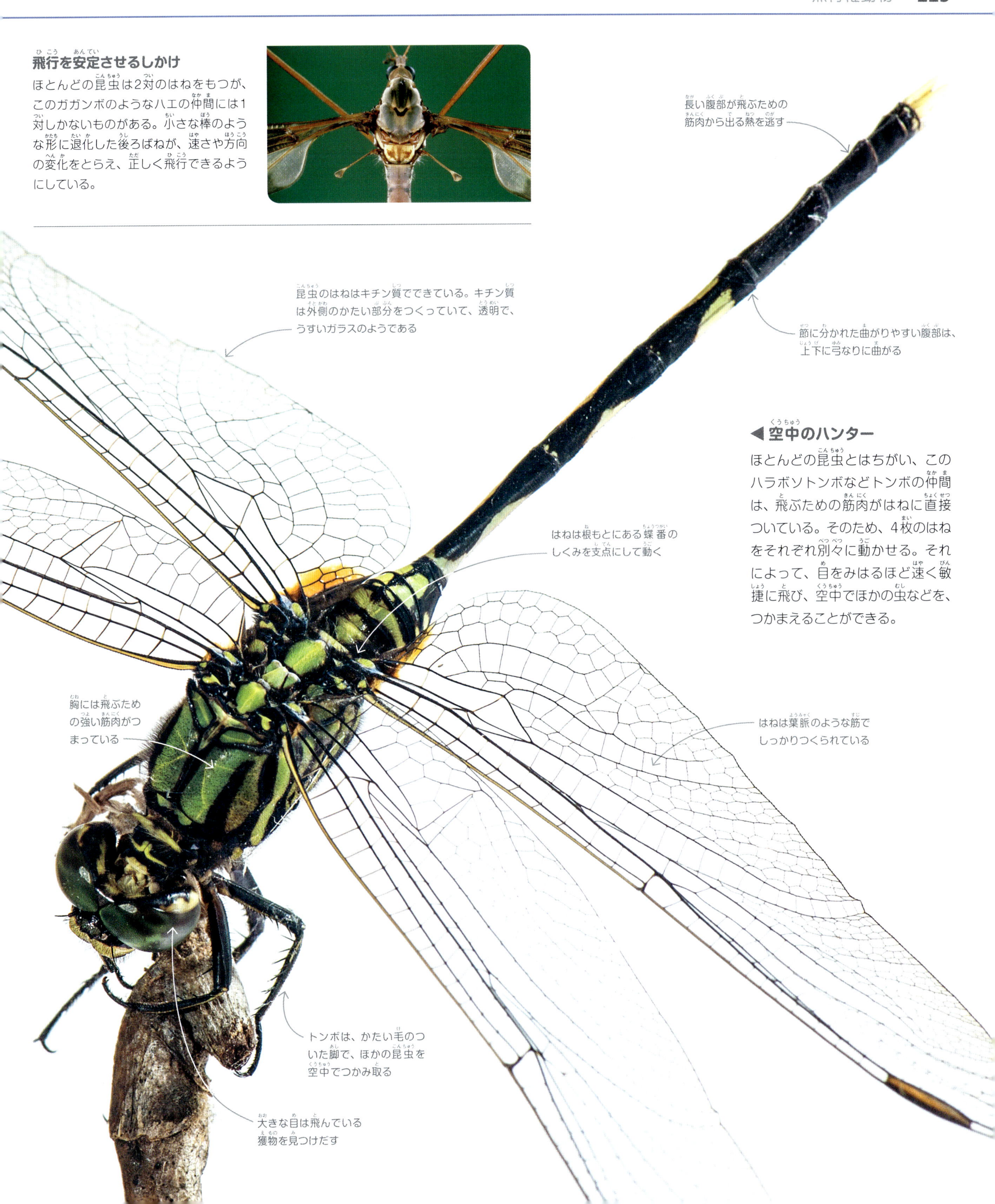
長い腹部が飛ぶための筋肉から出る熱を逃す
昆虫のはねはキチン質でできている。キチン質は外側のかたい部分をつくっていて、透明で、うすいガラスのようである
節に分かれた曲がりやすい腹部は、上下に弓なりに曲がる
はねは根もとにある蝶番のしくみを支点にして動く
胸には飛ぶための強い筋肉がつまっている
はねは葉脈のような筋でしっかりつくられている
トンボは、かたい毛のついた脚で、ほかの昆虫を空中でつかみ取る
大きな目は飛んでいる獲物を見つけだす

飛行を安定させるしかけ

ほとんどの昆虫は2対のはねをもつが、このガガンボのようなハエの仲間には1対しかないものがある。小さな棒のような形に退化した後ろばねが、速さや方向の変化をとらえ、正しく飛行できるようにしている。

◀ 空中のハンター

ほとんどの昆虫とはちがい、このハラボソトンボなどトンボの仲間は、飛ぶための筋肉がはねに直接ついている。そのため、4枚のはねをそれぞれ別々に動かせる。それによって、目をみはるほど速く敏捷に飛び、空中でほかの虫などを、つかまえることができる。

たたんだはねが枯れた草の葉のように見えるのは擬態である
爪のついた脚の先で小枝にしっかりつかまることができる
後ろの脚は歩くことに使う
攻撃しようという態勢
致命的な一撃

待ちぶせする敵

カマキリはふつう、とてもゆっくり動き、擬態によって敵から見つかりにくくしている。そして注意深く見張っていて、昆虫が近づいて来ると、前脚を伸ばしてそのとげでつかまえる。つかまった昆虫は逃げようがない。

▶ 共食いする

このメスのカマキリは、前脚を使ってほかのカマキリをつかまえたところである。すばやい動きで獲物の頭を嚙み切り、次に筋肉の詰まった胸を食べようとしている。食べているほうのカマキリは、食べられているカマキリと同じ種ではないが、大きなカマキリは同じ種の小さなカマキリを食べることもある。

カマキリの狩りのしかた

HOW A **MANTIS** HUNTS

多くの昆虫は自分より小さな動物を食べるハンター(狩人)です。ハンターの中でもっとも恐ろしいものの1つがカマキリです。カマキリは、植物にとまっているとき、まるで祈っているように見えますが、実際にはそのとげのある強い前脚で獲物をつかまえて、恐ろしい力でおさえてむしゃむしゃ食べるのです。腹をすかせたカマキリは、ほかのカマキリを食べてしまうことさえあります。

噛みくだく
カマキリのあごはとてもするどい。昆虫の外骨格をセロリのように簡単に噛みくだく。
カマキリの目は大きく、2つはおたがいに離れている。頭を回転させて後ろを見ることができるので、視野が広い
味を感じるため
噛むため
食べ物を動かすため
長いはねは飛ぶのに役に立つが、めったに使わない
胸は長く、獲物をつかまえるための前脚が届く範囲が広い
腕の力強い筋肉ですばやく攻撃できる
前脚にあるとげは獲物をしっかりつかむのを助ける
獲物の長い脚は捨てられる

大きな獲物を食べる

カマキリには毒がない。そのため、獲物をとるときには力と大きさが頼りであり、ふつうは自分より小さい獲物をねらう。体の大きなメスが交尾のあと、またはその途中でも、交尾相手の小さなオスを食べるのはふつうのことである。しかし、大型のカマキリの中には、トカゲやアマガエルなど、かなり大きな獲物をつかまえて食べるものもいる。

トカゲ

カエル

寄生動物の生態

HOW **PARASITES** WORK

寄生動物(寄生虫)は、生きたままのほかの動物(宿主とよぶ)の体を利用して生きています。寄生動物は、宿主を犠牲にして生きるのです。寄生動物のなかには、宿主の体の表面にすむものもいますが、腸の中にいる寄生虫のように宿主の体の奥深くにすんでいるものもいます。

▼宿主を食べてしまう寄生動物

多くの寄生動物は宿主を生きたままにしておくが、エメラルドゴキブリバチの幼虫は最後には宿主を殺してしまう。メスのエメラルドゴキブリバチは、毒針でゴキブリを麻痺させてその体に卵を産みつける。幼虫は生きたゴキブリの体の中身を食べ、やがてそのしなびた体の中から成虫になって出てくる。エメラルドゴキブリバチのように、宿主を殺す寄生動物は捕食寄生者ともよばれる。

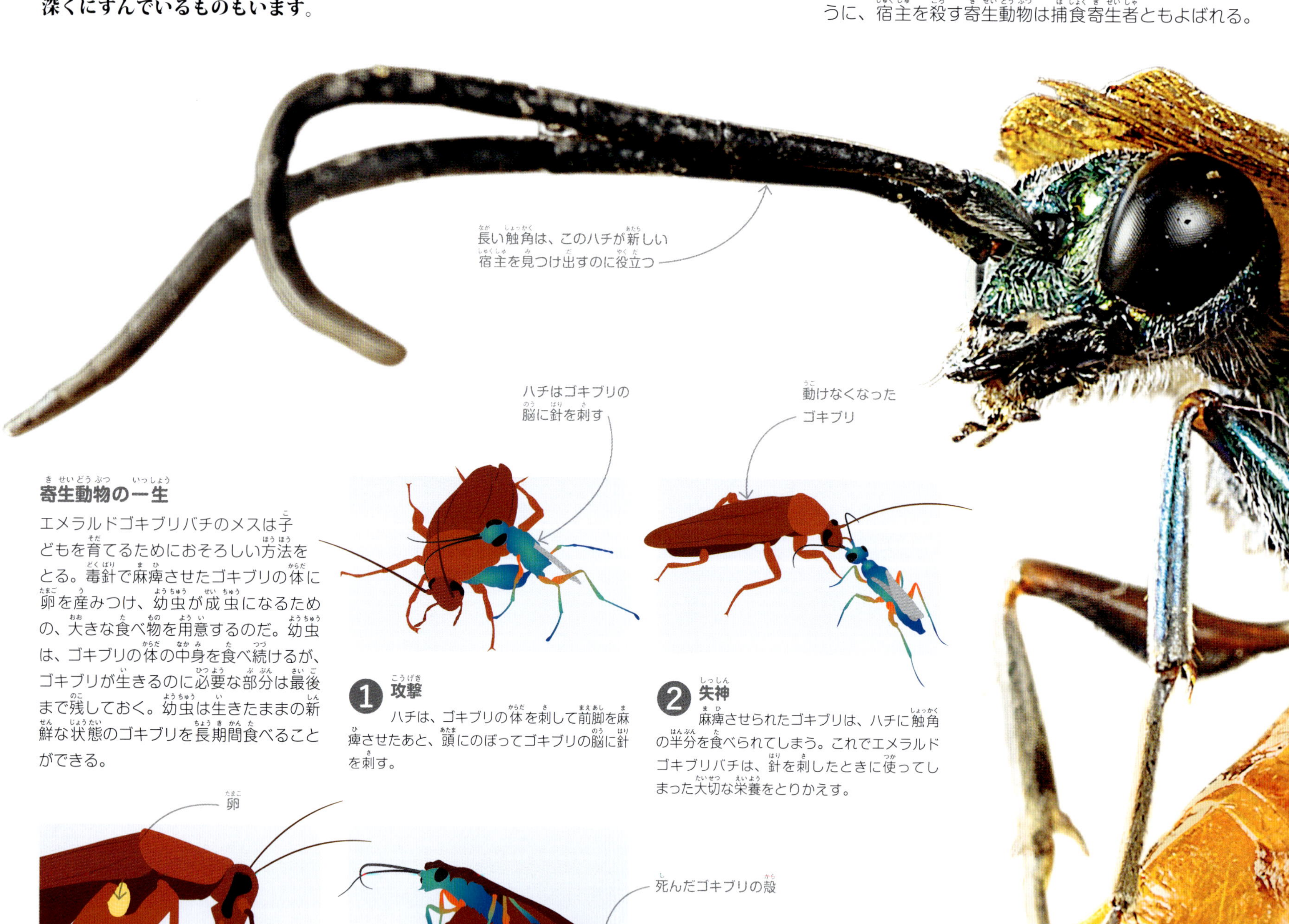
長い触角は、このハチが新しい宿主を見つけ出すのに役立つ
ハチはゴキブリの脳に針を刺す
動けなくなったゴキブリ
卵
死んだゴキブリの殻

寄生動物の一生

エメラルドゴキブリバチのメスは子どもを育てるためにおそろしい方法をとる。毒針で麻痺させたゴキブリの体に卵を産みつけ、幼虫が成虫になるための、大きな食べ物を用意するのだ。幼虫は、ゴキブリの体の中身を食べ続けるが、ゴキブリが生きるのに必要な部分は最後まで残しておく。幼虫は生きたままの新鮮な状態のゴキブリを長期間食べることができる。

❶ 攻撃

ハチは、ゴキブリの体を刺して前脚を麻痺させたあと、頭にのぼってゴキブリの脳に針を刺す。

❷ 失神

麻痺させられたゴキブリは、ハチに触角の半分を食べられてしまう。これでエメラルドゴキブリバチは、針を刺したときに使ってしまった大切な栄養をとりかえす。

❸ 誘拐

ハチはふらふらしているゴキブリの残った触角を綱のように引いて巣穴に引っ張りこみ、体に卵を産みつける。

❹ ごちそう

ふ化した幼虫は、まだ生きているゴキブリの体の中身を食べ続ける。そしてゴキブリの体の中でまゆをつくり、1週間ほどで大人のハチになって出てくる。

そのほかの寄生動物

宿主の体の表面で栄養をとるものを外部寄生動物という。マダニやツェツェバエなど血を吸う外部寄生動物は、腹がすいたときだけ一時的に宿主の表面につく。宿主の体の中にすむものを内部寄生動物という。数か月から数年にわたってすみ続けることがある。

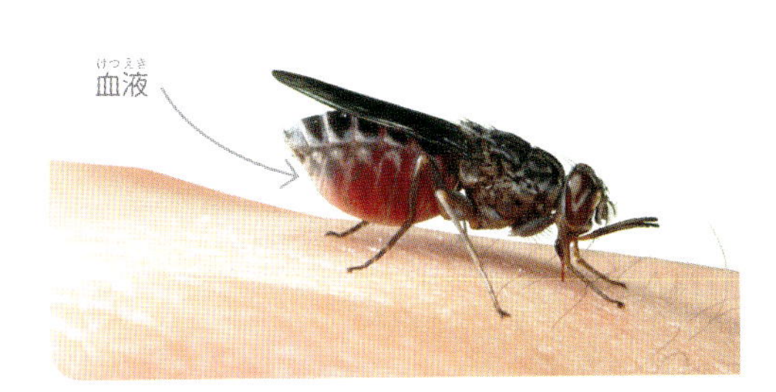
血液

ツェツェバエ
口の部分で宿主の皮膚を刺して血液を吸う。また、病気を引き起こす病原体を宿主に感染させることがある。

サナダムシ
消化器がないため、ほかの動物の腸の中にすまなければならない。腸の中で、宿主が食べたものの栄養分を吸収する。

血を吸う前
血を吸った後

マダニ
マダニは、通りかかる動物に飛びつくことができるよう、草むらなどで待ちかまえている。宿主の皮膚に数日間くっついたまま血液を吸って、驚くほど大きくふくらむ。

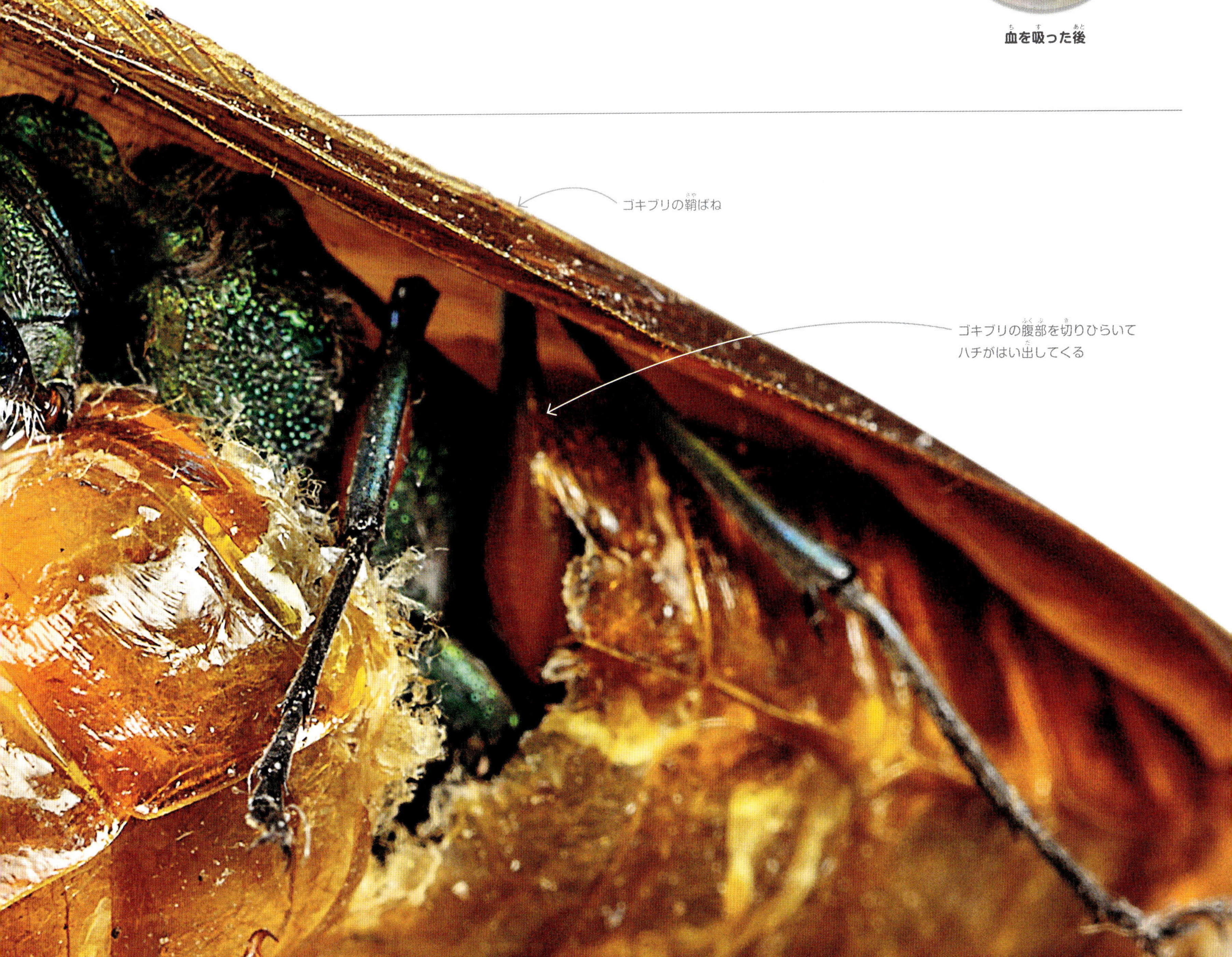
ゴキブリの鞘ばね
ゴキブリの腹部を切りひらいて
ハチがはい出してくる

化学物質で身を守るしくみ

HOW **CHEMICAL DEFENCES** WORK

腹をすかせた動物から身を守るため、多くの昆虫が基本的な方法として化学兵器をもつようになりました。いやなにおいや味をもつだけのものもいますが、敵を刺したり、傷つけたり、殺したりできる昆虫もいます。化学で身を守るのに使われる毒には2つのタイプがあります。それは、口に入る毒と皮膚に針で入れる毒です。

▶ 敵をおどす色

青や赤、黄、緑色をしたこのイラガの仲間は、目を引く派手なイモムシである。しかしその鮮やかな姿は、さわるなと敵に警告しているのだ。この幼虫の体は毒を出すとげでおおわれていて、このとげは刺さると痛い。

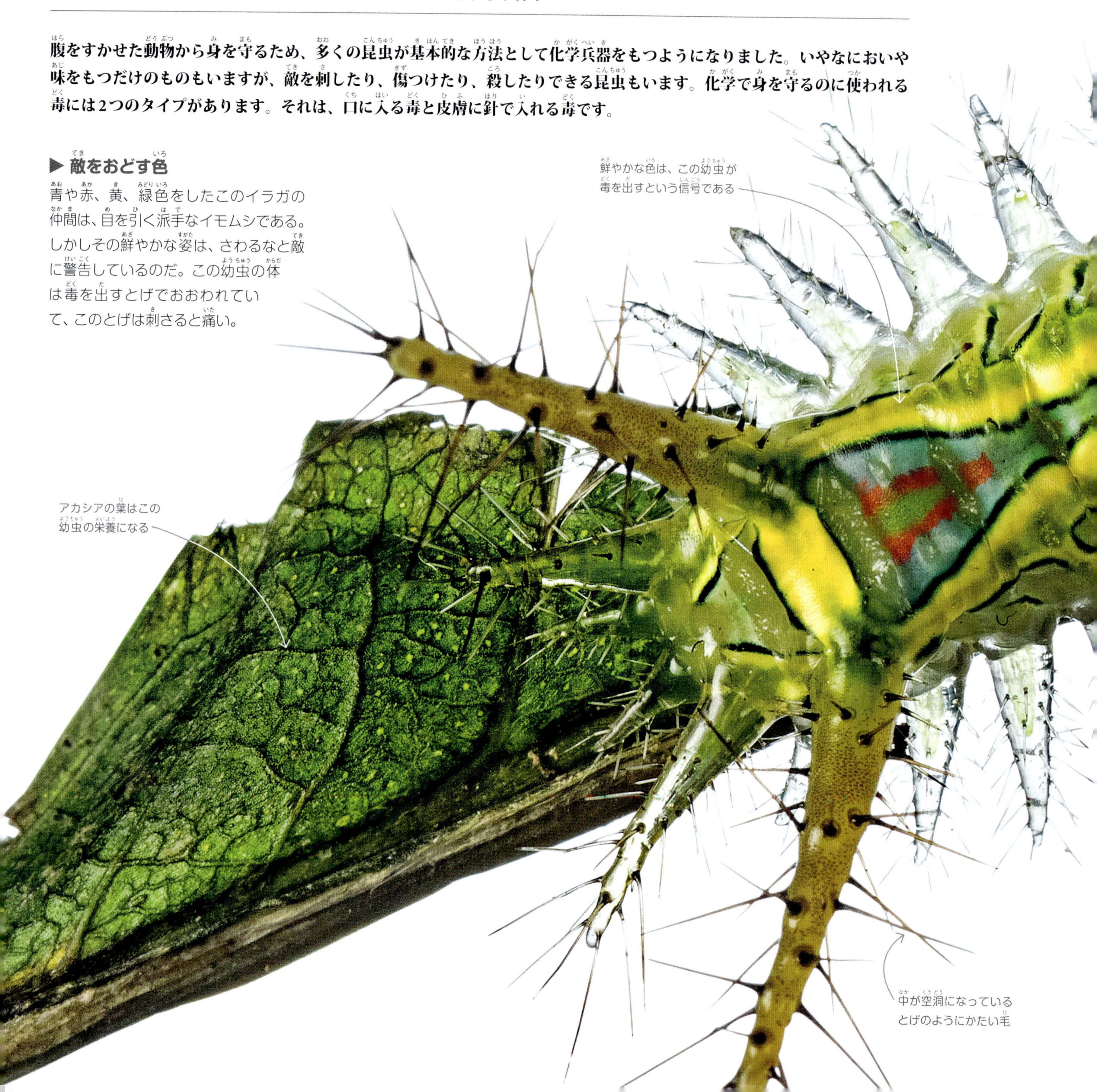

鮮やかな色は、この幼虫が毒を出すという信号である

アカシアの葉はこの幼虫の栄養になる

中が空洞になっているとげのようにかたい毛

前も後ろも区別
がつかないので、
敵を混乱させる
かたい毛の根もとには
それぞれ毒腺がある
毒は突起の中で
つくられる
先が折れて中の
毒が注入される
毒がつまった管

とげのようなかたい毛
突起の中でつくられた毒は空洞になっているかたい毛に送り込まれる。かたい毛の先が折れて、鳥などの口のやわらかい部分に毒を送りこむ。

毒によって身を守る

昆虫の中には、敵を追いはらうために、くさい化学物質を出すものがいる。ほかに、毒を出したり、敵にとっていやな味がする物質をもつものがある。

蒸気の爆発

ミイデラゴミムシの仲間は小さいが、爆発する漂白剤のようなスプレーをもっている。腹の中で化学物質を混ぜて、炎症をおこす熱い蒸気を、お尻からポンという大きな音とともに敵に向かってふき出す。

毒のある泡

アフリカ各地にすむバッタの仲間は、胸から毒のある泡を出して敵をおどす。この毒はトウワタのように、毒の強い植物を食べることによって作られる。

毒を食べる

オオカバマダラの幼虫はトウワタ属の植物を食べるが、これはほかの多くの動物にとっては毒である。毒はイモムシがチョウになった後も体の中に残っていて、チョウを食べる鳥はオオカバマダラを避けるようになる。

鮮やかな色で、ほかの動物に近づくなと警告している
多くの昆虫と同じように、このスズメバチも何層にもなってびっしり生えている感覚毛がある
節に分かれた体の腹部を曲げて針を動かす

▼スズメバチの針

このスズメバチをはじめ、あらゆる狩蜂には針がある。ふだんは針を腹にかくしているが、攻撃するときに出す。毒は針の鋭い先にある穴から流れ出す。

針のしくみ
HOW STINGERS WORK

ミツバチなどの花蜂の仲間やスズメバチ、ベッコウバチなどの狩蜂の仲間は、するどい針をもっていて、皮膚を刺して痛みを引き起こす毒の液体を、敵の体の中に入れます。花蜂はコロニー(群生する場所)を守るために針を使いますが、狩蜂は獲物を麻痺させるためにも針を使います。狩蜂の毒には特別な化学物質がふくまれていて、それによって同じコロニーの仲間に攻撃に参加するようよびかけます。花蜂の針は皮膚に残ってしまうので、花蜂は一度しか刺すことができませんが、狩蜂は何度でも刺すことができます。

花蜂の針

狩蜂の針

さまざまな針

狩蜂は、刺したあとで針を引き抜くことができるように、表面がなめらかだ。しかし花蜂の針には、針が肉の中に残るようにするためのぎざぎざがある。花蜂が飛び去るときには腹部の先のほうがちぎれてしまい、ハチには致命傷となるが、小さな筋肉と毒の袋がついたままの針は敵の肉に食いこんでいき、毒を出し続ける。

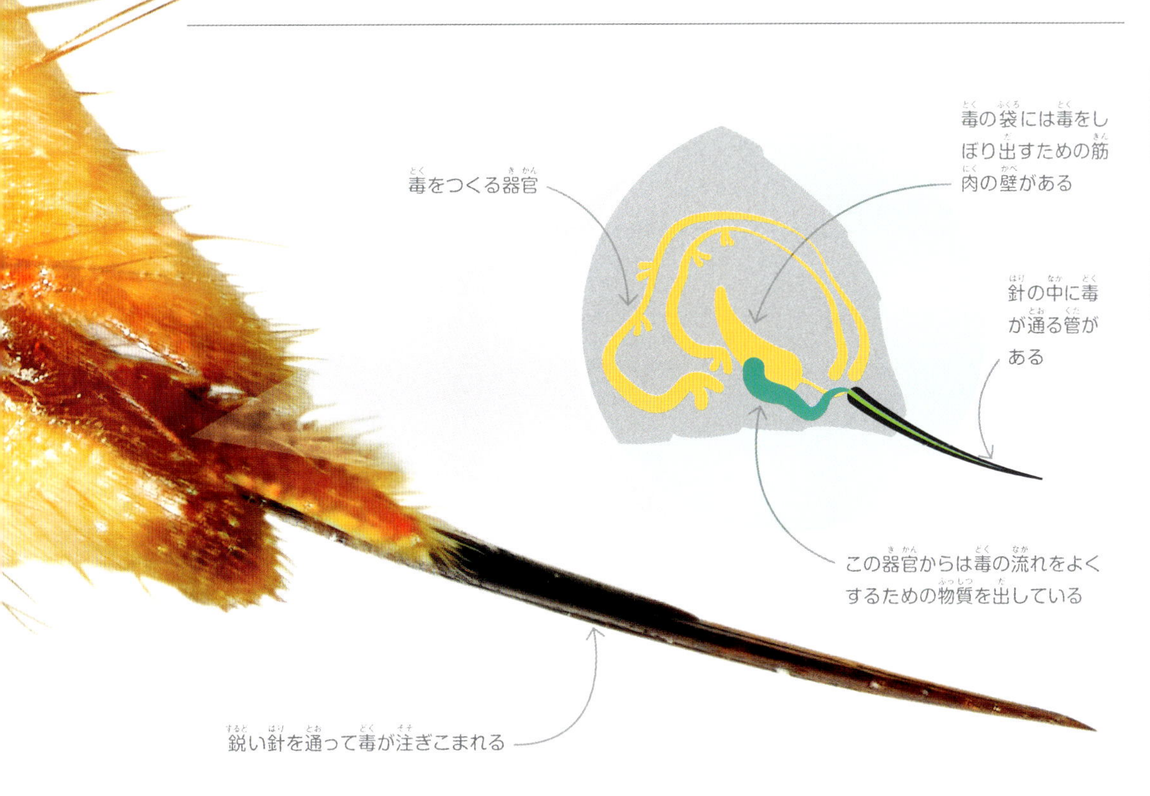
毒をつくる器官
毒の袋には毒をしぼり出すための筋肉の壁がある
針の中に毒が通る管がある
この器官からは毒の流れをよくするための物質を出している
鋭い針を通って毒が注ぎこまれる

狩蜂の刺し方

狩蜂はメスだけが針をもつ。すばやく攻撃して、刺された動物が痛みを感じる前に逃げる。

1 とまる
敵だと思った動物にとまり、腹部を曲げて刺す体勢を整える。

2 刺す
敵の肉に針を刺し、皮膚に毒を注ぎこむ。

毒
痛みを感じるもの

3 痛さの感覚
刺した相手から針を抜いて飛び去る。そのあと刺した相手が毒によって皮膚に痛みを感じはじめる。

ヒスタミン

4 炎症
毒によって皮膚の細胞がヒスタミンを出す。ヒスタミンは皮膚を炎症で赤くする化学物質である。

5 はれ
刺された場所のまわりに焼けつくような痛みとかゆみが広がり、皮膚がはれる。

擬態のしくみ 1
HOW CAMOUFLAGE WORKS

生存競争のなかで、敵に見つからずにすむのは、動物にとってとても有利なことです。このために昆虫は、体の色や形をまわりに似せる、擬態(カムフラージュ)という機能を進化させました。昆虫はこのように身を守る名人です。昆虫は自分の外見を、青々とした葉から折れた小枝まで、ありとあらゆるものに似せることができるのです。

本物の葉にある傷。コノハムシはこれをまねている

コノハムシの幅が広くて平らな体には、本物の葉の葉脈のような形が浮き出ている
前脚は幅が広く、葉の形をしている
体の色は、いつも食べている植物の色とぴったり同じになる
茶色のぎざぎざの部分は古い葉に似ている

コノハムシ

コノハムシは孵化したときには濃い赤茶色をしているが、とまっている植物の葉を食べているうちにしだいに緑色に変わっていく。鮮やかな緑色の葉に擬態するものもいれば、傷んだ葉や枯れた茶色の落ち葉に似せるものもいる。

◀まわりに溶けこむ

熱帯にすむコノハムシは、完璧に擬態しているので、じっとしているかぎり、敵に見つからずに堂々と植物にとまっていることができる。平たい緑色の体と脚の上のほうは、葉の傷ついた部分や茶色のふち、斑点の模様まで、葉そのものに見える。コノハムシは木の葉が風にそよぐのに合わせて、静かに体を揺らすこともある。

姿を消す

さまざまな種類の昆虫が、昆虫を食べるトカゲや鳥などに見つからないように擬態を行う。また、少数だが、獲物から見つからいように擬態して、近くにやってくるほかの昆虫を待ちぶせしておそうものもいる。

シャチホコガの仲間

よくいるガであるが、ほとんど見つからない。昼間、カバノキにとまって休んでいるときに、折れた小枝にあまりにも似ているからである。ほとんどのガと同じように、シャチホコガの仲間も夜行性である。

擬態しているツノゼミ

ツノゼミ

カメムシの仲間で、植物の茎から液を吸う。茎にとまっているときには、とげのような形をして完全に姿をかくしている。とげのようになることで、植物を食べる大きな動物にまちがって食べられないようにもしている。

ハナカマキリ

美しいが攻撃的なハナカマキリは、葉の上にいて、熱帯産のランの花の色と形をまねる。昆虫が少しもあやしまずにランにとまると、つかまえて食べてしまう。

▶ にせもののヘビ

この熱帯に住むスズメガの幼虫は、鳥などの敵がせまってくるのを感じると、頭をやわらかい体の前部に引っこめて、その部分を風船のようにふくらませる。体の皮膚が張りつめると、2個の丸い模様が大きくなってヘビの眼のように見える。幼虫はヘビがするように、敵におそいかかるふりをすることもある。本物のヘビならもっとずっと大きいはずだが、それでもほとんどの鳥はこの幼虫をおそうのをあきらめる。

幼虫は腹脚という短い肉質の構造で植物の茎にしがみついている

ブラックツリースネーク

体は本物のヘビよりずっと短い

マルハナバチ

鞘ばねの縞模様でミツバチに擬態している

アオジャコウアゲハ

鳥のフン

警告のための模様

頭部
腹部
脚部

クスノキカラスアゲハ

この北米産のチョウは、毒をもつアオジャコウアゲハと似たはねの模様をしている。鳥はまずいものを食べたくないので、チョウは食べられずに済む。

アゲハチョウの幼虫

擬態は、つねにほかの動物の外見をまねるとは限らない。黒と白のこの幼虫は、鳥のフンに擬態している。鳥はこれを避ける。

トラハナムグリの仲間

ミツバチやマルハナバチ痛みを与える針をもっていて、黒と黄の縞の警告模様をしている。このトラハナムグリの仲間は、無害であるにもかかわらず同じ模様をしている。

擬態のしくみ2
HOW MIMICRY WORKS

ほとんどの動物にはつねに、敵に食べられてしまうかもしれない、という危険があります。多くの動物は、敵に見つからないようにするために擬態(ミミクリー)をしますが、毒をもっている動物の外見をまねる、という擬態をする動物もいます。擬態は完全な方法ではないかもしれませんが、攻撃してくる者をひるませることができれば、逃げるチャンスが生まれます。擬態は敵からおそわれた場合に身を守る手段として使うだけでなく、おそう側が無害な動物に擬態して、獲物を混乱させる場合もあります。

偽の「ヘビの頭」の上の部分は、実際は幼虫の下側である

伸び広がった皮膚が目玉のように見える

頭は体の中に引っこめられている

スズメバチ

黒と黄の縞模様でスズメバチに擬態している

ハナアブ
まるで小さなヘリコプターのように空中に止まることができ、花の蜜をエサとするハナアブは、スズメバチのような黒と黄の縞模様をしている。ハナアブは刺すことはないが、縞模様を見て敵はハナアブをスズメバチだと勘違いする。

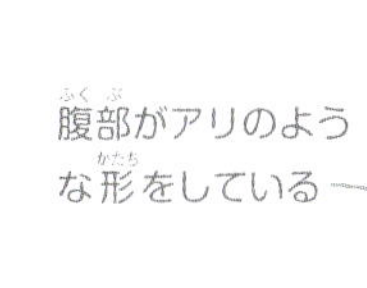
腹部がアリのような形をしている

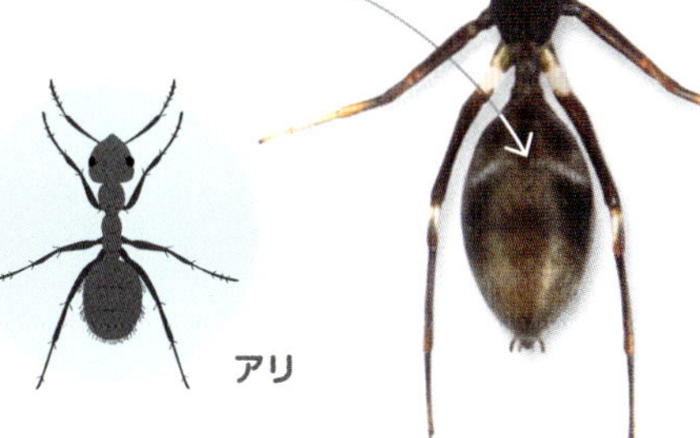
アリ

アリグモ
体の形からこのクモはアリに見える。アリは刺すことがあるため、これを見て敵はおそうのを迷う。また、アリをエサとするクモのなかには、アリに擬態して巣に近づくものもいる。

目玉模様

フクロウの眼

フクロウチョウ
南米産のフクロウチョウの後ろばねにある大きな目玉模様は、フクロウの眼に似ている。このチョウは、はねを急に広げてこの目玉を見せることで、トカゲをこわがらせて追いはらう。

ミツバチの生態
HOW BEES WORK

昆虫のなかには、協力して巣をつくり、エサを探し、幼虫を育てるなど、大きな社会をつくって共同生活をするものがあります。ミツバチのコロニー(群れ)は8万匹がすんでいることがあります。ほかの社会性をもつ昆虫と同じように、ミツバチの社会は「カースト(階級)」に分かれています。カーストごとに仕事が決まっています。

ミツバチのチーム

ミツバチのコロニーには3つのカーストがある。仕事の大部分は何千匹もの働きバチが行い、卵を産むハチが1匹だけいる。それが女王バチである。

働きバチは
腹部の先に
毒針がある
花の蜜を吸うための、
長い管状の口器

働きバチ
働きバチは、巣をつくり、巣の掃除をし、幼虫にエサを与え、蜂蜜をつくるための花の蜜を集めに巣の外に飛んでいく。働きバチはすべてメスだが、生殖能力はない。

オスバチには
毒針がない

オスバチ
オスバチの唯一の仕事は、巣から出て新しい女王バチを見つけ、交尾することである。交尾した女王バチは新しいコロニーを築く。

産卵のための
大きな腹部

女王バチ
巣の中の女王バチのもっとも重要な任務は卵を産むことである。春の間、女王バチは毎日、最大2000個もの卵を産む。その重さは女王バチ自身の体重を超えている。

働きバチ
巣房の中で
育っている
幼虫

ミツバチの巣 ▶
ミツバチの生活の中心は巣にある。巣には、働きバチの分泌した蜜蝋でできた六角形の巣房がぎっしりつまっている。蜜蝋でふたをした巣房には、蜂蜜や花粉、または発育中の幼虫が入っている。

ミツバチの一生

働きバチの一生は卵から始まり、蜜蝋の巣房の中で成虫になる。

1 女王バチが卵を産む

女王バチが、働きバチのつくった巣房の中に卵を産む。

2 働きバチが幼虫にエサを与える

3日後、卵は孵化してウジ虫のような幼虫になる。働きバチは発育中の幼虫に、エサとして花粉と蜂蜜を与える。

3 働きバチが巣房にふたをする

幼虫は1500倍以上の大きさになるまで食べ続ける。働きバチが蜜蝋で巣房にふたをして、幼虫は体の周りにまゆをつくる。

4 幼虫がさなぎになる

さなぎとなった幼虫は、成虫になる途中の状態だ。まゆの中で、脚、はね、目が発生する。

5 ミツバチが出てくる

産卵から約21日後、ミツバチの成虫があらわれる。蜜蝋のふたを食べて巣房から出てくる。そして巣の中で働き始める。

アリの生態

HOW ANTS WORK

アリは社交的な昆虫です。多いと何百万匹ものアリがコロニー(群れ)をつくってすみ、エサを運んだり、巣を守ったりするために協力します。働きアリはすべてメスで、コロニーに1匹だけいる大きな女王アリが産卵によって生んだ娘たちです。女王アリは巣の中心にいて守られています。

鋭い刃をもつ、かみつくための口器
ぎざぎざの刃のおかげで、あごでものをしっかりはさむことができる

▶ 食料調達チーム

オオアリの英名の意味は大工アリだ。湿った木の中に、あごを使って巣をつくり、そこで女王アリや幼虫の世話をするからだ。雨林にすむオオアリの一種は、小さな体ながら、群れとなって、ぎざぎざのある強力なあごを使い、クモの死骸をすばやく処理することができる。共同作業によって、巣にもち帰れる大きさまで死骸を分解する。

働きアリの仕事

アリには1万2000以上の種がいる。ほかの虫を食べる種や、植物を食べる種、腐った肉を食べる種もいる。1つの種のコロニーの中でも、巣をおそってくる敵をふせぐ兵士役のアリや、新しいエサのありかを探しだす食料調達係のアリなど、働きアリがそれぞれ役割分担をする場合もある。

アブラムシを飼育する
アブラムシは甘露という甘い物質を出す。多くの種類のアリがこの栄養の多い液体のしずくを集め、その見返りとして、アブラムシを敵から守っている。

菌類を栽培する
ハキリアリは菌を育てる畑(菌園)に葉をたくわえる。そうすることで葉に菌類を植えつけ、あとで収穫してエサとする。

自分たちの体で橋をかける
1匹では越えられない場所があると、互いに体をつなげて橋をかけ、仲間のアリを歩かせるアリもいる。

クモを分解する

オオアリはふつう、生きた獲物をとることはなく、夜のあいだに死んだ無脊椎動物をあさる。アリたちのいくつものチームが、コロニーの仲間と分けるためのエサを求めて雨林を探しまわる。アリたちは獲物をばらばらにして巣にもち帰り、獲物の体の中のやわらかい肉や体液を食べる。

クモの腹部は死骸から切り離されて巣に運ばれる
アリたちが発見したとき、クモの体はまだ無傷である
同じ巣のアリが残した化学物質の跡をたどって、ほかの働きアリたちが到着する
100匹以上の働きアリがクモをばらばらにする
働きアリたちは脚の関節を攻撃する。関節は外骨格のなかでも切断しやすい場所からだ

1 発見

少数の働きアリが食料調達の先発隊としてクモの死骸を発見する。働きアリたちは巣とクモの間を移動するとき、フェロモンという化学物質を残して道しるべにする。ほかの働きアリたちは、これをたどってクモの死骸まで来る。

2 採集

フェロモンの道しるべをたどって、さらに多くの働きアリが来る。働きアリたちは協力してクモをばらばらにし、切りとった頭や脚を巣にもち帰る。クモの外側の殻は、中の肉を取りつくしたあとに捨てられる。

アリのカースト

コロニーのアリたちはいくつかのグループに分かれている。このグループをカーストとよぶ。それぞれのカーストは、外見とコロニーの中での役割に違いがある。ふつう、1個のコロニーに1匹の女王アリがいる。女王アリは産卵する役になっている。オスアリは新しいコロニーがつくられるときにのみ生まれるが、メスの働きアリはいつもコロニーで生まれ続ける。

働きアリにははねがない

オスアリにははねがある

女王アリははねをもって生まれるが、巣を築いたあとにははねは失われる

働きアリ

働きアリはすべてメスであり、大きな巣を取り仕切っている。働きアリははねをもたず、子を産まない。そのかわり、エサを探してくることとコロニーを守ることに時間を使う。

オスアリ

はねをもつオスアリは、結婚飛行という集団での求愛行動によって、女王アリと交尾する。オスアリは交尾のあとはコロニーでの仕事がなく、死ぬ。

女王アリ

女王アリの唯一の役目は、新しいコロニーをつくるために卵を産むことである。オスアリと交尾をすませると、女王は産卵を始める。やがて卵は孵化して新しい働きアリとなる。

ヒメボタル

梅雨のはじめ、日本の四国にあるこの森をたくさんのヒメボタルが明るくいろどる。ホタルははねをもつ甲虫であり、体の中にある化学物質を使って腹部を光らせる。これを生物発光という。ホタルはこの光を、求愛行動のときに相手とのコミュニケーションに使っている。生物発光は自然界に広く存在するもので、敵を撃退したり、獲物をおびき寄せたり、異性を引きつけたりするために使われている。

クモの生態
HOW SPIDERS WORK

昆虫と違って、クモは飛ぶことができません。しかしクモの体には、とった獲物を殺すためのすぐれたしかけがあります。獲物を追いかけたり待ちぶせしたりするものもいますが、多くのクモは絹のような糸を出して網などの罠をつくります。クモは網にかかった獲物が動くときの揺れを感じとります。ほとんどのクモは鋏角とよばれる牙をつき刺して、そこから出る毒で獲物を動けなくします。

▶ 攻撃的なハンター
このバブーンスパイダー（バブーンタランチュラ）は、アフリカの草原に生息する大型で動きの素早いクモである。バブーンスパイダーは攻撃的で、危険を感じると鋏角をかまえて立ち上がる。ふだんは土の中の穴にいて獲物を待ちぶせる。

クモと昆虫の比較
昆虫とは違って、クモには触角やはねがない。また、体は、昆虫が頭部、胸部、腹部という3つの部分でできているのに対して、クモは一体となっている頭胸部と腹部の2つの部分しかない。脚は昆虫が6本であるのに対し、クモには8本ある。

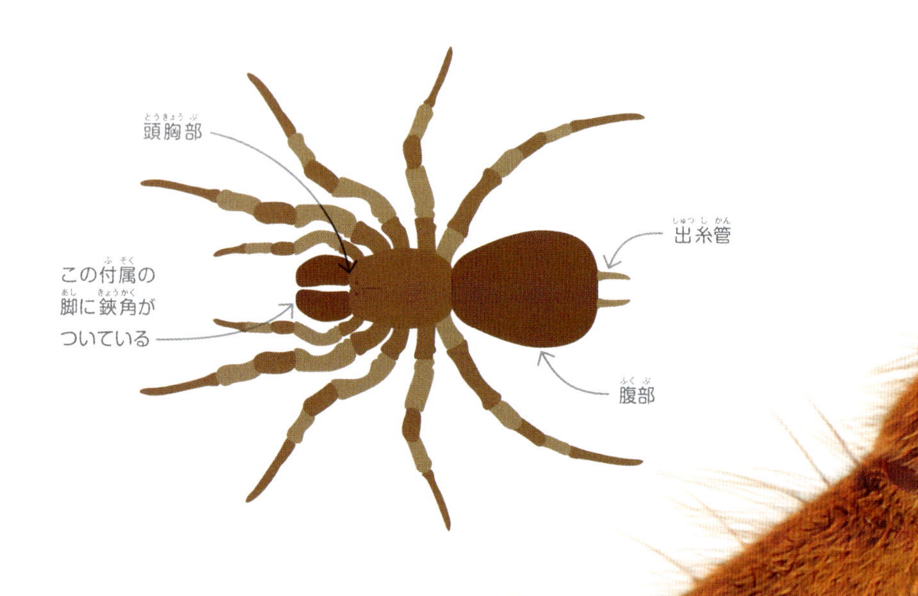
頭胸部
出糸管
この付属の脚に鋏角がついている
腹部

脚には7つの節がある

ゆれに敏感な毛は、獲物を探知するのを助ける

エサの食べ方
クモは消化管がたいへん細いので、液体しか食べられない。クモは消化液をはき出して獲物をとかし、ほとんど消化された状態にして吸いこむ。消化できないかたい組織は捨ててしまう。

クモの前のほうにある付属肢を触肢という。クモはこれを使って獲物をとらえる
脚先に生えている、ごく小さなくっつきやすい毛のおかげで、なめらかな面でも登ることができる。上下さかさまに歩くクモもいる
クモは8個の目をもつが視力は弱く、触覚にたよって獲物をとらえる
クモは4対の脚をもつ
鋭くとがった鋏角で獲物に毒を注入する

毒をもつ鋏角
クモの鋏角は先に小さな穴が開いていて、中には毒の入った管がある。毒は筋肉と神経組織をこわして、獲物を麻痺させる。

クモの糸のしくみ
HOW SPIDER SILK WORKS

すべてのクモが糸を出します。クモの糸はとてもよく伸び縮みする繊維です。そして、鉄より強くじょうぶです。クモの腹部にある特別な出糸突起が、いろいろな目的に合わせて違うタイプの糸をつくり出します。糸を出すためには大量のエネルギーが必要です。ときにはそのエネルギーを回復するために、自分の出した糸を食べることもあります。

クモの糸の使い道

糸はクモの生活になくてはならないものである。もっとも原始的なクモは、糸を、たぶん巣穴の内側をおおうために使ったのだろう。今でもそのようにするクモは多い。しかし、クモは、獲物をとらえるために網をつくり、敵から逃げるために命綱用のとてもじょうぶな糸を出し、卵を保護するために卵嚢とよばれる入れものをつくり、異性をひきつけるためによいにおいのする糸を出す。

獲物をたぐり寄せる
ナゲナワグモは、先端にねばねばした球のついた糸を出して、ガをとらえる。魚をつりあげるようにしてガを、たぐり寄せるのである。

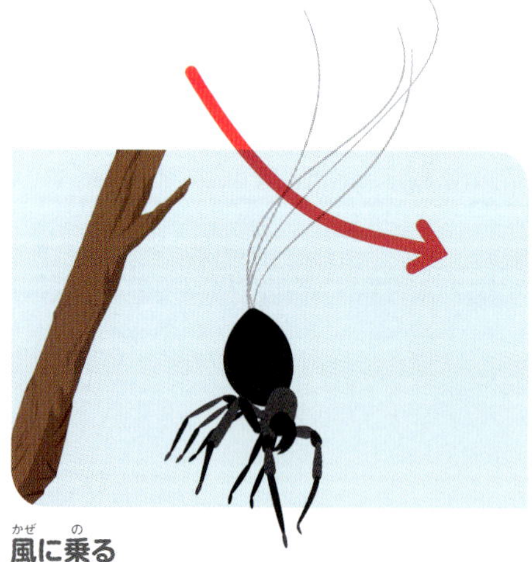

風に乗る
小型のクモの中には、食べ物を探すために、糸を複数本出して風に乗って飛ぶものがいる。これをバルーニングという。

住みかをつくる
ジグモは内側を糸でおおった穴にすむ。糸を地上にのばして、昆虫をつかまえる。

クモは、ハチの体を糸でしっかりくるんで、刺されないようにしている
獲物が空気や網を揺らすと、敏感な毛で感じとる

クモの糸でできたおくるみ ▶
クモの糸はおどろくほどいろいろなことに使われる。キマダラコガネグモは糸で植物の間に丸い形の「円網」をつくり、飛んでくる昆虫をつかまえる。獲物がかかると、クモは別の種類の糸を出して巻きつける。しっかりとくるまれてしまうので、昆虫は逃げることができない。

伸び縮みする糸が、獲物に巻きついている

クモは、網のねばりけのある糸を避けて、がんじょうな経糸につかまる

クモは獲物をくるむために、何本もの細い糸を出す

クモは、ねばりけのある糸とない糸を、それぞれちがった糸腺から出す。糸は網のさまざまなところに使われる

糸は、クモの腹部に液体の状態でためてあり、空気に触れると固体になる

網を張る

コガネグモの仲間は円形に近いきれいな網を完全に手探りでつくりあげる。それは、ねばりけのある糸とない糸の両方でできた罠である。

1 つくり始める

ねばりけのある強い糸で植物と植物の間を橋渡しして、Y字形の骨組みをつくる。

2 骨組みを完成させる

同じ種類の強い糸を使って外側の枠（枠糸）を完成させ、次に中央から車輪のスポークのように伸びる糸（縦糸）を加える。

3 螺旋を加える

足場とするために、ねばりけのない糸（足場糸）で仮のらせんをつくったあと、獲物をとるための、ねばりけのある横糸でじょうぶならせんを追加する。その後、足場糸は取りのぞくか、食べてしまう。

4 獲物を感知する

クモは網にいるとき、獲物をとるための糸に虫がかかると、そこで起こるすべての揺れを感じとることができる。

5 糸でくるむ

ふつう、クモは獲物をやわらかい糸でくるんだあと毒を注入して体を麻痺させたり殺したりする。

致死性の毒をもつオブトサソリ

オブトサソリ(別名「デスストーカー」)は、猛毒をもつ種の1つである。毒は強く、人間に激痛をあたえたり、痙攣させたり麻痺させたりする。死んでしまう場合もある。オブトサソリはおもに、中東や北アフリカの乾燥した砂漠地帯に生息している。

よく曲がる尾には6つの節がある
サソリの感覚毛は、尾を刺すべき場所に導く
オブトサソリのはさみは小さい。獲物を殺すとき、尾の先にある強力な毒針を使うからである
毒は球根のような形をした2つの毒腺の中に入っている
神経繊維で尾の動きをコントロールする
毒は毒針の中にある2本の管から出す
サソリの眼は、明るさや暗さはわかるが、ものの形ははっきり見えない
脚には爪がついているため、岩や丸太、枝をすべらずに登ることができる

サソリの狩りのしかた
HOW SCORPIONS HUNT

強力なはさみと毒針をもったサソリは恐ろしいハンターです。サソリは昆虫からネズミやトカゲまで、さまざまな小動物を食べます。ほとんどの種が熱帯の砂漠や雨林にすんでおり、日中は岩場の巣穴の中で暑さをさけていて、夜の間に狩りをします。サソリは視力が弱い分、すぐれた触覚を使って獲物を見つけます。

ダイオウサソリのはさみは、人間の指から出血させるほど強い
かたい外骨格で敵から身を守る
感覚毛によって動きをとらえる
はさみの形をしたあご(鋏角)から消化液を出す

◀はさみを使って獲物をとる

このダイオウサソリは世界最大級のサソリである。若いダイオウサソリは獲物を毒針で麻痺させるが、成虫のダイオウサソリは獲物を触肢とよばれるはさみで引きさいて殺す。

狩りの技術

ほとんどのサソリは待ちぶせして狩りをする。獲物に一撃を加えられる距離まで来るのを待って攻撃する。

1 脚に生えた敏感な毛で、地面や空気のほんの少しの揺れを感じとる。それによって獲物との距離や、どこから獲物が来るかが正確にわかる。

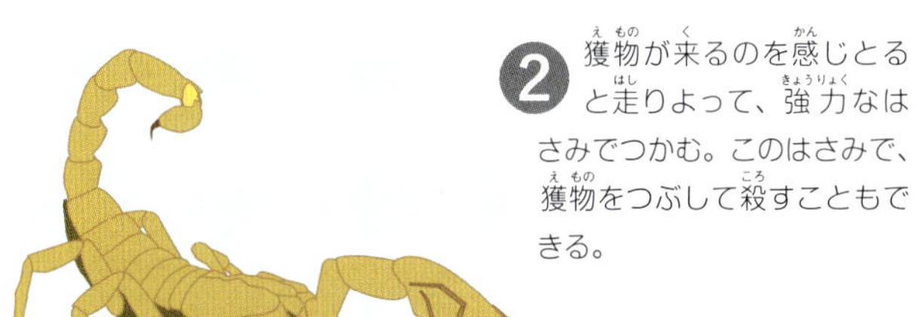

2 獲物が来るのを感じとると走りよって、強力なはさみでつかむ。このはさみで、獲物をつぶして殺すこともできる。

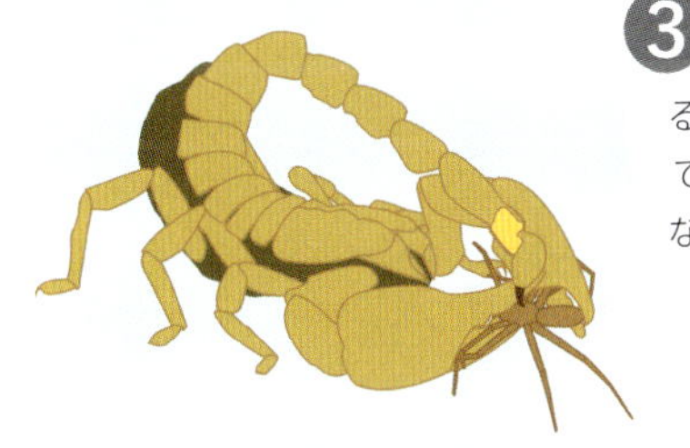

3 獲物が大きいか攻撃的である場合、サソリは尾にある毒針を使う。針から出た毒で獲物を麻痺させ、逃げられなくする。

4 獲物を引きさきながら、あごから消化液を分泌する。それが獲物の体のやわらかい部分をとかす。

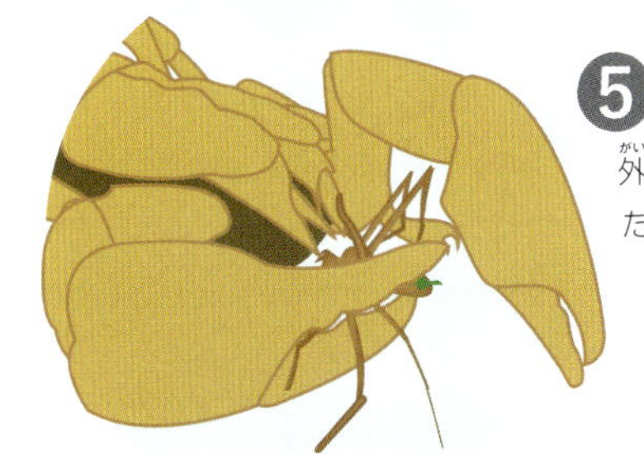

5 獲物をとかした液体を小さな口から吸う。昆虫の外骨格など、消化できないかたいものは残す。

ヤスデの生態
HOW **MILLIPEDES** WORK

ヤスデとムカデは、無脊椎動物のなかの多足類とよばれるグループに属しています。多足類の動物は、外骨格をもち、肺の代わりの気管とよばれる呼吸器があるなど、昆虫と同じ特徴が多いのですが、足がはるかに多く、多数の体節に分かれた長い円筒形の体をしています。ヤスデは動きが遅く、土を掘り、枯葉や朽ち木をエサとしているのに対して、ムカデは走るのが速く、ほかの動物を殺して食べます。

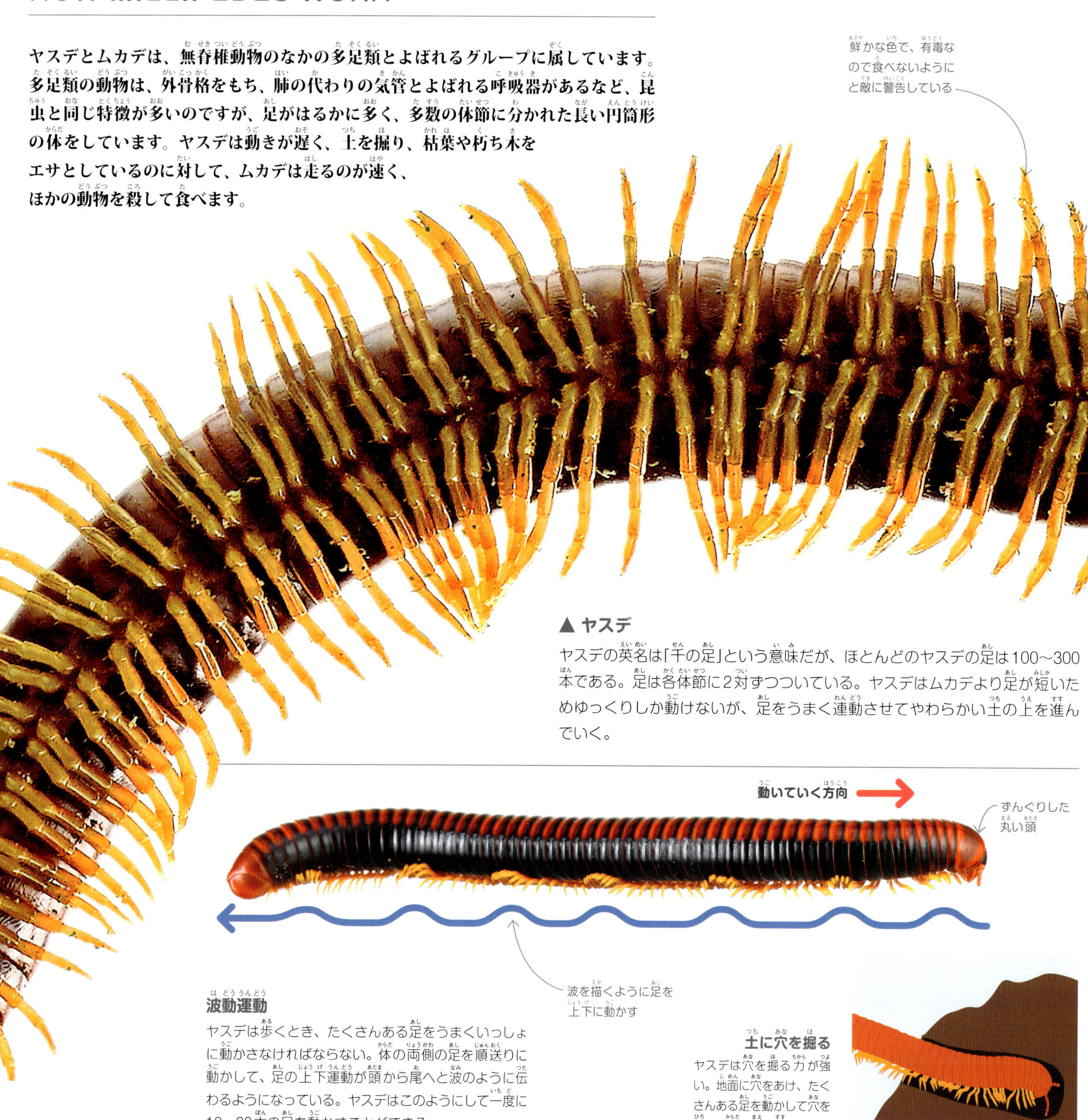
鮮やかな色で、有毒なので食べないように敵に警告している
動いていく方向
ずんぐりした丸い頭
波を描くように足を上下に動かす

▲ ヤスデ
ヤスデの英名は「千の足」という意味だが、ほとんどのヤスデの足は100~300本である。足は各体節に2対ずつついている。ヤスデはムカデより足が短いためゆっくりしか動けないが、足をうまく連動させてやわらかい土の上を進んでいく。

波動運動
ヤスデは歩くとき、たくさんある足をうまくいっしょに動かさなければならない。体の両側の足を順送りに動かして、足の上下運動が頭から尾へと波のように伝わるようになっている。ヤスデはこのようにして一度に10~20本の足を動かすことができる。

土に穴を掘る
ヤスデは穴を掘る力が強い。地面に穴をあけ、たくさんある足を動かして穴を広げ、体を前に進ませる。

ヤスデの感覚器官

ヤスデの頭は丸く、触角や単眼、あご、そして湿気を感じとる器官がついている。ほとんどのヤスデは視力が弱いかまったく見えないが、触角で地面をたたいて進む方向を知る。

各体節には関節のある足が2対ずつついている

かたい外骨格によって敵から身を守る

身を守る作戦

ヤスデは歩くのが遅いので、敵が近づいてきたと感じたときは、体をかたく球のように丸めて、足とやわらかい腹面を守る。このカエンヤスデのように毒液を分泌し、攻撃してくる昆虫にやけどを負わせるものもいる。

ふ化したばかりの幼生

昆虫と同じように、ヤスデは成長するために外骨格を脱ぎ捨てなければならない。ヤスデは6つの体節と3対の足をもって生まれる。脱皮するたびに、外骨格が大きくなり、体節と足が増える。

❶ 第1段階

ふ化したとき、ヤスデは6つの体節と3対の脚をもつ。

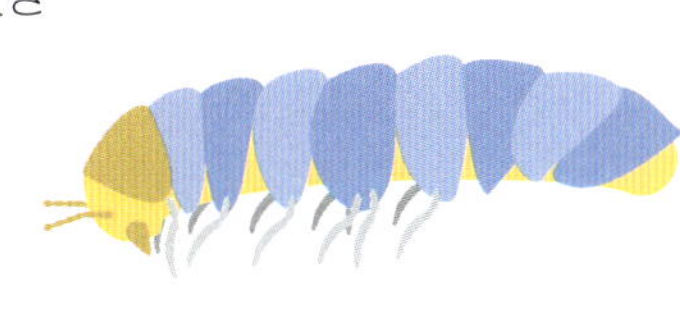

❷ 第2段階

最初の脱皮のあと、幼生は8体節となっている。足が2対ついている体節が1つ、1対だけの体節が4つある。

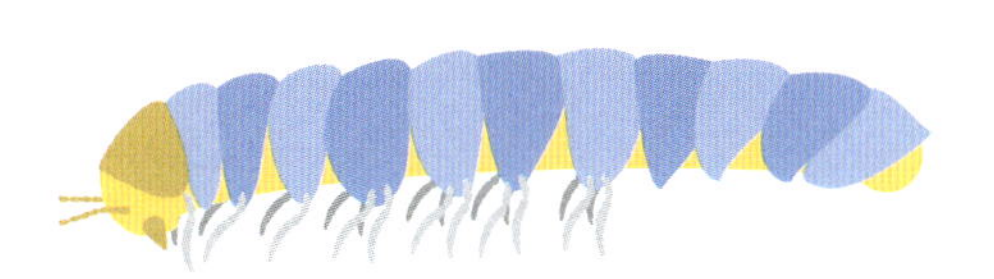

❸ 第3段階

2度目の脱皮の後、ヤスデは11体節となっている。足が2対ついている体節が4つ、1対だけの体節が3つある。

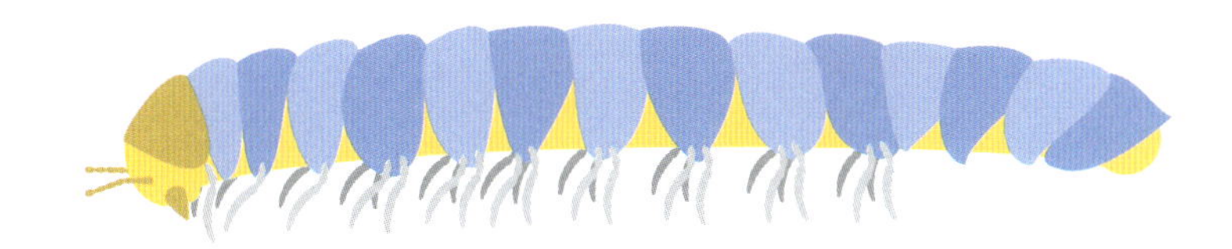

❹ 第4段階

ヤスデは脱皮のたびごとに体節と足を増やし、やがて成体となる。

各体節に脚は1対だけである

ムカデ

ムカデはヤスデより体節の数が少なく、体節につく脚も1対ずつである。ムカデは成長して体長が30cmにもなることがある。ムカデは毒腺のある牙のような爪(顎肢)を使って、カエルやネズミくらいの大きさの獲物を麻痺させることもできる。

カニの生態
HOW CRABS WORK

カニは、無脊椎動物のなかの甲殻類とよばれる大きなグループに属しています。甲殻類にはロブスターやエビもふくまれます。ほとんどのカニは海にすんでいますが、部分的に陸上で生活できるようになっているものもたくさんいます。そうした種の多くは、10本ある脚のうち8本を使って横歩きをします。カニは海底や海岸をはって、藻類や虫、デトリタスとよばれるプランクトンなどの死骸やエサの食べ残し、貝類などの食べ物を探します。カニは貝をつまみ上げ、鉗脚とよばれるはさみでくだきます。

▶ よろいでおおわれた体

ほかの甲殻類と同じく、カニにはかたい外骨格がある。成長するためには、カニはときどき脱皮して、外骨格を脱ぎ捨てなければならない。カニには関節のある5対の脚がある。前のほうの1対は変化してはさみになっている。片方のはさみがもう片方よりずっと大きい種類もある。大きいほうのはさみは、獲物をくだいたり、メスをひきつけたりするのに使われる。ほとんどのカニは甲羅の内側にあるえらで呼吸するが、このレインボークラブには、空気を吸うための肺がある。

生殖

交尾のあと、メスは18万個もの卵を、「こしまき」ともよばれる腹節で守って運ぶ。卵は小さなつぶつぶした実のように見える。メスは卵を海の中に放って、卵はやがて水中をただよう子ども(浮遊幼生)になる。浮遊幼生は成体のカニとは外見が大きくちがう。幼生は海の中をただよい、やがて海底におり、そこで成体の形(稚ガニ)になる。

卵

大きいほうのはさみを「クラッシャークロー」という。獲物をくだくのに使う
カニの目は眼柄という棒のようなものの先についている
上から見たところ
体のおもな部分は、頭胸甲とよばれる、幅の広い盾のかたちをした甲羅でおおわれている

顎脚とよばれる、1対のへらのかたちをしたものでエサを口に運ぶ
小さいほうのはさみを「ピンサー クロー」という。食べ物をさくのに使う
かたい外骨格が体をおおっている
平らな三角形の腹部は、折りたたまれて腹節となっている
下から見たところ
カニの脚の関節は体の横から外側へと曲がる。前のほうや後ろのほうにではなく横方向に歩くカニが多いのは、そのためである
失われた脚は、脱皮のたびにだんだん再生する

甲殻類

陸上の昆虫のように、甲殻類は海や水域に広く分布し、またたくさんの種類がいる。甲殻類は、昆虫と同じく、関節のある脚、体節のある体、外骨格をもつ。

ロブスター

ロブスターはカニの近縁であり、カニと同じ特徴を多くもっている。しかし、ロブスターの腹部は折りたたまれてはおらず、代わりに、尾部は泳ぐのに適して、曲がりやすくなっている。

蔓脚類

このエボシガイやフジツボの成体は、岩などの表面にくっついて生活する。毛の生えた脚をひらひらさせて、ごく小さいエサのかけらをとらえて食べる。

ワラジムシ

ワラジムシは、陸にすむ甲殻類のなかで最大のグループをつくっている。湿った場所にすみ、腐りかけの植物を食べる。夜行性である。

端脚類

甲殻類のほとんどの種は、端脚類のような、小形でエビに似た水生動物である。これらはさまざまな水域に大量に生息している。

背骨をもった最初の動物である魚類は、約5億年前に地球上にあらわれました。魚類は、世界中の海、湖、川に適応して生きる水生生物です。水中で呼吸し、しかも多くの魚は、流線形という水の抵抗を受けにくい形をしている(頭からしっぽに向かって細くなっている)ので、水中をすばやく泳ぐことができます。

魚類（ぎょるい）

魚類の生態

HOW **FISH** WORK

世界中の脊椎動物の半分は、魚類です。海のような塩水の中で生きる種もいれば、川、池、湖などの淡水の中で生きる種もいますが、どの魚も泳いで生きられるようになっています。ほとんどの魚は、うろこでおおわれた流線形の体をしていて、泳ぎをコントロールするためのひれと、水中で呼吸するためのえらがあります。

背びれのおかげで、魚は、横に倒れずに、体をまっすぐ起こした姿勢を保つことができる

魚は、小さな脳で体と行動をコントロールする

人間の目には、うるおいを保つため、まぶたがあるが、魚の目は、いつでも、うるおっているので、まぶたがない

えらで水から酸素をとる

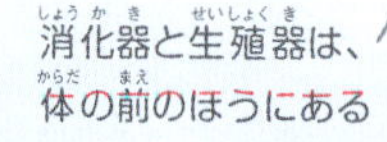
消化器と生殖器は、
体の前のほうにある

浮き袋は、気体の入った袋で、水中にもぐる深さを調整する

▶ 水中での生き方

ほとんどの魚と同じように、グラスフィッシュも流線形の体形だ。ほとんどの魚は、体の前のほうの1か所に消化器と生殖器があり、後ろのほうには筋肉がつまっている。筋肉で体を左右にくねらせて、水中を泳ぐ。

体を守るうろこ

ほとんどの魚の皮膚は、うろこでおおわれているが、これは、やわらかい体を保護するためと、水の抵抗を受けずに、水中を自由に泳ぐためである。ぬるぬるした粘液の膜は、寄生虫や病気から体を守る働きをする。

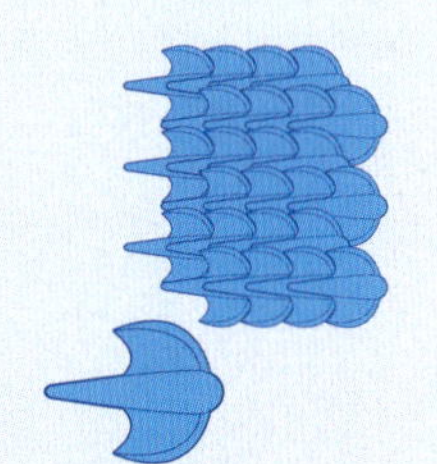

かたい歯のようなうろこ

サメやエイがもつかたい歯のようなうろこは、紙やすりのようにざらざらしている。それらのうろこは、革のようにじょうぶである。

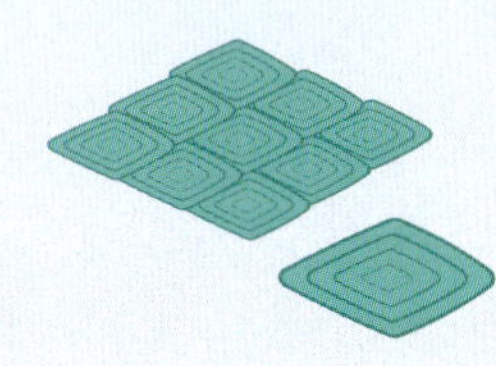

よろいのようなうろこ

チョウザメやガーなどの原始的な硬骨魚の中には、ひし形の厚いうろこをもつものがいる。このうろこはつながりあって、よろいのようになっている。この種のうろこには、しなやかさがない。

やわらかいうろこ

ほとんどの魚には、小さくてしなやかなうろこがあり、しっぽに向かって屋根瓦のように重なりあっている。これによって魚が泳ぎやすくなっている。

水中での呼吸

魚類は、口から水を吸いこみ、えらからはき出して呼吸する。えらが水中の酸素を血液の中に取りこみ、二酸化炭素を老廃物として出す。

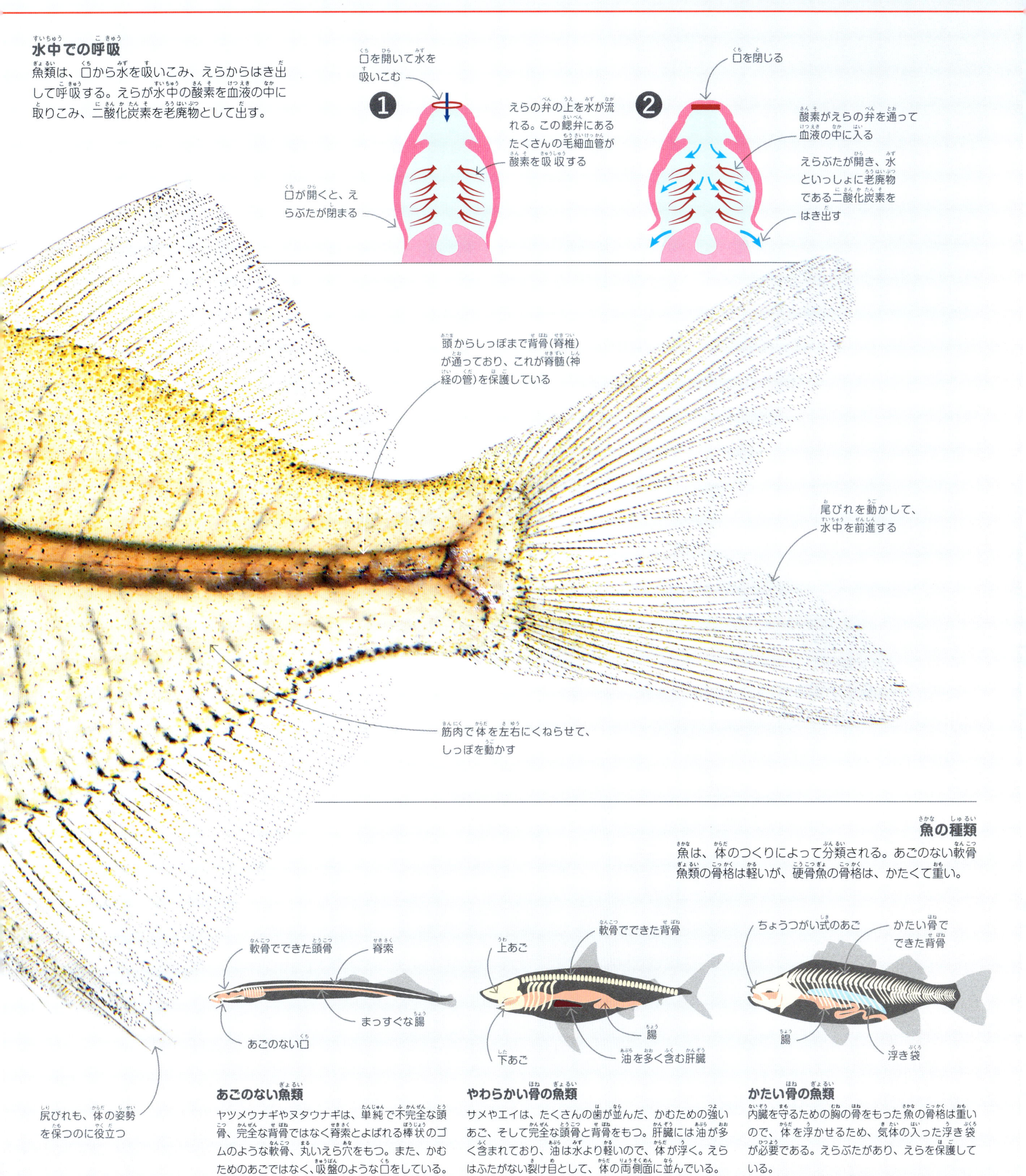

口を開いて水を吸いこむ
1
えらの弁の上を水が流れる。この鰓弁にあるたくさんの毛細血管が酸素を吸収する
口が開くと、えらぶたが閉まる
口を閉じる
2
酸素がえらの弁を通って血液の中に入る
えらぶたが開き、水といっしょに老廃物である二酸化炭素をはき出す
頭からしっぽまで背骨(脊椎)が通っており、これが脊髄(神経の管)を保護している
尾びれを動かして、水中を前進する
筋肉で体を左右にくねらせて、しっぽを動かす
尻びれも、体の姿勢を保つのに役立つ
軟骨でできた頭骨
脊索
まっすぐな腸
あごのない口
上あご
軟骨でできた背骨
腸
下あご
油を多く含む肝臓
ちょうつがい式のあご
かたい骨でできた背骨
腸
浮き袋

魚の種類

魚は、体のつくりによって分類される。あごのない軟骨魚類の骨格は軽いが、硬骨魚の骨格は、かたくて重い。

あごのない魚類

ヤツメウナギやヌタウナギは、単純で不完全な頭骨、完全な背骨ではなく脊索とよばれる棒状のゴムのような軟骨、丸いえら穴をもつ。また、かむためのあごではなく、吸盤のような口をしている。

やわらかい骨の魚類

サメやエイは、たくさんの歯が並んだ、かむための強いあご、そして完全な頭骨と背骨をもつ。肝臓には油が多く含まれており、油は水より軽いので、体が浮く。えらはふたがない裂け目として、体の両側面に並んでいる。

かたい骨の魚類

内臓を守るための胸の骨をもった魚の骨格は重いので、体を浮かせるため、気体の入った浮き袋が必要である。えらぶたがあり、えらを保護している。

魚類の泳ぎのしくみ
HOW FISH SWIM

すべての魚は体とひれを動かして泳ぎますが、泳ぎ方は、生活する環境によって異なります。多くの種が浮き袋をもっており、そのおかげで、筋肉のつまった体で水中に浮かんでいることができます。ひれを使って、かじ取りをしたり、体を安定させたりします。また、尾びれを使って、体を前進させます。

泳ぎ方

ニシキテグリは、ほとんどの魚と同じように、尾びれをふって前進するが、体やひれがやわらかいので泳ぎが遅い。反対に、泳ぎの速い魚は、曲りにくい流線形のかたい体をもち、かたい尾びれを速く動かして大きな推進力を生み出す。

背びれは姿勢を
安定させるため
に使われる
胸びれをばたばた
動かし、推進力を
生み出す

浮力

かたい骨の魚類とやわらかい骨の魚類は体の密度が水より高いので、浮力を高めるための器官を体の中にもっている。

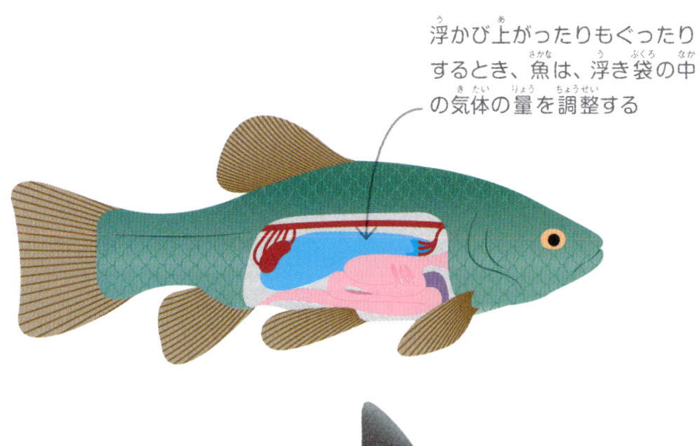
浮かび上がったりもぐったりするとき、魚は、浮き袋の中の気体の量を調整する

かたい骨の魚類

かたい骨の魚類にはたいてい浮き袋とよばれる気体の入った袋があり、血液中から取り出した気体を使って、これをふくらませたりしぼませたりする。このはたらきによって、魚はエネルギーを使わずに水中で姿勢をコントロールできる。

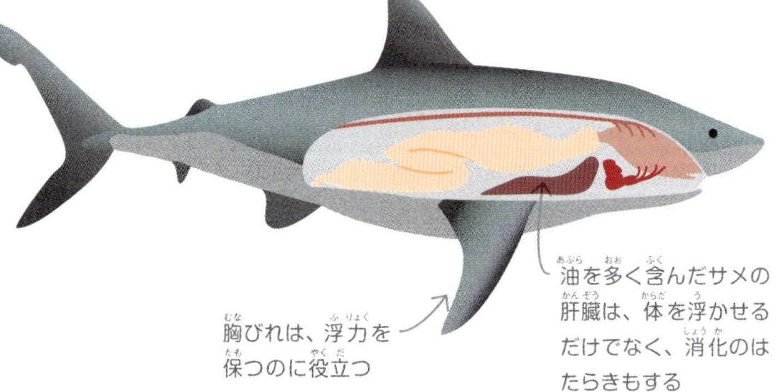
胸びれは、浮力を保つのに役立つ
油を多く含んだサメの肝臓は、体を浮かせるだけでなく、消化のはたらきもする

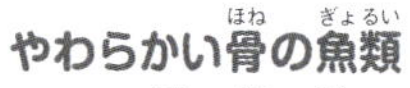

やわらかい骨の魚類

サメは、油を多く含んだ大きな肝臓をもつ。油は水よりも軽いので、ある程度の浮力を得ることができるが、さらに浮くためやえらに水を通して酸素を得るために、泳ぎ続けなければならない。

くねくねした泳ぎ

魚は、体をくねくねさせながら泳ぐ。まず、頭を一方に向けて体をくねらせ、次にしっぽを左右に動かすことで、体を前に押し出す。

1. 頭を一方に向け、体の残りの部分をくねらせる。
2. 頭からしっぽまでくねり終えると、しっぽを外側におして、体を前進させる。
3. 頭を反対側に向け、また、体をくねらせ始める。
4. 頭からしっぽまでくねり終えると、しっぽを反対方向におす。このようにして、くねくねした泳ぎをくりかえす。

白筋
赤筋
背骨
胸びれ
腹びれ
背びれ
尻びれ
背びれ

大きな尾びれを左右にふって、前に進む推進力を生み出す

腹びれは、休んでいる魚の体を支える

筋肉質の体

ほとんどの脊椎動物は手足に筋肉があるが、魚の場合は背骨を取り囲む筋肉ブロックがある。それぞれの筋肉ブロックに、同じ動作を続けて行うための赤い色をした赤筋と、瞬間的にはげしい運動を行うための白い色の白筋がある。

上下左右の動き

魚が泳ぐ水中は、環境の変化がはげしい。魚は、ひれを使って体を水平に保ったり、さまざまな方向に移動したりする。

上下の動き

2つの胸びれと2つの腹びれで上下の動きをコントロールする。また、水中で体を水平に保つこともできる。

回転

背びれと尻びれで回転する動きをコントロールする。また、体をまっすぐ起こした状態に保つ。泳ぎの速い魚は、これらのひれを体にそわせてたたみ、体をもっと流線形にする。

左右の動き

背びれが左右の動きをコントロールする。このひれを使って行きたい方向に体を向けることができる。

魚の感覚器官のしくみ

HOW FISH SENSES WORK

人間と同じように、魚も聞くこと（聴覚）、見ること（視覚）、においをかぐこと（臭覚）、さわること（触覚）、味わうこと（味覚）ができますが、魚には人間にはない感覚もあります。環境に合わせて発達した器官が水中のかすかな動きを感じ取ったり、種によっては電気を感じ取ります。魚が自分の生活環境をさがしまわるときは、脳がつねに感覚情報を受け取っています。その情報を使って敵から身を守り、獲物を見つけ出し、正確に泳ぐのです。

このじん帯が水晶体をずれないように固定する
筋肉が水晶体を後ろに引っぱる
魚の眼の中にある球形の水晶体は、前後に動いて焦点を合わせる
鼻の穴にある皮膚のひだには感覚器がびっしりついていて、獲物や敵がつくり出す化学物質を感じ取る
味を感じる味らいがつまったこれらのひげが、川底にいる獲物を感じ取る
ナマズは、視力がよく、色が分かるが、その視覚が役立つのは、澄んだ水の中だけだ

水中での眼のしくみ

人の眼の中にある水晶体は、近くや遠くの物を見るとき、焦点を合わせるために形（厚さ）が変わる。それに対して魚の水晶体は、形が変わることはない。その代わり、焦点を合わせるときには、水晶体がカメラのレンズのように前後に動く。

▼ナマズがものを感じるしくみ

アメリカナマズは、泥でにごった川の中で獲物をさがすために、優れた感覚能力をもつ。視力が良く、嗅覚が鋭いだけでなく、10万個以上の味らいをもつ。ネコのヒゲに似たナマズのヒゲには数千個の味らいが集まっているが、それだけでなく、うろこのない体の表面全体にも味らいがある。

うろこ
水の入った管が体の外に開く
水の入った管
細かい毛が近くで生じた動きを感じ取る

特殊な感覚器官

魚の多くは目が良いが、水中にはあまり日光が届かないので、魚にとって物を見にくいことがある。多くの魚は、特殊な感覚器官によって、障害物をよける。

かすかな水の動きを感じ取る

ほとんどの魚には、体の両側にえらから尾びれまで、側線という水の入った管が通っている。それぞれの管の中には感覚毛があり、それで水中で生じたかすかな動きを感じ取る。こうして魚は、近くを泳ぐ獲物や敵のけはいを感覚的に知ることができる。

魚が鼻で電場をつくると、それが物にあたって、魚にはね返る

電気信号を利用する(電気受容感覚)

電気信号を発生させたり、感じ取ったりすることのできる魚がいる。エレファントノーズフィッシュの長い鼻が電気信号を発生させると、それが水中で物にあたってはね返る。頭、背中、腹は、受容器だらけで、これらの受容器がはね返った電気信号を感じ取ることで、障害物をよけたり、食べ物を見つけたりすることができる。

浮き袋で聞く

かたい骨の魚類は、浮力をコントロールするために、たいてい気体の入った浮き袋を使う。だが、音が大きく聞こえるようにするために、浮き袋を使う種もいる。小さな骨の連なりがふるえて、それらの音が耳の神経(または聴覚)に届く。

音波によって浮き袋がふるえる

浮き袋

小さな骨が体中に振動を伝える

音が耳の神経(または聴覚)に届く

長いコイル状のひものたばは、海藻にからみつくことができる
卵の殻の表面には小さな穴があり、酸素を多く含む水がその穴から入ることで、サメの赤ちゃんは呼吸できる
発育開始約1か月後のサメの赤ちゃん
袋につまった栄養を吸収して育つ。
卵の殻の中がいっぱいになるほど成長した
卵の殻のもろい先端で壁が破れ、稚魚にまで育ったサメが頭から出ようとする

1 発育中の卵
じょうぶな卵の殻がサメの赤ちゃんを守る。卵が水流で流されないように、細いひものたばが卵を海藻につなぎとめる。

2 ふ化の準備ができる
発育中、サメの赤ちゃんは、腸につながった栄養のつまった袋から送られる栄養で育つ。栄養を使いはたすと、いつでもふ化できる。

人魚の財布

体に小さな斑点のあるトラザメの子どもは、「人魚の財布」とよばれる卵の殻の中で10か月間成長したあと、ふ化する。サメの種の約40%がこの方法で生まれる。メスが、卵が稚魚になるまでお腹の中で育てたあと、産み落とす種もいる。

魚類の繁殖のしくみ

HOW **FISH** REPRODUCE

ほとんどの魚は、卵を産んで繁殖します。メスが小さな卵を大量に水中に産み落とすと、卵はオスの精子で受精されます。しかし、種によっては、産む卵の数を少なくし、殻にくるんで守り、敵に食べられる危険を減らします。

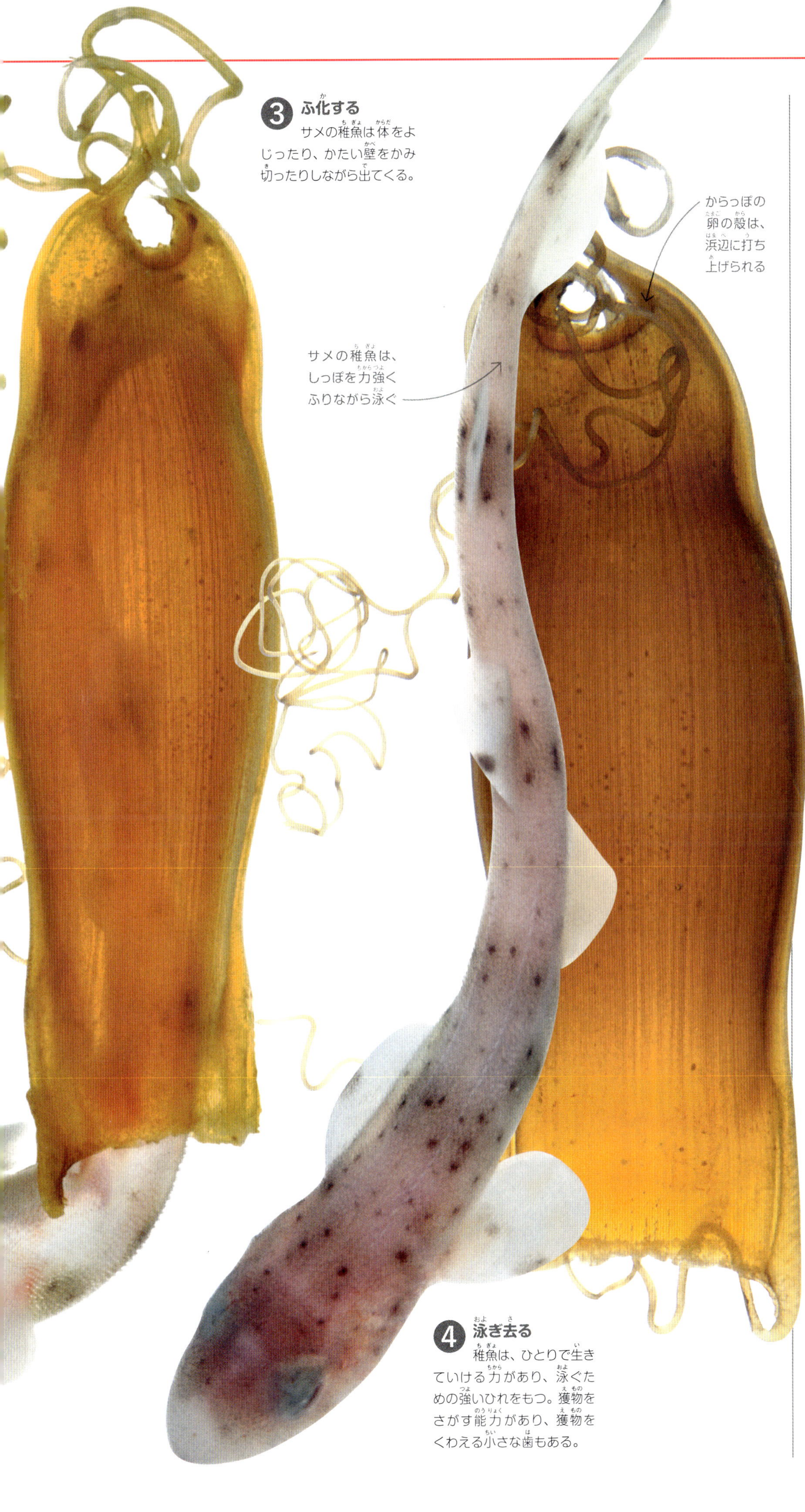
からっぽの卵の殻は、浜辺に打ち上げられる
サメの稚魚は、しっぽを力強くふりながら泳ぐ

3 ふ化する
サメの稚魚は体をよじったり、かたい壁をかみ切ったりしながら出てくる。

4 泳ぎ去る
稚魚は、ひとりで生きていける力があり、泳ぐための強いひれをもつ。獲物をさがす能力があり、獲物をくわえる小さな歯もある。

卵と赤ちゃん

魚類はさまざまな方法で繁殖する。水中に卵を産み落とす種もいれば、魚の形をした稚魚を産む種もいる。

集団で行う産卵
バラフエダイなどの魚類は、水中に精子と卵子をばらまく。大群の魚がたくさんの卵子を1か所にかたまって出すと、受精が起こりやすい。

成長
ほとんどの魚では、ふ化したての赤ちゃんはとても小さく、まだ発達しきっていない。栄養のはいった袋が赤ちゃんの腹にくっついており、赤ちゃんが成長して栄養を使い果たすと、袋はしぼむ。

水上で行う産卵
アマゾン川にすむコペラアーノルディーは、卵が敵に見つからないように、水面からジャンプして、水上にはり出した葉に卵を産みつける。そして、卵が乾かないように、しっぽで卵に水をかける。

妊娠と出産
ソードテールなどのように、交尾してオスの精子をメスの体の中に直接入れる魚もいる。メスが受精卵を体の中で育ててから稚魚を産み落とす。

魚類の子育て

HOW **FISH** CARE FOR THEIR YOUNG

多くの魚は、卵を産んだあと子どもの面倒をみないので、子どもは運命に身をまかせるしかありません。しかし、魚類の4分の1は子育てを行い、かよわい稚魚(ふ化したての赤ちゃん)を危険から守ったり、巣をつくったり、エサを与えて成長を手助けします。

オスの育児

タツノオトシゴのオスは、腹部にある袋に卵を受け取って、その中で卵を受精させ、栄養や酸素を卵にあたえる。卵がふ化すると、1匹ずつ袋から出す。

泡の巣

熱帯の川にすむベタのオスは、唾液でおおわれた泡を口からふき出して水面に浮かべる。口を使い、卵を泡の巣に入れ、巣立つまでオスが稚魚を守る。

稚魚の養育

熱帯の川にすむディスカスは、子育て中に子どもの面倒をよくみる数少ない魚だ。両親が体から出す特別な粘液を、ふ化した赤ちゃんが3週間食べて栄養をとる。

◀ 口の中で育てる

イエローヘッドジョーフィッシュという海の魚のオスは、1週間ずっと、卵を口の中にくわえて守り、卵のまわりの水をかき回して卵に酸素をあたえながら子育てをする。このオスは、卵がふ化するまで何も食べることができない。

口の中に隠れて生活

アフリカのマラウィ湖にすむシクリッドの仲間の中には、卵がふ化した後も稚魚を口の中で育て続けるものもいる。母親の口の中にいることで、敵に見つからずにすむ。

1 巣立ち
稚魚は、すでに泳いでエサを見つけることができるほど成長している。母親は、稚魚たちを口から出すが、稚魚たちが母親から遠くはなれることはない。

2 危険を察知
魚をエサにする別のシクリッドの仲間が近づき、母親がその危険をかぎつけた。稚魚は、敵の餌食になりやすい。

3 安全な場所への避難
母親が体をゆすって、稚魚たちをよび戻す。母親の口が開き、稚魚たちがいっせいに安全な口の中に逃げこむ。

サケの回遊

ロシアのクリル湖には、そこで生まれたベニザケが3年間太平洋で過ごしたあと、産卵の準備ができると、何百万匹も集まってくる。ベニザケたちは、地球の磁気に導かれ、この湖をめざして約1600km泳いできた。生まれ故郷に着いても、お腹をすかしたヒグマの襲撃を切り抜けなければならない。それができて、はじめて、浅瀬で卵を産むことができ、最後には疲れはてて死ぬのである。

サメの生態
HOW SHARKS WORK

水の中ではサメは最強の魚です。頭がよくて、獲物をつかまえるのがじょうずです。流線形の体形は水中をすばやく移動でき、力強い筋肉で獲物を打ちのめすことができます。

▶ 泳ぎが速い

サメは、さまざまな狩りの方法を使い、獲物をつかまえる。このアオザメは、世界でもっとも速く、最高時速74 kmで泳ぐことができる。獲物を待ちぶせて、いきなり下からおそい、相手に抵抗する時間をあたえずに、つかまえたり食いちぎったりする。

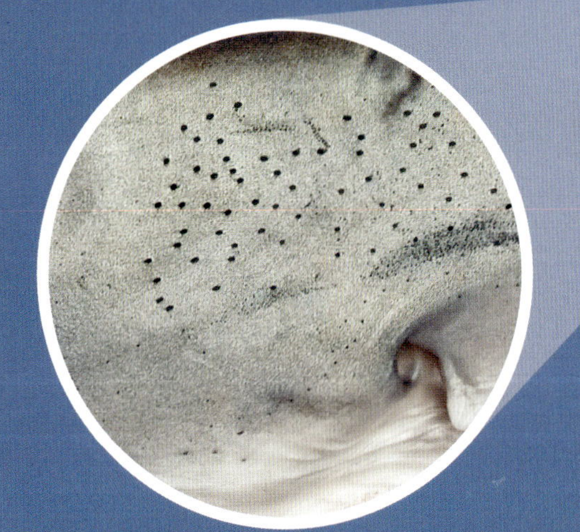

優れた感覚器官

サメの皮膚には、感覚細胞のつまった小さな穴がポツポツとあいている。ゼリー状の物質がつまったこれらの細胞は、ロレンチーニ器官とよばれ、獲物が発する弱い電気信号を感じ取って、その場所をつきとめることができる。

次々と交代する歯

サメは、一生のうちに何千個もの歯が生えかわる。前歯の後ろにある歯肉組織に次々と新しい歯列が生え、しだいに前に移動してそろう。それらはやがて抜け落ちて、後ろの歯列と交代する。

歯が前に移動し、やがて抜け落ちる

ほかの魚と同じように、多くのサメはえらに水を通すため、口を開けたまま泳ぐことが多い

前に進む推進力の大部分は、力強い尾びれによって生み出される
下から見ると、サメの腹部の薄い色は、水面に差しこむ明るい光に溶けこんで見える
上から見ると、サメの背中の暗い色は、その下の暗い水の色にまぎれて見える
サメには、独特のかたくてとがったうろこがあるので、皮膚は紙やすりのようにザラザラしている

姿を目立たなくする保護色

サメの体は、下側が薄い色、上側が暗い色で、相手から見えにくい。これにより、気づかれずに上や下から獲物に近づいたり、自分より大きな敵から身を隠したりすることができる。

狩りの方法

サメは、さまざまな方法で獲物を見つけてつかまえる。水中のプランクトンや小魚をこし取るサメもいるが、ほとんどのサメは、積極的に狩りを行う。

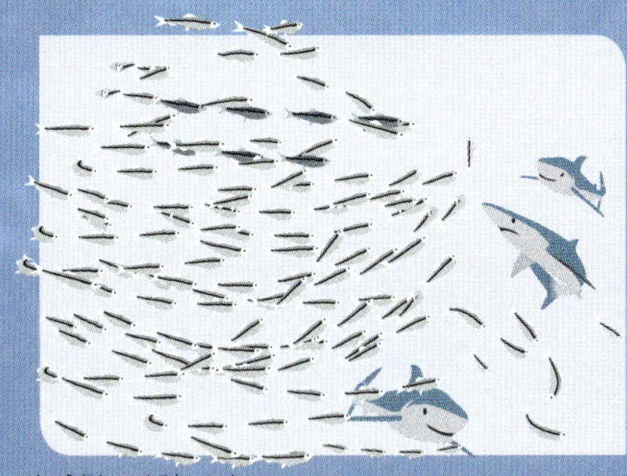

集団で行う狩り

ヨシキリザメは、スピードとすばしこさをいかして魚やイカをつかまえる。時には、オオカミのように、集団で狩りを行うこともある。

待ちぶせる狩り

テンジクザメは、海底にうまく溶けこんでじっと動かずに待ちぶせし、何も知らずに通りかかった獲物をいつでもおそえるようにしている。

電気を感じ取る狩り

シュモクザメは、頭を左右にふって、砂の中に隠れた好物の獲物のエイがつくる小さな電気を感じ取る。

サメの体の構造

サメの骨格は、軽くてしなやかな軟骨でできている。呼吸するために、えらで水中の酸素を取りこむ。ほとんどのサメは、水を吸いこんでえらの表面に流す能力がないので、泳ぎつづけなければならない。サメには浮き袋はないが、油を多く含む肝臓をもっており、これで浮力を高める。サメの体長は、20cmから12mと幅がある。

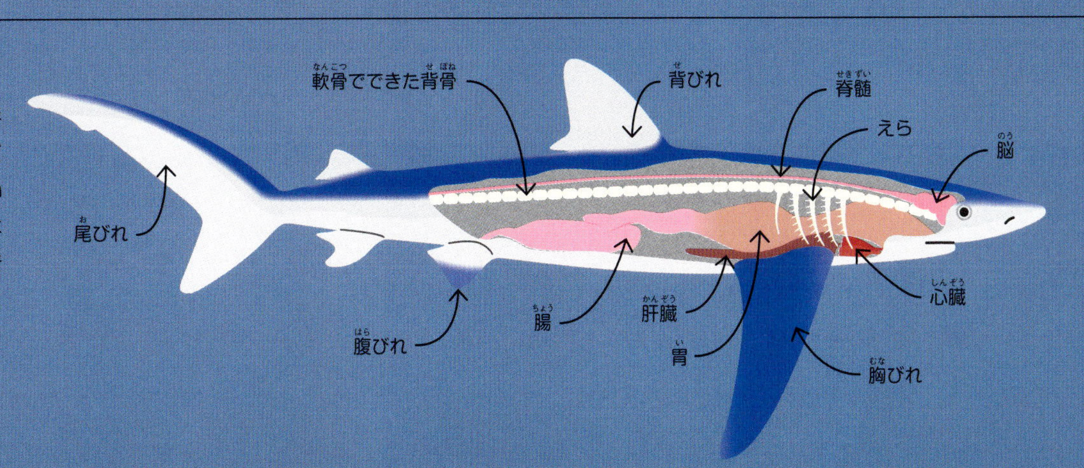
軟骨でできた背骨
背びれ
脊髄
えら
脳
尾びれ
心臓
腸
肝臓
胃
腹びれ
胸びれ

魚類の身を守るしくみ
HOW **FISH DEFENCES** WORK

大きな魚やアザラシやイルカなどの動物にとって、小魚はつかまえやすい獲物です。多くの小魚は、スピードをいかして敵につかまらないようにします。つまり、つかまる前に危険に気づいてすばやく逃げるのです。そのほかに、群れをつくる、周囲に溶けこんで相手から見えなくする(擬態といいます)、身を隠す、体を大きく見せるなど、身を守る方法を進化させた魚もいます。

警告用の縞模様は、魚の姿を周囲に溶けこませる擬態の働きをすることもある

ネッタイミノカサゴは、胸びれを使って獲物を口のほうに追いこむ

前から見たネッタイミノカサゴ

▶ 警告のための縞模様

この派手な姿のネッタイミノカサゴは、熱帯のサンゴ礁にすみ、そこで待ちぶせてつかまえた小魚を食べる。縞模様の華やかな姿で、自分より大きな敵に、強力な毒がある鋭いとげをもつことを知らせている。

幅の広い胸びれは、いくつもの細長いひれにわかれ、扇のように広がっている

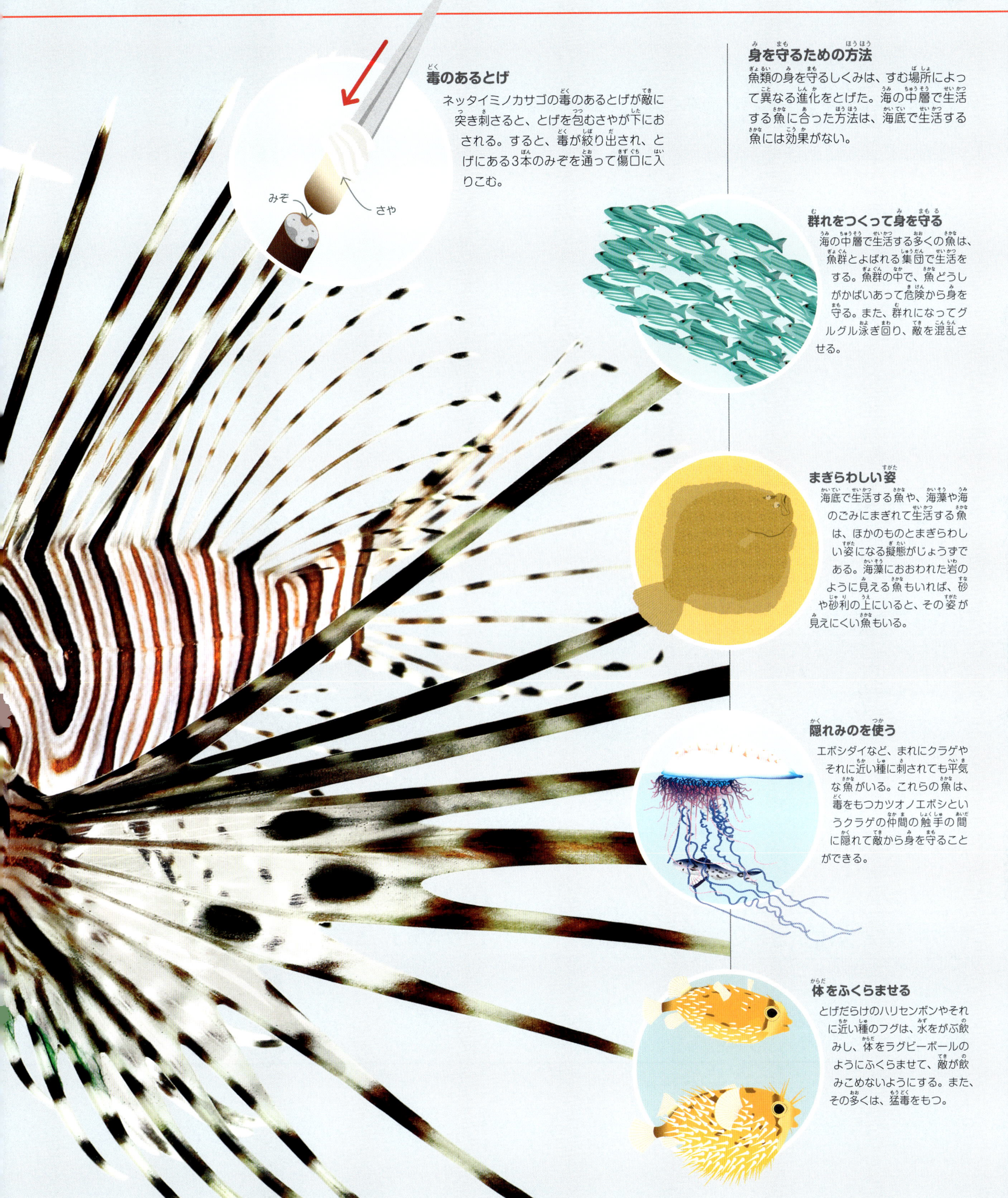
みぞ
さや

毒のあるとげ

ネッタイミノカサゴの毒のあるとげが敵に突き刺さると、とげを包むさやが下におされる。すると、毒が絞り出され、とげにある3本のみぞを通って傷口に入りこむ。

身を守るための方法

魚類の身を守るしくみは、すむ場所によって異なる進化をとげた。海の中層で生活する魚に合った方法は、海底で生活する魚には効果がない。

群れをつくって身を守る

海の中層で生活する多くの魚は、魚群とよばれる集団で生活をする。魚群の中で、魚どうしがかばいあって危険から身を守る。また、群れになってグルグル泳ぎ回り、敵を混乱させる。

まぎらわしい姿

海底で生活する魚や、海藻や海のごみにまぎれて生活する魚は、ほかのものとまぎらわしい姿になる擬態がじょうずである。海藻におおわれた岩のように見える魚もいれば、砂や砂利の上にいると、その姿が見えにくい魚もいる。

隠れみのを使う

エボシダイなど、まれにクラゲやそれに近い種に刺されても平気な魚がいる。これらの魚は、毒をもつカツオノエボシというクラゲの仲間の触手の間に隠れて敵から身を守ることができる。

体をふくらませる

とげだらけのハリセンボンやそれに近い種のフグは、水をがぶ飲みし、体をラグビーボールのようにふくらませて、敵が飲みこめないようにする。また、その多くは、猛毒をもつ。

擬態のしくみ
HOW CAMOUFLAGE WORKS

敵につかまらないようにするため、多くの魚は擬態します。擬態とは、周囲に溶けこむ色や模様をもつことで見つかりにくくすることです。石、サンゴ、海藻、砂に姿を似せる魚もいれば、すむ場所に合わせて姿を変えることができる魚もいます。逆に、魚をエサにする強い魚も獲物を待ちぶせる間、擬態の手を使って身を隠します。

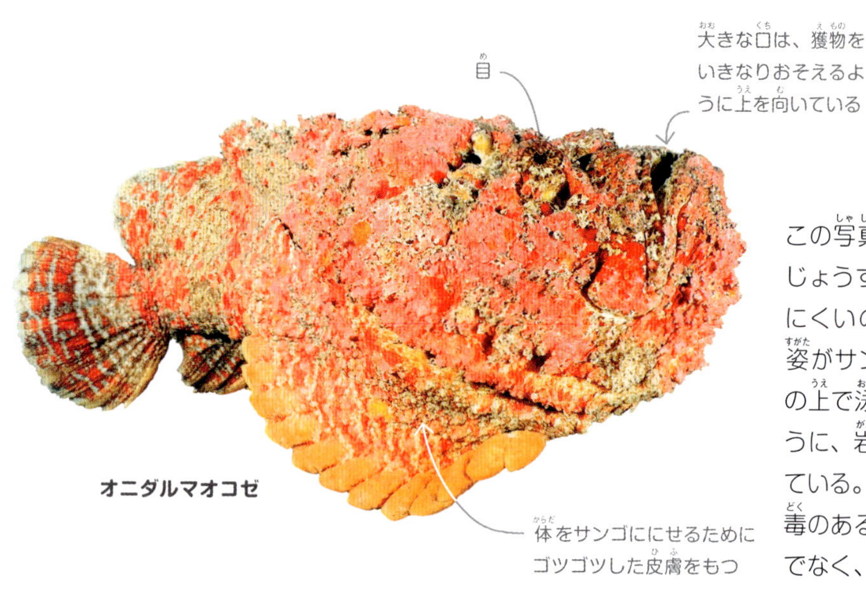
目
大きな口は、獲物をいきなりおそえるように上を向いている
体をサンゴににせるためにゴツゴツした皮膚をもつ
オニダルマオコゼ

待ちぶせ型 ▶

この写真では、2匹のオニダルマオコゼがじょうずに擬態して姿を隠している。見えにくいので、両目と口をさがしてみよう。姿がサンゴに似たオニダルマオコゼは、頭の上で泳いでいる魚をいつでもおそえるように、岩礁の上で身をひそめて待ちかまえている。知らずにこの魚を踏んだりすると、毒のあるとげが刺さって痛い目にあうだけでなく、死ぬおそれもある。

体の色を変化させる

カエルアンコウは、時間はかかるが、体の色を変えて周囲に溶けこむことができる。皮膚の中には、色のついた化学物質(色素)の粒がつまった色素胞という特殊な細胞がある。これらの粒が集まったり散らばったりすることで、体の色が変化する。

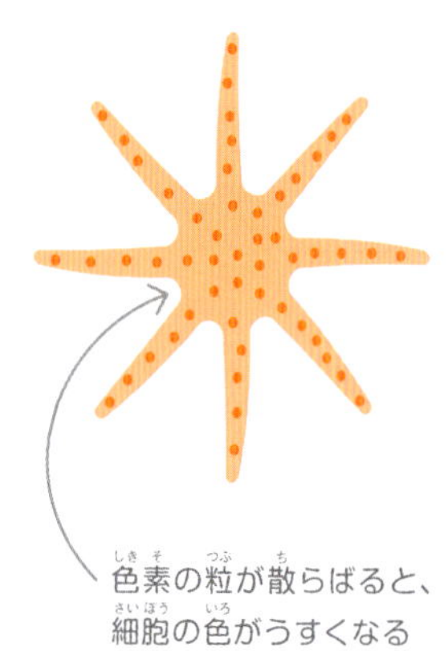
散らばった色素
色素の粒が散らばると、細胞の色がうすくなる

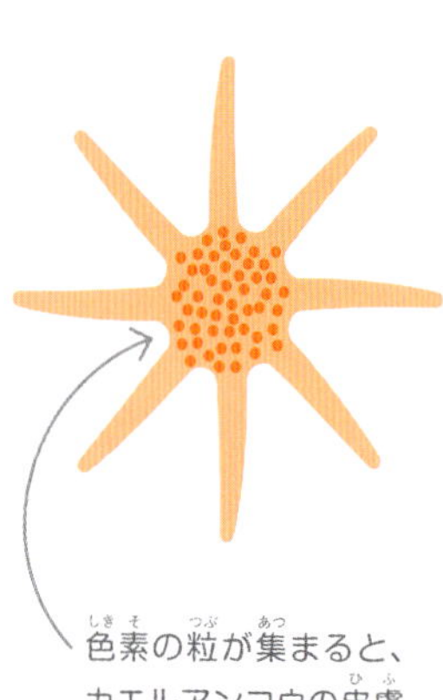
集まった色素
色素の粒が集まると、カエルアンコウの皮膚は、黒っぽい色になる

獲物をおそうための擬態

獲物を追いかけまわすには、多くのエネルギーが必要だが、擬態すれば、獲物が近づいてからおそうことができる。魚をエサにする多くの魚は、水中にある何かに姿を似せることで、周囲に溶けこむ。

もじゃもじゃのひげを生やして変装

オオセというサメのなかまのもじゃもじゃの「ひげ」は、海底の大きな岩についたサンゴの枝にそっくりである。この魚は、斑点だらけの体で海底に溶けこみ、通りかかった魚にいつでも飛びかかれるように、じっと動かずに待ちぶせる。

身をひそめる危険な魚

目が上を向いていることから、英語ではスターゲイザー（星を見つめる者）という名前がついたミシマオコゼは、ひれを使って穴をほり、毒とげのある大きな体をその中に埋める。砂の色をした顔だけ外に出して、自分より小さな魚が通りかかるのを待ち、油断している獲物をものすごい速さでつかまえて飲みこむ。

身を守るための擬態

弱い魚は、敵から自分の身を守るために、擬態の手を使う。変装がとてもじょうずな種もいて、彼らは、危険な敵が近くにいるときでも、水中をただよいながらエサをとりつづけることができる。

海藻のようにただよう

リーフィーシードラゴンというヨウジウオのなかまは、その姿が海藻の切れはしに似ている。全身をおおう葉っぱのような皮膚片は、茶色から黄色または緑色になり、擬態に使われる。泳ぎがへたで、海藻に擬態して水中をゆっくりただよう。

サンゴのようなタツノオトシゴ

体長が2cmしかないピグミーシーホースというタツノオトシゴが、ピンク色のサンゴの一種にしっぽを巻きつけてくっついていると、ほとんど見つけることができない。世界一小さい、このタツノオトシゴは、体中にピンク色のこぶがあり、サンゴポリプの触手にそっくりである。

魚群

太平洋のソロモン諸島近くで、巨大な集団をつくっているこの魚は、数千匹のアジの一種、テルメアジである。魚群をつくる魚類は、まとまった形をつくり、となり合う魚どうしがたがいに見守りあって、必ずいっしょに泳ぐ。集団で泳ぐと、敵がその数の多さに混乱するため、個々の魚がつかまりにくくなる。

共生のしくみ
HOW SYMBIOSIS WORKS

ときどき、種の異なる動物どうしがかかわりあいながら、いっしょに暮らすことがあります。こうした関係を共生といいます。たいていは、両方の動物がこの共生で得をしますが、片方だけが得をし、もう一方には何の見返りもないということもよくあります。また、ある動物の体内や皮膚に寄生生物がくっついて、その動物を利用する寄生という関係もあります。

▼ 大きな魚にくっついて暮らす習性

コバンザメは、泳ぎながらサメ、クジラ、カメにくっつくだけでなく、時には船にさえくっつき、体を運んでもらう。コバンザメは、くっついた相手に守ってもらえるので得をするが、くっつかれる方には何の見返りもないようである。

コバンザメは、胸びれが大きいので、必要なときには自分で泳ぐことができる

吸盤

コバンザメのだ円形の吸盤には突起とみぞがあり、それらが動くことで吸いつく力が生まれる。コバンザメの体が水の流れにおし返されると、くっつく力が強まるが、前に向かって泳ぐと、体をはなすことができる。

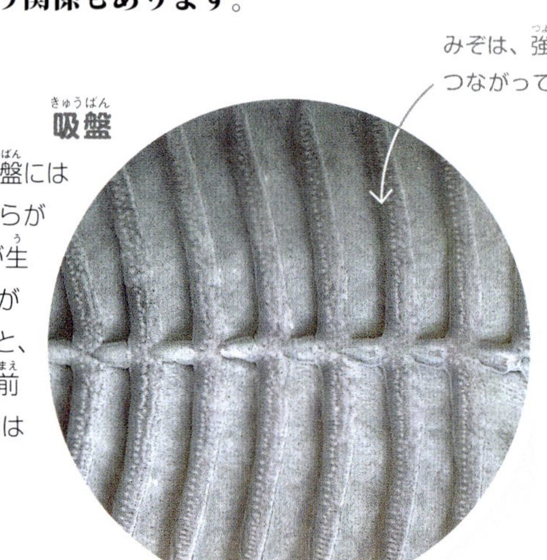
みぞは、強い筋肉につながっている

コバンザメは、流線形の体をもつ

共生

コバンザメは、このサメのような泳ぎの速い大きな魚にくっつくことで、遠くまで移動できる。だが、コバンザメの一番の目的は、移動することではない。サメにくっつくのは、食べかすをもらったり、サメのフンさえも食べたりして、食べ物にありつくためである。

コバンザメの吸盤は、背びれが変化してできたものである

コバンザメの口は、上向きに開き、くっついた生き物の食べかすをエサにする

寄生虫ウオノエ

この魚には、寄生虫がすみついている。ウオノエがこの魚の舌にへばりつき、その血を吸っているのだが、時には、舌が切り落とされることもある。すると、この寄生虫が舌にとって代わり、口の中に陣取る。

両方が得をする共生

寄生する方とされる方の生活がよくなる共生の生き方もあるが、どのように得するかは、それぞれの動物によって異なる。たいていは、その関係は一時的だが、ずっといっしょに暮らす生き方をする種もいる。

巣穴の分け合い

サンゴ礁の片隅で、穴を掘って暮らすテッポウエビが、ギンガハゼという小魚とすまいを分けあっている。テッポウエビの巣穴をギンガハゼが隠れ家に使い、その見返りとして、ギンガハゼがテッポウエビのために危険がないか見張る。ギンガハゼが危険を感じとると、テッポウエビもいっしょに巣穴に隠れる。

毒針をもつ用心棒

ほとんどの魚は、毒針をもつイソギンチャクの触手には近づかないが、クマノミは、体の表面が厚い特別な粘液層でおおわれているので、イソギンチャクの触手の間で生きることができる。毒針のある触手の間に入って、敵から身を守ることができ、イソギンチャクのほうは、クマノミのフンをエサにできる。

魚の掃除屋

ホンソメワケベラは、大きな魚の体についた寄生虫や古くなった皮膚を食べる。サンゴ礁に住み、掃除をしてもらいたい魚がそこに訪ねてくる。このチョウチョウコショウダイは、掃除屋のホンソメワケベラを、なんと口の中に入らせている。

深海魚の生態
HOW DEEP-SEA FISH WORK

深海魚は、水深1800mから海底までの、暗くて冷たい深海にすんでいます。そのため、動物の中で、もっとも謎めいていて、しかも一番理解されていない種類の魚です。目の見えない深海魚もいますが、多くは、目を大きく進化させ、発光器を使って交尾の相手を見つけたり、獲物をおびき寄せたりします。

大きな目は、暗闇の中で、できるだけ多くの光を取りこむ

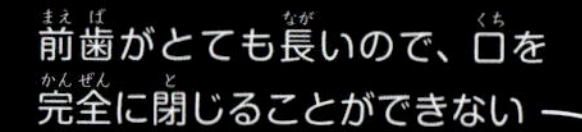
前歯がとても長いので、口を
完全に閉じることができない

▶ 深海のハンター

多くの深海魚と同じように、ホウライエソも獲物をつかまえるための大きな口と、いろいろな大きさのエサを消化するための胃をもつ。背びれからのびるにせもののエサを使って獲物をおびき寄せる。また、牙をもつが、透明なので暗闇ではほとんど見えない。獲物が近寄ってくると、ホウライエソは、大きなあごを使って突き刺し、丸のみする。

暗闇の中の光

チョウチンアンコウもにせもののエサを使う。そのにせもののエサの中にはバクテリアがいて、これが生物発光という化学反応により光を発するので、暗闇の中でもにせもののエサが光る。チョウチンアンコウは、にせもののエサをゆり動かして獲物を誘うが、そのようすはまるで1匹の小さな生きもののようである。

チョウチンアンコウ

科学者の間では、水中のバクテリアがにせもののエサに入りこんで繁殖し、光を発すると考えられている

チョウチンアンコウは目が悪いので、皮膚の表面の感覚器官を使って水の中の動きを感じとる

にせもののエサは、背びれにつながっている
ホウライエソは、高速で泳ぎながら、獲物の体に体当たりする。後頭部の骨は、ぶつかったときの力にたえられるようとくに強い
銀色がかった大きなうろこは、かすかな光でも反射するが、おそらく自分より大きな敵の目をあざむくためである
ホウライエソの腹部には、発光器という光を出す小さな器官が並んでいる

食べること

深海の環境はとてもきびしいので、水深の浅い場所とくらべると、深海で生きることができる生き物は少ない。深海にすむ魚類はいろいろな姿をしており、その形は一風変わっている。また、手に入る食べ物が限られているので、うまく生き延びる方法を最大限見せてくれる。

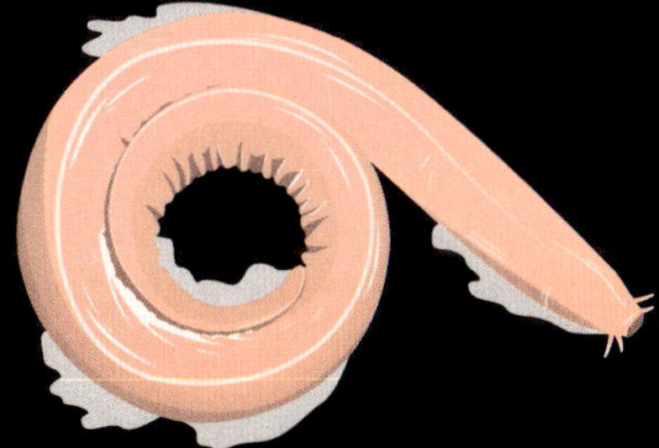

胃袋をふくらませる

食べ物が少ないので、深海の生物は、たとえ自分の体より大きなものであっても、目の前にあるものを何でも食べるしかない。オニボウズギスは、よくのびちぢみする胃袋をもっている。その胃袋には、自分の体よりも2倍長く、10倍重い獲物を入れることができる。

体の内側から食べる

目の見えないヌルヌルしたヌタウナギは、あごがないが、ヤスリのような強い歯をもっており、この歯を使って、死んだ獲物や死にかけた獲物の体内にもぐりこみ、体の内側から肉片を食いちぎる。

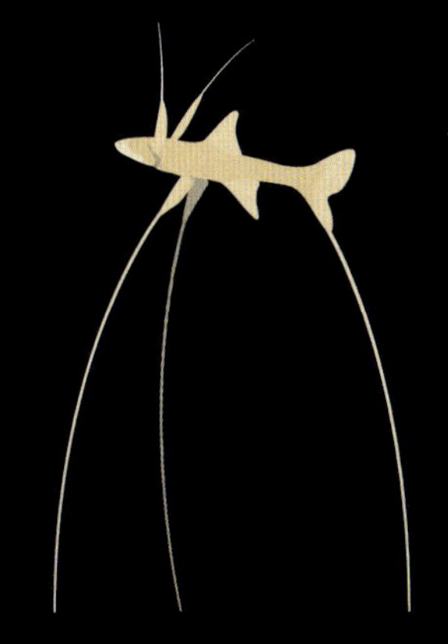

待ちぶせる

ナガヅエエソは、泥の深海の底にひれで立ち、小魚をつかまえる。尾びれの下側と2つの腹びれがとても長くのびており、それでバランスをとりながら、獲物がただよってくるのを待つ。

世界最初の両生類は、約3億7000万年前にあらわれました。背骨をもつ動物（脊椎動物）のなかで初めて陸地に住むようになったのが両生類です。両生類の特ちょうは、水中と陸上の両方で生活することです。そもそもの「両生類」という言葉は、「水中と陸上の両方で生きるもの」という意味です。両生類は、大きく分けると、カエルやヒキガエル、サンショウウオやイモリ、あまり知られていないアシナシイモリの3種類に分かれます。

両生類（りょうせいるい）

両生類の生態
HOW AMPHIBIANS WORK

両生類は、背骨とやわらかい皮膚をもつ動物です。ほかのグループの脊椎動物にあるようなうろこ、羽毛、毛はありません。多くは、陸上に住んでいますが、重要な場面では水にたよらなければ生きていけません。両生類のほとんどは、子ども(幼生)のころは、水の中でエラ呼吸をして過ごしますが、成長すると変態することによって、大人(成体)の姿に変わり、肺呼吸によって陸上で生活するようになります。このアフリカウシガエルのように、きびしい環境で生きのびるため、たくみな手段をあみ出した種もいます。

▶ 干ばつを生きのびる知恵
アフリカの乾燥地帯のさまざまなところに生息するアフリカウシガエルは、一年のほとんどを地中にもぐって過ごし、夏に雨が降ったあとにだけ活動することで、干ばつを生きのびる。長い絶食期間中に、ものすごくおなかをすかせて、自分の大きな口に入る動物ならば何でもおそう。

アフリカウシガエルは、ふつう、体の色が緑色、茶色、灰色のどれかであるが、青色のものもたまに見られる
地中にいるときに体が乾かないように、皮膚は、乾いた粘液や死んだ皮膚の層で繭をつくることができる
じょうぶな足でとびはねることができる
かかとにあるシャベルのようなコブを使って地面を掘る

陸上と水中での生活
ほとんどの両生類は、陸上と水中の両方で生活する。ふつう、卵からかえった子ども(幼生)は、すぐに泳ぎだす。カエルの子どもはオタマジャクシとよばれ、それが変態によって大人(成体)になる過程で、足がはえ、しっぽが体に取りこまれる。そして、水の中から出て、陸上でも生活するようになる。しかし、湿地に卵を産み、一生を陸の上で生活する両生類も多い。

陸上での生活
大人(成体)
子ガエル
卵
オタマジャクシ
水中での生活

多くの両生類には、まぶたが2つあり、その1つは透明なので、水中にいても目が見えるようになっている
下あごには獲物をとらえるための牙が2本ある
大きな口で獲物をとらえて丸飲みすることができる

両生類の系統

両生類を分類すると3つのグループに分かれる。1つ目がサンショウウオやイモリをふくむグループで、アメリカやユーラシアの温帯地域に生息する。2つ目のグループがカエルやヒキガエルで、南極大陸をのぞく世界中に生息する。3つ目のグループは足のないアシナシイモリで、熱帯地方にのみ生息する。

レッド サラマンダー

サンショウウオとイモリ

サンショウウオとイモリはどちらも、しっぽと4本の足をもつ。サンショウウオは、産卵のため、一時的に水辺に戻ってくるだけだが、卵を産むイモリはそれよりも長く水中にとどまり、求愛のとき目立つように尾ビレが発達している。

ムシクイオオクサガエル

カエルとヒキガエル

両生類のすべての種のうち、約90%がカエルとヒキガエルである。カエルの皮膚は、なめらかだが、ヒキガエルの皮膚はイボだらけである。どちらも、短く、ずんぐりした体つきで、ジャンプに適した長い後ろ足を持つ。

ブルーリングアシナシイモリ

アシナシイモリ

アシナシイモリは、落ち葉や土の中にもぐりこみやすいように、ミミズに似た体をしている。だが、一生水の中で過ごす種もいる。アシナシイモリを地上で目にすることは、めったにない。

オタマジャクシの成長

HOW **TADPOLES** GROW

カエルは、成長の過程で大きく姿を変えます。水の中を泳ぐオタマジャクシという幼生として生まれたあと、やがて少しずつ成長して、陸地を動き回るための足をもつ大人の姿に変わります。このように形が変わることを変態といいます。

❶ カエルの卵塊

ふつうのカエルは、流れのない水の中に卵塊とよばれる、水に浮く卵のかたまりを産みつける。卵は、栄養がたくさんある無色のゼリー状の球になっており、それにくるまれた小さな黒い胚が、球の中心で成長する。胚は、数日後にはクネクネと動くオタマジャクシになる。

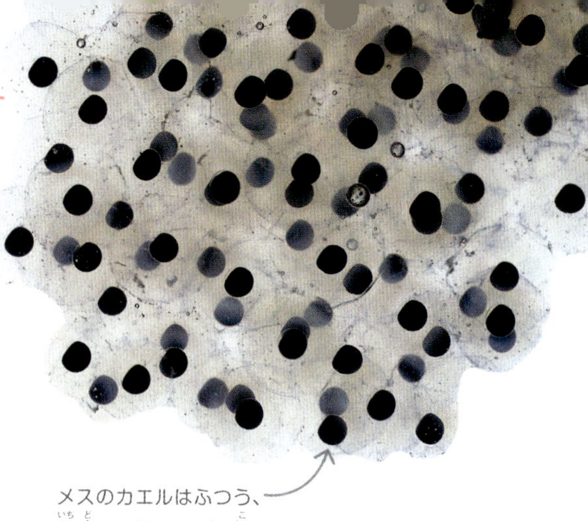
1日目
メスのカエルはふつう、一度に1000～1500個ほどの卵を産む

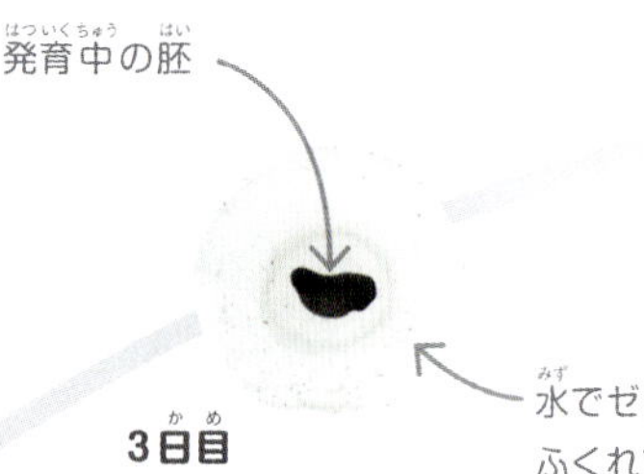
発育中の胚
3日目
水でゼリーのかたまりがふくれて、中に入っている胚を守る

このオタマジャクシは、まもなくふ化しようとしている
5日目
外鰓という外側にあるエラで水の中の酸素を取りこむ
外鰓
7日目

12日目

泳ぐときには、強い筋肉でしっぽを左右に動かす

肢芽

❷ オタマジャクシ

オタマジャクシは、ゼリー状の膜を突き破ってふ化する。水の中で呼吸するためのはねのようなエラと、泳ぎに適した長いしっぽをもっている。最初は藻類を食べるが、やがて、ミミズ、ミジンコ、さらには自分より小さなオタマジャクシもエサにして、成長するのに必要な栄養をとる。

ふつうのカエルの一生

ふつうのカエルは、卵から成熟した大人に成長するのに約16週間かかる。変態は少しずつ進み、まず足と肺が形づくられ、そのあとにしっぽが体に取りこまれて消える。

10週目

外鰓は、やがて皮膚におおわれると、内鰓という体の中にあるエラになる

小さな歯があるので、植物やほかの動物を食べることができる

前足より先に後ろ足がはえる

16週目
長い足指と強い足をもつ大人のカエルは、陸地で歩いたり、とびはねたりできるようになる
しっぽが短くなっていき、やがて体の中に完全に取りこまれてしまう
14週目
目が大きくなる
子ガエルは、長いしっぽのあるカエルのような姿をしている
12週目
しっぽのまわりにある幅の広いヒレを使って、水中を進む

4 大人のカエル

初めて陸に上がったばかりの子ガエルは、とても小さいが、すぐに大人に成長する。つねに水辺から遠く離れることはなく、次の年に繁殖のため池に戻ってくる。

3 子ガエル

オタマジャクシは、4本の足がはえそろうと、子ガエルとよべる形になる。子ガエルの体は、陸上での生活に備えて変化しはじめる。泳ぐためのしっぽは、陸上では役に立たないので、体の中に取りこまれてしまう。エラがなくなるかわりに、呼吸するための肺が発達する。

さまざまな成長のしかた

カエルの約半分の種は、ふつうのカエルと同じような一生を送る。それ以外のカエルは、メスの背中の上で成長したり、完全に水の外で成長したり、さまざまなしかたで成長する。

コモリガエルの赤ちゃんは、体長が2cmもない

コモリガエル

ほとんどの両生類が子どもの世話をしないが、コモリガエル(ピパピパ)のメスは別である。オスが卵を受精させたあとに、メスの背中にある小さなくぼみに卵をうめこむ。卵はくぼみの底に落ちつくと、成長しはじめる。ふ化する準備ができたら、小さなコモリガエルの赤ちゃんが母親の皮膚から飛び出てくる。

卵から直接カエルの姿で生まれるカエル

熱帯雨林の生息地はとても湿っており、水の中で卵を産む必要のないカエルもいる。オタマジャクシの期間がなく成長するカエルのうち数百種は、陸上の落ち葉の下に卵を産む。一生のうちの水中生活の段階を省略して、卵から直接、大人の姿を縮めたような小さなカエルが生まれてくる。

カエルの卵のかたまり

春になると、フランスのジュラでとられたこの写真のように、ふつうのカエルは、流れのない淡水の池や湖に集まり、繁殖活動を行う。ほとんどの両生類に見られることだが、1匹のカエルが何千という数の卵を産むので、1つの池で数十万個もの卵が見つかることがある。カエルがそれだけ大量の卵を産むのは、1匹でも多くの子どもが生きのびて大人に成長できる可能性を高めるためである。しかし、子どもの世話をする両生類は、ほとんどいない。

カエルの動作のしくみ
HOW FROGS MOVE

カエルは、水中での生活と陸上での生活の両方に適しています。水かきのある足と、たくましい筋肉のつまった大きな後ろ足があるので、泳ぎが得意です。陸の上にいるときは、遠くまでジャンプすることができます。敵から逃げるときには、この能力がとても重要です。カエルの前足はそれほど力強くはありませんが、泳ぐときに役立つだけでなく、ジャンプして着地するときに衝撃を吸収する働きがあります。

カエルの泳ぎかた

どんなカエルも泳ぐことはできる。ほとんどの種が一生、または一生のほとんどを陸上で過ごすのに対して、数は少ないが、一生を水の中で生活する種もいる。こうした種は、ふつうよりも足が大きく、水かきの幅も広い。水のほうが空気よりも密度が大きいので、カエルにとっては、乾燥した陸上よりも抵抗のある水中で動くほうが力が必要になる。

1 水をかく
カエルが泳ごうとして水をかくとき、まず、ひざと足首を曲げて後ろ足を腰のあたりに引きつける。水の中で足を動かしやすいように、水かきを閉じて足指をすぼめ、次の動作に力をこめられるように準備する。

2 水をける
カエルは、両方の後ろ足を同時に伸ばして水をける。足首が伸びると、足指が開き、水かきも開く。このようにして水を押すことで、カエルの体が前に進む。

水かきのある足
多くのカエルの後ろ足の指の間には、薄い皮膚の膜がある。この水かきがあるおかげで、パドル(水をかく道具)のように使って泳ぐことができる。

▼ 水中と陸上での生活

キンスジアメガエルは、オーストラリアやニュージーランドの沼地、小川、池に生息し、一生のほとんどを水中で過ごす。陸上にいるとき、このカエルは、強い足の筋肉をいかして移動する。並はずれた筋力とスタミナをもち、よりよい生活環境を求めて、産まれた場所である池から1km以上移動することもめずらしくない。

水かきのある後ろ足で水をけり、体を前に進める
水の中を進むときは、前足を胴につけたままにする

カエルのジャンプのしかた

多くのカエルは、その体の大きさのわりに、ほかの脊椎動物よりもジャンプ力がすぐれている。自分の体長の20倍以上の距離をジャンプできるものもいる。

力をこめられるように後ろ足をできるだけ長く地面につけたまま、ける

後ろ足をピンと伸ばして、思いきりジャンプできるようにする

1 腱を張りつめる
ジャンプする前に、足の腱を伸ばす。こうすることにより、足首の骨によって、弓を引いたときの弦のように、腱がピンと張られた状態になる。

2 腱をゆるめる
筋肉に力をこめて足で地面をけり、空中に飛び出す。それと同時に、腱をゆるめる。

3 勢いよくジャンプする
腱にためた力が解き放たれたことで、体がとび上がり、前に進む。ジャンプしているあいだは、目を守るために、目を閉じている。

4 安全に着地する
長い後ろ足をピンと伸ばしたまま、前足を伸ばして前につき出し、着地の準備をする。

高い場所に登る能力

このアカメアマガエルは、足指にしっとりした吸盤がついているので、枝にしがみついて、よじ登ることができる。この吸盤は、カエルが物の表面にうまくはりつくことができるように、つねに自力で汚れを落とすようになっている。

あまり水を通さない皮膚をもっているので、日光を浴びても乾燥しない

足指には吸盤があり、陸地にしっかり足をつけるのに役立つ

このカエルは、高い場所に登るのは得意ではないが、岩や草木を足がかりによじ登り、水からはい出て、陸地に上がる

鼻孔
声帯
鳴き袋
肺
空気が肺と鳴き袋との間を行き来することで、声帯から鳴き声が出る

鳴き声のしくみ

カエルの鳴き袋は、ふくらますことのできる袋で、口の中につながっている。鳴き声を上げる前に、カエルは、肺いっぱいに空気を吸いこむ。次に鼻孔を閉じ、筋肉を働かせて空気に圧力を加え、声帯から鳴き袋へと送りこむ。それによって、声帯のふるえる音が大きくなる。

ほとんどのアマガエルと同じように、このカエルにも大きな鳴き袋が1つあるが、1対の鳴き袋で口の左右をふくらます種もいる

長い指がねばり気のある液体を分泌するので、木にはりつくことができる

カエルが何かを伝えあうしくみ

HOW **FROGS** COMMUNICATE

多くのカエルは、夜にもっとも活動的になるので、おもに声を使って、なわばりを主張したり、交尾の相手と思いを伝えあったりします。種によってゲロゲロと鳴いたり、小鳥がさえずるように鳴いたり、口笛のような声で鳴いたり、それぞれ区別できる鳴きかたをします。種類は少ないですが、のどのないカエルもいて、目に見える合図を送ったり、体に触れたりして何かを伝えあうものもいます。

目の後ろにある膜が音をとらえる

▼大声で鳴くしくみと意味

鳴き袋が拡声器のようなはたらきをすることで、カエルの鳴き声は大きくなる。このヨーロッパアマガエルのオスは、メスの気を引くときや、ほかのオスが自分のなわばりに近づかないように警告するときに、大声で鳴く。アマガエルの仲間のうちで、ヨーロッパ原産のものはヨーロッパアマガエルだけである。

ヨーロッパアマガエルは、緑色の地に茶色の縞模様のある体から、灰色がかった茶色の体へと色が変化する

仲間どうしの合図

カエルのなかには、鳴き声以外の合図によって何かを伝えあう種もいる。音のしない合図であれば、待ちぶせている敵に気づかれずにすむ。近い場所にいる相手と何かを伝えあうのに適したやり方である。

体に触れる

オスのアイゾメヤドクガエルは、鳴き声でメスの気をひくが、メスは、体に触れてそれにこたえる。メスは、卵を産む準備ができると、自分が選んだ父親となる相手の足や頭をなでて、そのことを知らせる。

手を振る

パナマゴールデンフロッグは、流れの速い小川ぞいに住んでいるため、勢いよく流れる水の音にさえぎられて、鳴き声などは聞き取りにくい。そのため、自分のなわばりを主張するときは、手を振って合図する。

身を守る知恵
両生類は自分の身を守るため、敵をだますたくみな手段をいろいろと進化させてきた。

スズガエル反射
スズガエル反射は、チョウセンスズガエルやほかの多くの両生類が使う身を守る行動で、体を上にそらせて、あざやかな腹面の色を敵に見せつけるとともに、皮膚の表面に毒を出す。

たくましい足で
勢いよくとぶ

とびはねる
カエルがとびはねる動作は、ふだんもっと動きがわかりやすい獲物をつかまえているハンターにとって、混乱させられるものだ。逃げるための作戦としても、効果的である。すわった姿勢からでも、自分の体長の20倍以上の距離をジャンプできるカエルもいる。

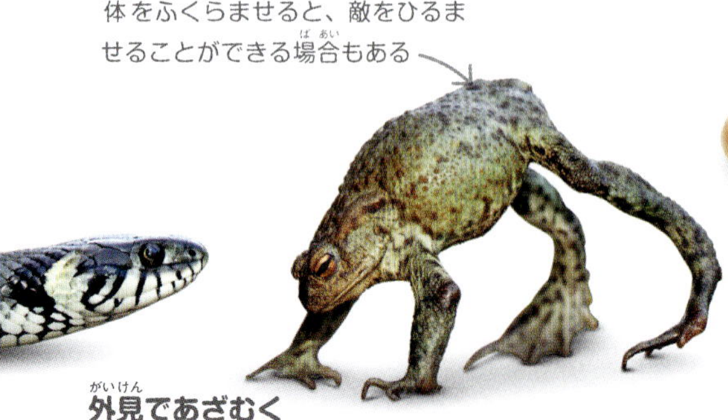
後ろ足で腰を上げ、空気を吸って
体をふくらませると、敵をひるま
せることができる場合もある

外見であざむく
追いつめられると、うまくごまかして、危険を切りぬけようとする両生類もいる。死んだふりをするのも1つの手段だが、もっと強そうに思わせるために、体をふくらませて大きく見せるやり方もある。

両生類の身を守るしくみ
HOW DEFENCE WORKS

両生類は、身を守るためのかたいヨロイも鋭い武器ももっていないので、敵を追いはらうには、敵をだます方法にたよるしかありません。両生類が一番よく使うのが擬態という方法です。戦いから生き残るには、戦わなくてすむようにすることが最善です。これがうまくいかなければ、多くの両生類は、あざやかな体の色を見せつけたり、死んだふりをしたり、体を大きく見せたり、毒を出したりして、敵をひるませて追いはらおうとします。

▶ 警告色
チョウセンスズガエルのまだらもようのある緑色の皮膚は、上や横から見ると、生息地である森林の環境にまぎれこむのに役立つ。しかし、危険がせまると、腹のあざやかなオレンジ色と黒のもようを見せつける。こうしたもようは警告色として、自分には毒があり、食べると危険であることを敵に知らせる意味がある。

スズガエルの背中全体
に、先のとがった短い
トゲがはえている
体の表面を
迷彩色に擬態

目のひとみは、三角形である
スズガエルの背中は、皮膚がもりあがったイボだらけである
横から見たチョウセンスズガエル
チョウセンスズガエルの皮膚の断面
表皮
（皮膚の外側の層）
粘液
毒腺
毒
粘液腺
神経線維
あざやかな色をしたなめらかな腹は、自分には毒があることを敵に知らせている

毒がつくられるしくみ

毒は、毒腺の内側をおおっている細胞の中でつくられ、外に出されるまで毒腺内にたくわえられている。神経線維のはたらきにより、毒腺細胞が表皮に向けて毒をしぼり出し、そこでこの毒と粘液腺内でつくられた粘液がまざる。

サンショウウオの生態

HOW **SALAMANDERS** WORK

サンショウウオとイモリは、カエルやヒキガエルの親戚ですが、長いしっぽと4本の短い足をもっています。ほとんどの種は、北半球の寒い地域に生息していますが、南アメリカの熱帯地域にまで生息地を広げた種もたくさんいます。一部の種は一生水の中で生活しますが、ほとんどのサンショウウオは一生を陸上で過ごします。約20％の種が、水の中に卵を産み、卵からふ化した幼生は水の中で過ごします。残りの種は、陸上で繁殖します。

大胆な防御

サンショウウオの中には、おそわれると、逃げるための切り札として、自分からしっぽを切り落とすことができるものがいる。切り落とされたしっぽがクネクネとはげしく動いて敵の注意をそらしているあいだに、サンショウウオ自身は逃げる。傷はすぐに治り、しっぽも再生することがある。

特殊な筋肉のおかげで、傷口からひどく出血することはない

ホソサンショウウオの1種

▼ 警告色

ヨーロッパ産ファイアサラマンダーは、体が目立つ色をしていて、自分の皮膚が毒液でおおわれていることをヘビや鳥などの敵に知らせる。毒のほとんどは、目の後ろや背中にある腺でつくられる。身を守るための同じようなしくみをもち、同じぐらい色あざやかな体をしているサンショウウオが、ほかにもたくさんいる。サンショウウオは動きが遅く、敵からたやすく逃げることができないので、このようなやり方で身を守る必要がある。

前から見たファイアサラマンダー

サンショウウオは、腹ばいで歩く

毒腺は、黄色のはん点の部分に集中している

ファイアサラマンダーは、これらの小さなあなから敵に毒を吹きかけることができる

太く短い足指で、やわらかく湿った地面をしっかり踏みしめる

目の後ろにある大きな毒腺で、身を守るための毒がつくられる
毒は、これらの小さなあなからにじみ出る
大きな目は、かすかな光でも敏感に感じ取ることができるので、夜でも獲物をさがすことができる
体の側面にあるくぼみは、肋骨溝とよばれるもので、これによって肋骨の位置がわかる
足が短いので、植物のしげみの中をたやすくくぐりぬけることができる
口の中の粘膜、肺、皮膚を通して酸素(赤の矢印)と二酸化炭素(青の矢印)を交換できる
繁殖期のヨーロッパ産スベイモリのオスには、クレストとよばれる大きなトサカのようなものがあり、体には黒いはん点がある

呼吸

多くのサンショウウオは、肺で呼吸する。水の中で生活するサンショウウオもおり、そのような種には、魚と同じようにエラがある。しかし、ほとんどのサンショウウオには、肺もエラもない。かわりに、薄い皮膚を通して必要な酸素のすべてを吸収する。

イモリ

サンショウウオの親戚であるイモリは、繁殖期を迎えて水中で生活する時期の姿がいっぷう変わっている。まず、しっぽにヒレのような飾りができる。そしてオスは、メスの気をひくために体をあざやかな色にする。繁殖期が過ぎると、ほとんどのイモリは陸地に戻り、本来のイモリらしい姿になる。

メキシコサンショウウオの生態

HOW **AXOLOTLS** WORK

メキシコサンショウウオ（アホロートル）は、一生を水の中で生活するサンショウウオで、メキシコのソチミルコ湖周辺の水辺にだけ生息します。ふつうの両生類とちがって、変態をおこなわずに大人になります。けがをしても、足を元どおりに生やすことができるだけでなく、一部の内臓を元どおりにすること（再生）さえできます。

▼ 外側にとび出したエラ（外鰓）

メキシコサンショウウオは、はねのような特ちょう的な6つのエラによって呼吸する。エラが水の中の酸素を取りこみ、血管にそれを送りこむ。また、皮膚の表面近くに毛細血管があるので、皮膚呼吸を行うこともできる。皮膚を通して、酸素を直接血管に取りこむことができる。

メキシコ
サンショウウオ

メキシコサンショウウオは、体長が30cmに達することもある

エラによって酸素を吸収し、体の中の二酸化炭素を外に出す
ふつうのサンショウウオとちがって、目が突き出ていない
足は単純なつくりで、長くて細い足指をもつ
単純な構造の肺をもっているので、水面に顔を出したときに、口で呼吸をすることがある

一生子どもの姿のまま

ふつうのサンショウウオは、変態により、子どもの姿から大人の姿へと変化するが、メキシコサンショウウオの場合は、子どもの姿のまま一生を過ごす。この状態を幼形成熟といい、これにより外側のエラ、背ビレ、短い未発達な足などの特ちょうをずっともち続けることになる。メキシコサンショウウオの幼形成熟は、サイロキシンというホルモンの不足が原因ではないかと考えられている。

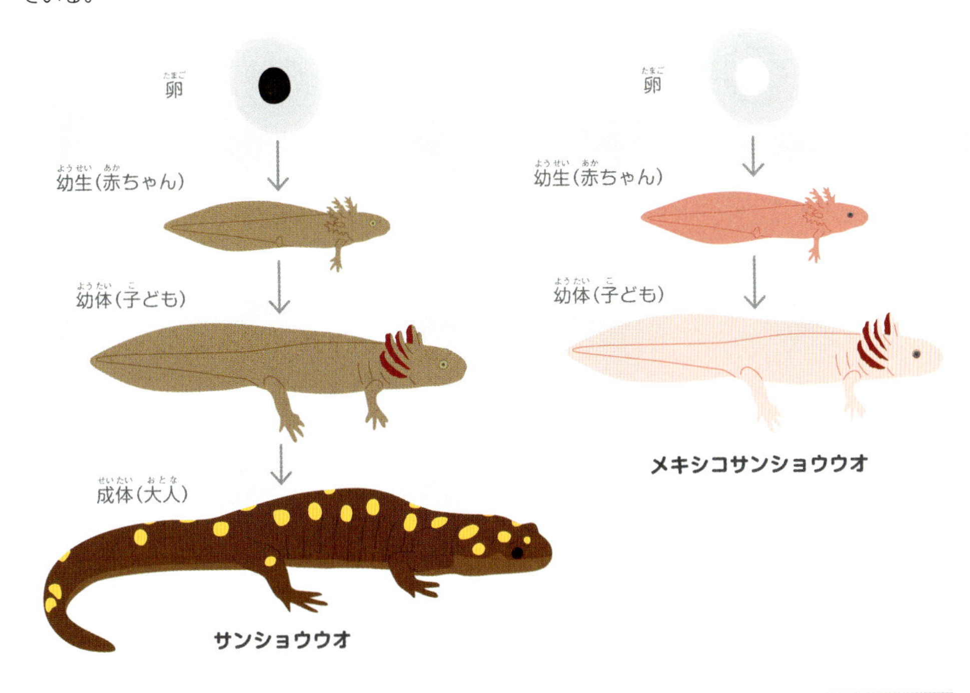
卵
幼生(赤ちゃん)
幼体(子ども)
成体(大人)
サンショウウオ
卵
幼生(赤ちゃん)
幼体(子ども)
メキシコサンショウウオ

メキシコサンショウウオの足が元どおりに生えるしくみ

メキシコサンショウウオは、足だけでなく、腎臓や肺、さらには脳の一部などの器官も元どおりにすることができる。これを再生といい、体の同じ部分が何度なくなっても、毎回、すっかり元どおりのかたちになる。

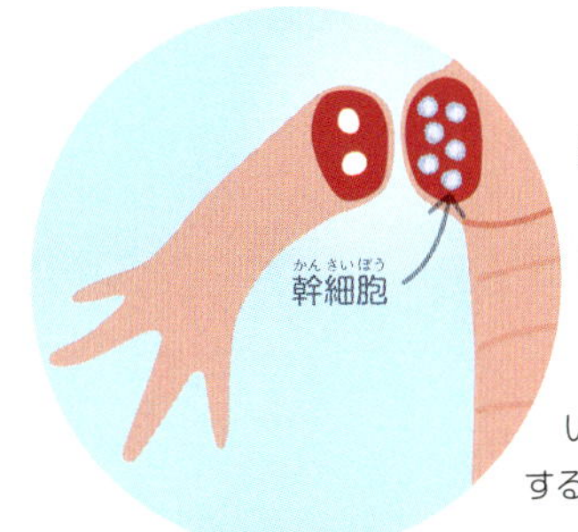
幹細胞

① 足を失った場合

メキシコサンショウウオが脚を失うと、傷口で血液や骨や筋肉の細胞が、特別な幹細胞に変わる。この幹細胞は、別の種類の細胞に変わることができ、まず、開いた傷口をふさいで、けがをした部分を保護する。

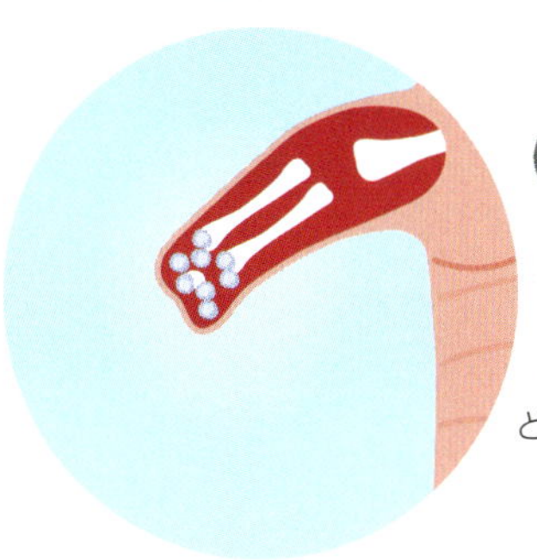

② 再生が始まる

傷口の細胞から、新しい骨、血液、筋肉がつくられ始める。まず、肢芽(脚のもとになる組織)ができて、細胞が増えるにつれてそれが成長していき、少しずつ元どおりの脚になる。

③ 新しい足

1か月くらいすると、すっかり新しい足がかたちづくられる。新しい足には、けがによる傷あとなどはいっさい残っておらず、元の足と見分けがつかない。

皮膚を通して血管がすけて見え、体の色は薄いピンク色、金色、灰色、黒色などさまざまである

ほとんどのサンショウウオと同じように、前足に4本の指、後ろ足に5本の指がある

皮膚は、やわらかく、ゴムのような手ざわりをしている

泳ぐときは、平たいしっぽをヒレがわりに使うことができる

一番古い爬虫類は、3億年以上も前に両生類から進化して、完全に陸上で暮らすはじめての脊椎動物になりました。爬虫類はおよそ2億5000万年前から6500万年前にかけて、この地球上での支配者となり、恐竜が地上を歩きまわっていたのです。そのような恐竜も、現在は絶滅してしまっていますが、いま生きている爬虫類は南極大陸をのぞく世界中のすべての大陸に生息地を広げています。

爬虫類

爬虫類の生態
HOW REPTILES WORK

爬虫類は完全に陸上で暮らすようになった、最初の脊椎動物でした。体が乾くのを防ぐうろこ状の皮膚を進化させました。また、卵はかたい殻をもつようになり、乾いたところでも卵を産むことが可能になりました。爬虫類にはおどろくほどたくさんの種類がいましたが、カメ、ワニ、トカゲ、ヘビのほか、大昔にいた哺乳類や鳥類の祖先もふくまれます。

色覚がすぐれている爬虫類は多い
このグリーンイグアナは緑色だが、青やオレンジ色になるものもいる
じょうぶなうろこで皮膚が守られている
あごの下にたれたひだは、イグアナの体温の調節に役立っている。このひだは、ほかのイグアナと意思を伝えあうのにも使われる

爬虫類の鋭い嗅覚は、食べ物のありかを知るのに役立つ

◀うろこにおおわれたトカゲ
すべての爬虫類に見られる一番目立つ特ちょうは、うろこにおおわれた皮膚だ。うろこは、人間の髪の毛や爪を形づくるものと同じケラチンという物質でできており、爬虫類の体をおおっている。うろこはじょうぶでありながら、しなやかさもある。また、どの爬虫類も腹ばいで進むが、多くは太くて短い脚を使って動く。ところが、一部のトカゲとすべてのヘビには、脚がまったくない。ほとんどの爬虫類はほかの動物をつかまえて食べるが、獲物となるのは種によって昆虫から哺乳類まで幅広い。しかし、このグリーンイグアナなどは、爬虫類としてはめずらしく、食べるのは植物だけだ。

うろこにおおわれた皮膚は、脱皮をくりかえして新しいものとなる

木などに登るときは、鋭いかぎ爪でしっかりとつかまる

変温動物

爬虫類はすべて変温動物だ。つまり自分の体温を同じに保てないので、動けるようになるまで体を温める必要がある。普通は、太陽の力を借りる。しかし、爬虫類は食べ物のエネルギーを体温を一定に保つための熱に変える必要がないので、何も食べずに何週間も生きられるものが多い。爬虫類は自分の行動によって体温を変化させる。たとえば、この写真のミシシッピアカミミガメは、日なたぼっこをして体を温めるのだが、熱くなりすぎると日かげに逃げる。

さまざまな種類の爬虫類

爬虫類はおどろくほど種類が増えたグループで、南極大陸以外のすべての大陸にすんでいる。爬虫類をさらに4つのおもなグループ(目)に分けると、有鱗目に属するトカゲとヘビの仲間の種類がもっとも多い。

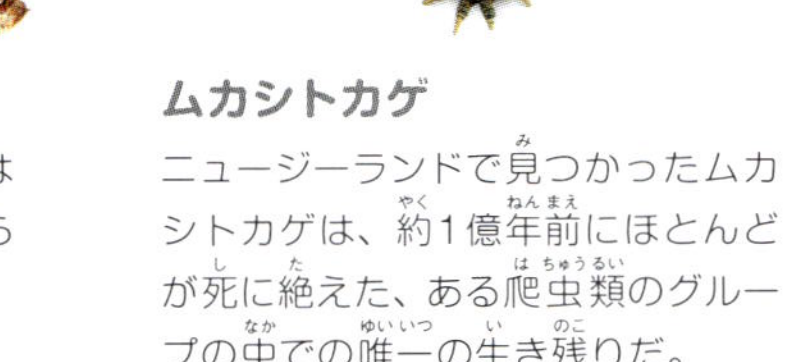

ワニ
現生の爬虫類で体がもっとも大きい。水の中での生活に適応していて、魚だけでなく、とらえることのできるどんな動物でも食べる。

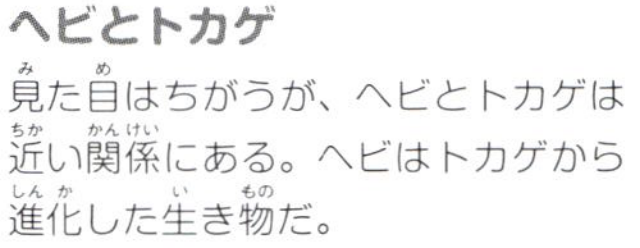

ヘビとトカゲ
見た目はちがうが、ヘビとトカゲは近い関係にある。ヘビはトカゲから進化した生き物だ。

ムカシトカゲ
ニュージーランドで見つかったムカシトカゲは、約1億年前にほとんどが死に絶えた、ある爬虫類のグループの中での唯一の生き残りだ。

水生ガメとリクガメ
2億2000万年以上も前から生息している。水生ガメは水中で、リクガメは陸上で生活していて、甲羅ですぐ見分けがつく。

特殊なうろこ

爬虫類のうろこは、それぞれちがう役目をはたすために、さまざまに変化してきた。身を守るための強力なよろいとなったものもあれば、敵をおどろかせて追い払う役目をもったものもある。

ワニの背中は鱗板という大きなうろこにおおわれており、それが体を守り、体温を調節する働きもしている。皮骨という骨状の組織が、それぞれの鱗板の中に形づくられている。

ガラガラヘビの尾は、空っぽの皮膚が重なっている。尾をゆり動かして、皮膚をたがいにぶつけあうガラガラという音を出して敵をおどして、寄せつけないようにしている。

ウミガメにもケラチンでできた鱗板があるが、鱗板どうしが結びついてひとつになり、身を守るかたい甲羅になっている。この鱗板は、カメの成長とともに、少しずつ大きくなっていく。

このヘビは、まず古くなった上唇のうろこをこすり取って、脱皮を始める
かたくなった皮膚の外皮だけがはがれる
新しいうろこが、古いうろこの下にできている

▲ 脱皮

新しい皮膚が成長すると、古い皮膚に取ってかわる。ワニやウミガメなど多くの脊椎動物で、こうした活動がよく行われる。トカゲやヘビの場合は、一定の期間をおいて行われる。新しい皮膚がすべてできるのに2週間ほどかかり、それがすむと古いうろこがはがれ落ちる。成長するための食べ物がじゅうぶんにある場合には、より多くの回数、脱皮を行うことができる。

うろこのしくみ
HOW SCALES WORK

すべての爬虫類の皮膚はうろこにおおわれており、けがや病気から体を守るじょうぶな壁の役割をはたしたり、体内の大切な水分が逃げるのを防いでいます。このうろこは、人間の爪と同じように、ケラチンという物質でできていますが、皮骨という骨のような組織が皮膚に形づくられる場合もあります。

このガーターヘビのうろこの重なり合っている部分には、表皮を強くするために、真ん中が盛り上がった、キール（隆条）とよばれる筋がある

腹部のうろこは幅のある板状になっていて、地上を移動するときに地面をとらえる

脱皮のしくみ

ヘビは脱皮することで、皮膚にたかる小さな寄生虫を取りのぞいている。新しいうろこは、古い外皮の層の下にできる。脱皮して表皮が新しくなることで外見がみずみずしく健康そうになる。ヘビはつねに成長していて、若いヘビほどひんぱんに脱皮を行う。

1 まずこすりつける
外皮を脱ぐ準備がととのうと、外皮は下の層からはがれていく。するとヘビはざらざらしたものに上唇をこすりつけて、皮膚をはがしていく。

2 押したり引いたり
ヘビは植物や石の間を動いて、古い皮膚を体から引きはがしていく。ヘビの場合、古い皮膚が破れずに、きれいに抜け落ちることも多い。トカゲの場合は、皮膚が大きなうろこのようになってはがれ落ちる。

3 体をくねらせて外す
ヘビは古い皮膚をしっぽの部分まで引きずりおろすと、体をくねらせてはずすことができる。新しいあざやかな色合いの肌となって、ヘビがすべるようにいなくなった後には、裏返しになった古い皮膚が残される。

ヘビの感覚のしくみ
HOW **SNAKE SENSES** WORK

ヘビはとても鋭い感覚をもっていて、獲物をしとめるのが得意な生き物です。視力は弱く、耳もありませんが、においの感覚(嗅覚)と、物にさわる感覚(触覚)などが発達していて、とても正確に獲物のあとをつけたり、位置をつかんだりすることができます。なかには、熱を「見る」というおどろきの能力をもつ特別な感覚器官が発達していて、暗がりでも獲物を追うことができるヘビもいます。

▲ 狩りの名人
夜、木がからまりあうように生えている熱帯雨林の中でも、このヨロイハブは簡単に獲物を見つけることができる。ヨロイハブには動物の体熱を感じるくぼみ(ピット器官)があるので、獲物のいる位置がはっきりわかる。獲物となるネズミやウサギなど(げっ歯類)をじっと待ちぶせし、じゅうぶんに近づいたところでおそう。

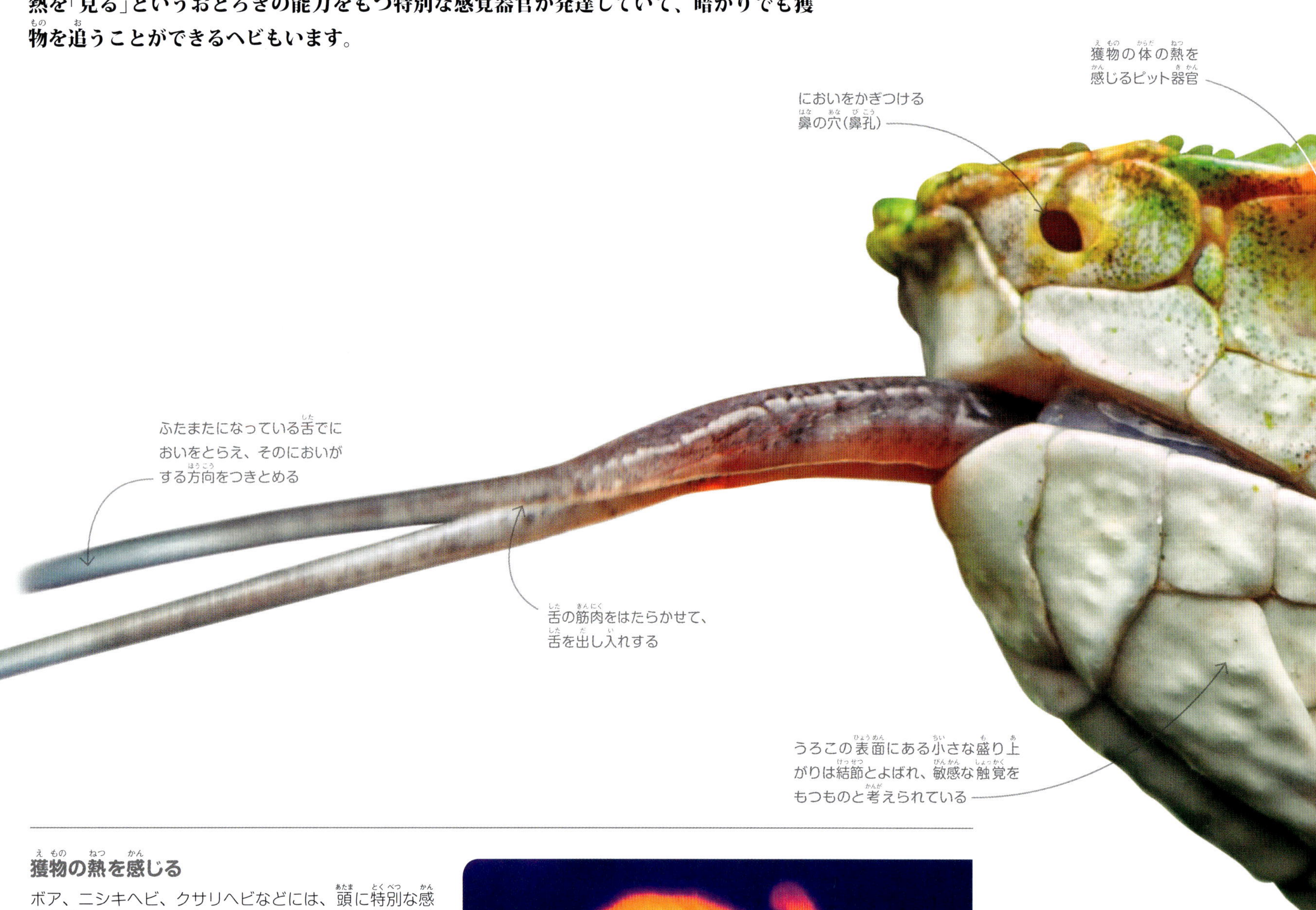

獲物の体の熱を感じるピット器官
においをかぎつける鼻の穴(鼻孔)
ふたまたになっている舌でにおいをとらえ、そのにおいがする方向をつきとめる
舌の筋肉をはたらかせて、舌を出し入れする
うろこの表面にある小さな盛り上がりは結節とよばれ、敏感な触覚をもつものと考えられている
ピット器官は0.2℃ほどのほんの少しの気温の変化も感知することができる

獲物の熱を感じる
ボア、ニシキヘビ、クサリヘビなどには、頭に特別な感覚器官があり、それによって1m以内にいる恒温動物が出す赤外線(熱放射)をとらえることができる。右の写真は、飛びかかる前の獲物が、クサリヘビからどのように見えているかを、特殊なカメラであらわしたものだ。ネズミが発する体熱が、紫色をした温度が低い背景に対して明るく浮かび上がっているのがわかる。

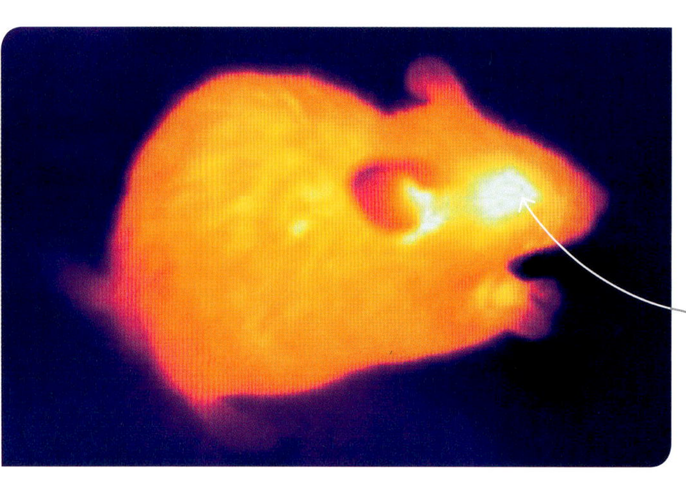

白い色は、ネズミの体でもっとも温かい部分をあらわしている。ピンク色はオレンジ色よりも温度が低く、耳の先端の紫色は、それよりもさらに温度が低い部分であることをあらわしている

獲物のにおいを感じる

ヘビはふたまたに分かれた舌の先の部分をのばして、獲物のいる方向をさぐる。この先端部分で周囲にただようあらゆるにおいを集めると、舌を引っこめて、上あごの中にあるヤコブソン器官という感覚器官に押し当てる。そこで獲物のにおいを感じると、獲物をおそう準備をする。

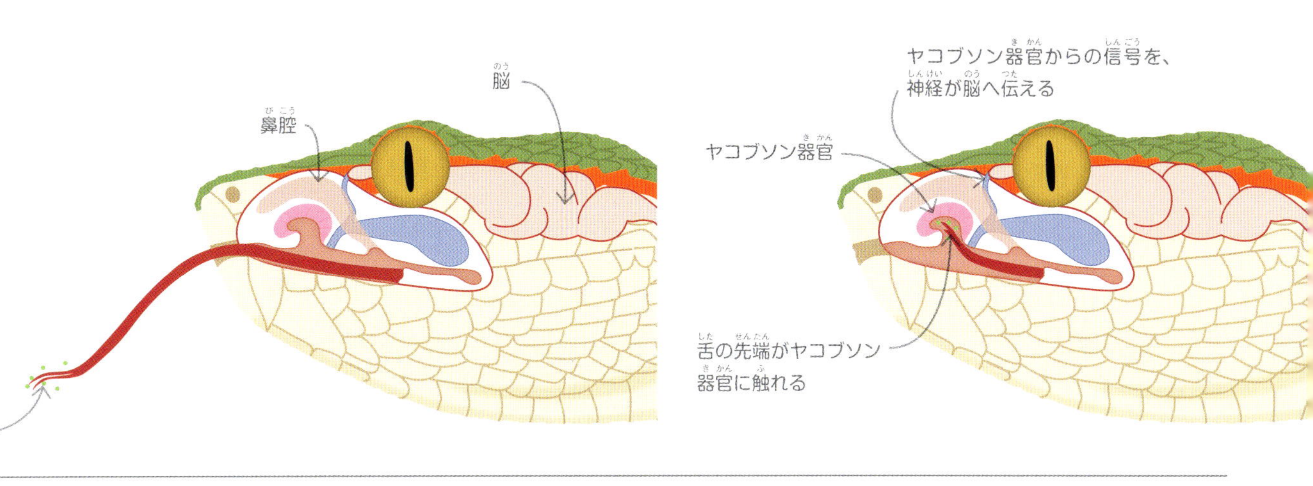

脳
鼻腔
この舌で空気中にただようにおいの粒子を集める
ヤコブソン器官からの信号を、神経が脳へ伝える
ヤコブソン器官
舌の先端がヤコブソン器官に触れる

たてに切れ込みを入れたような瞳孔をしていて、この開きぐあいで目に入る光の量を調節する。目のつくりが、夜に狩りをしやすいようになっている
緑、白、茶色の模様のおかげで、昼間、葉の間にいても見つかりにくい
うろこの中央部にはキール（隆条）という盛り上がった筋があり、そのためにヘビの見た目はでこぼこしている

爬虫類の卵のしくみ
HOW REPTILE EGGS WORK

ほとんどの爬虫類は卵を産んで子孫を残します。卵の中にはいくつかの膜があって、子どもの成長を助けています。外側の殻は革のように丈夫なものやかたくてもろいものがありますが、中の子どもを守るとともに卵が乾燥するのを防いでいます。ほとんどの爬虫類の母親は、暖かさを保つために卵を埋めると後は何もしませんが、卵からかえるまで子を世話する種もいます。卵を産む能力のおかげで、脊椎動物は陸上で生活できるようになったのです。

▼ 誕生

卵の中で15週間かけて成長を続けたのち、このケヅメリクガメはようやく外に出る。鼻先にはえた卵歯という骨のような突起を使って、殻を破る。子どもの性別は成長するときの卵の温度で決まり、高温だとメスが、低温だとオスが生まれる。

このカメは力強い足を使って、殻からはい出ることができる

カメの卵の殻は、鳥の卵のようにもろい

爬虫類の卵の中

卵からかえるまでの爬虫類の子どもは胚とよばれ、羊水で満たされた羊膜の中で育つ。必要な栄養素は袋のように卵黄をつつむ膜(卵黄嚢)が与え、尿膜とよばれる組織が排泄物を胚から取りのぞくとともに、生きていくのに必要な酸素を与える。胚、卵黄、尿膜は卵膜と外側の殻で守られている。

卵膜を通して、胚と卵の外との間で、酸素と二酸化炭素の出入りが行われる

卵黄嚢は、胚がそこから養分を吸収するにしたがって小さくなる

羊膜にふくまれている羊水は、胚を守り育てる役目を果たす

胚は羊膜の中で守られている

尿膜が胚から排泄物を取りのぞく

外側の殻は、卵が乾燥するのを防ぐ

ワニの卵

卵を産まない仲間

ヘビおよびトカゲのなかには、このヨーロッパクサリヘビのように、卵を産まず親と同じ形の子どもを産む種がいる。これは気温の低い地域に生息する爬虫類にはよく見られることで、卵がかえるのに必要な暖かい気候ではないからだ。

かたい甲羅のおかげで、敵から身を守ることができる
この子ガメは、卵からかえったときにすでにりっぱなカメの姿をしている
卵歯とよばれるかたい突起は、卵の殻を割るときに使われる
この子ガメは卵黄嚢をつけたままかえった。子ガメは数日のうちにこの部分を吸収するだろう

ウミイグアナ

世界でただ1つの、海で活動するトカゲであるウミイグアナは、南米エクアドルのガラパゴス諸島に生息しています。太平洋の冷たい海にもぐって、海の中の岩に生えている藻類を食べますが、海の中で10分間も息を止めていることができます。ほかの爬虫類と同じく、自分の力で体温を調節できないので、体を動かし続けるためには、海にもぐる合間に日光浴をして体温を上げる必要があります。

ワニの狩りのしかた

HOW CROCODILES HUNT

ワニは待ちぶせをして狩りをします。獲物が近づくまで待ってから、おそうのです。水面から目と鼻の穴だけを出して水中で長い間じっとしており、獲物が近づくと一気に飛びかかり、鋭い歯と強力なあごで相手をすばやくしとめます。

▶ ナイルワニ

もっとも大きくて危険なワニの一種であるナイルワニは、レイヨウやシマウマなどの大型哺乳類をしとめられるほど力が強い。水を飲みにやってきた動物を、川や池にひそんで待ちぶせるのだ。相手を岸から水の中へと引きずりこんで、おぼれさせることもある。

鋭い歯は円錐形をしていて、獲物をとらえるのに適している

あごには圧力を感じる小さな器官があり、獲物の動きを追うのに役立っている

鼻の穴が高い位置にあるため、体の下の部分が水につかっていても呼吸ができる

板状の骨の組織が、鼻の奥の空間(鼻腔)と口とをへだてている

視力がよいため、昼間だけでなく夜も狩りをすることができる

目のすぐ後ろにある耳は、とてもよく聞こえる

水の中にいるときは、口の奥にある弁(口蓋弁)によってのどをふさぐ

大きなあごの筋肉のおかげで、かむ力がとても強く、いったんくわえたら放さない

足の力が強いため、獲物をおそうときはおどろくほどの速さで動ける

水が入らないしくみ

ワニの舌の奥には筋肉でできたふたがあり、水にもぐっているときはそれが気道と口の中のしきりになる。これにより、水の中で獲物をとらえている間も、肺や胃に水が入ることはない。水にもぐるときは、鼻の穴をふさいでいる。

狩りのしかた

ワニはにおいの感覚(嗅覚)がするどく、視力もとてもよいため、それを利用して獲物をねらう。獲物を何日も、ときには何週間も観察してから、タイミングを見はからっておそうこともめずらしくない。

1 準備
水辺に来たヌーに対して、ワニはじっと身をひそめたまま、用心深く観察する。体の大部分が水中に隠れているため、姿がほとんど見えない。

背中は、鱗板とよばれる骨のように強くなったうろこ（角質）でおおわれている

うろこ状の皮膚は、にごった水にまぎれこむ色をしていて、獲物から見ても見分けにくい姿となる

2 攻撃
水中から一気に飛び出しておそいかかり、とても強力なあごで相手の脚に食らいつく。抵抗するヌーを川岸から引きずりおろして、水の中へ引きこむ。

待ちぶせして獲物をおそうときには、背中や後ろ足、尾の強力な筋肉が力を発揮する

3 おぼれさせる
獲物を水の中へ引きずりこむと、自分の体の重さと力を利用して、獲物がおぼれるまで放さない。

4 水中で回転
獲物が抵抗する場合や、大きすぎて丸飲みできない場合は、水の中で獲物にかみついたまま素早く回転して、体の一部を引き裂く。この行動は「デスロール」とよばれる。

このカメレオンは体が緑色をしていて、生息地の熱帯林にまぎれこんで見つかりにくい
のどと下あごにある骨のつくりは、舌を一定の位置におさめるようにできている
カメレオンの足は独特なＹ字型をしていて、木の枝につかまりやすくなっている

カメレオンの狩りのしかた

HOW **CHAMELEONS** HUNT

カメレオンには、環境に合わせて発達した能力がいろいろあり、獲物をすばやく正確に、しかも音もたてずにおそうことができます。円すい形の目はくるくる動かすことができるので、一度に別々の方向を見ることができます。さらに、長くてネバネバした舌で、まるでミサイルのようにすごい速さで獲物をとらえるため、獲物は気づくひまもありません。

頭の中のしくみ

カメレオンの頭部には、長い舌と、その舌を前へ送り出すための骨や筋肉が備わっている。それらの筋肉や骨のおかげで、カメレオンは舌を素速く強い力で出したり引っ込めたりできる。

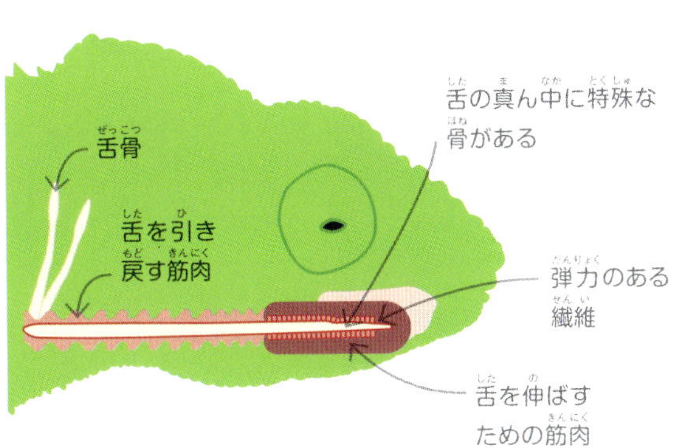
舌骨
舌を引き戻す筋肉
舌の真ん中に特殊な骨がある
弾力のある繊維
舌を伸ばすための筋肉

1 待期
使わないときの舌は、口の底の部分におさめられている。舌骨と舌を伸ばすための筋肉との間には、弾力のある繊維（弾性繊維）があって、縮められたバネのように、舌を伸ばすための筋肉をそこに固定している。

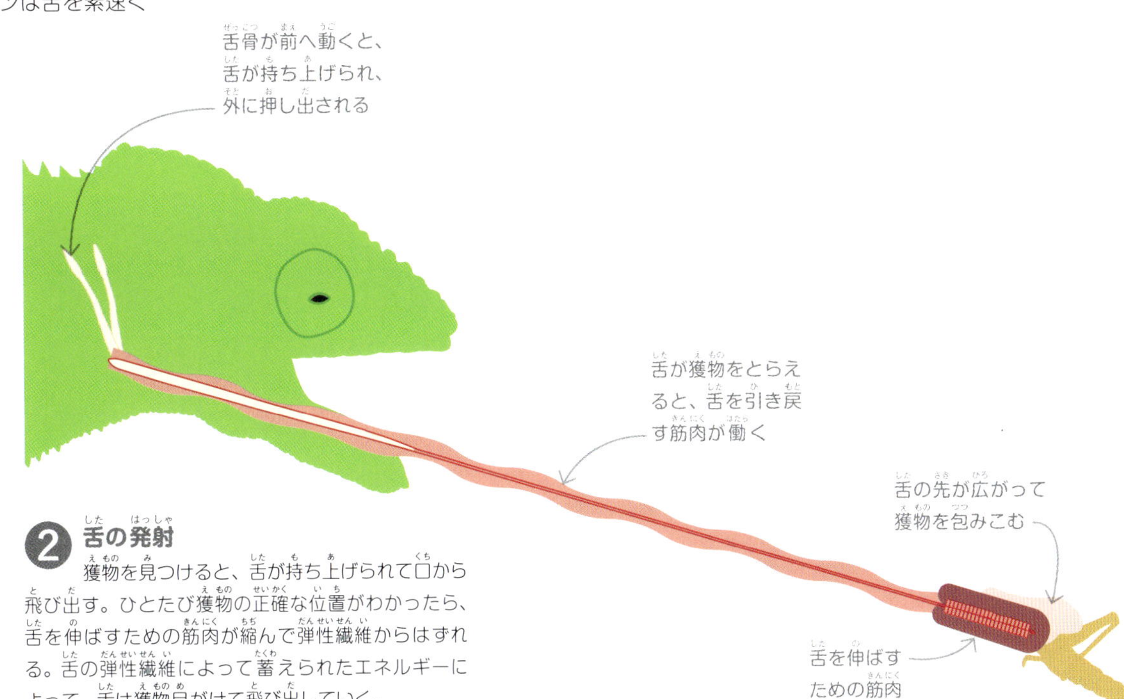
舌骨が前へ動くと、舌が持ち上げられ、外に押し出される
舌が獲物をとらえると、舌を引き戻す筋肉が働く
舌の先が広がって獲物を包みこむ
舌を伸ばすための筋肉

2 舌の発射
獲物を見つけると、舌が持ち上げられて口から飛び出す。ひとたび獲物の正確な位置がわかったら、舌を伸ばすための筋肉が縮んで弾性繊維からはずれる。舌の弾性繊維によって蓄えられたエネルギーによって、舌は獲物目がけて飛び出していく。

▼ 目にもとまらぬ一撃

パンサーカメレオンはマダガスカルが原産で、長く伸びる舌はとても正確に獲物に届く。舌はふだん口の中におさめられているが、自分の体長よりも長く伸ばすことができ、最大秒速6mの速さで飛び出す。ネバネバした舌の先端で獲物をつかまえると、舌は大きな口へ引き戻される。

舌は0.07秒もかからない速さで獲物に届く

ネバネバした唾液におおわれている、棒のような形の舌の先で、獲物の体の一部を包みこむ

カメレオンの目のしくみ

カメレオンの目は、回転するように動く円すい形の塔の中にあり、左右が別々に回転できるため、360°の視界がある。狩りのときには、両方の目で獲物にねらいを定めることで、獲物の距離と位置を正確に知ることができる。

カメレオンの色が変わるしくみ
HOW **CHAMELEONS** CHANGE COLOUR

カメレオンは、あらゆる背景に合わせて自分の体の色を変えられるわけではありませんが、まわりの環境から見分けにくくなる程度に変えることはできます。多くのカメレオンはこの体の色の変化を利用して、自分の気持ちを異性に伝えています。オスは、あざやかな色でメスの気を引くポーズをとったり、ライバルをおどかしたりします。

寒いときに熱を吸収できるように、体の色を濃くするカメレオンもいる
筋肉質の尾で、木の枝につかまることができる

皮膚の色が変わるしくみ

カメレオンの皮膚のすぐ下には、黄色い色素をふくんだ細胞があり、体液がすき間を満たしている結晶をふくむ細胞の層がその下にある。この結晶が集まると、青い光が反射され、黄色い層を通ると緑色に見える。結晶がたがいに離れているときは、カメレオンの体の色は赤やオレンジ、黄色に見える。この黄色い層により、どれぐらい色が変わるのかが決まる。カメレオンの色は、このようにさまざまな皮膚の層がたがいに作用することで変化する。

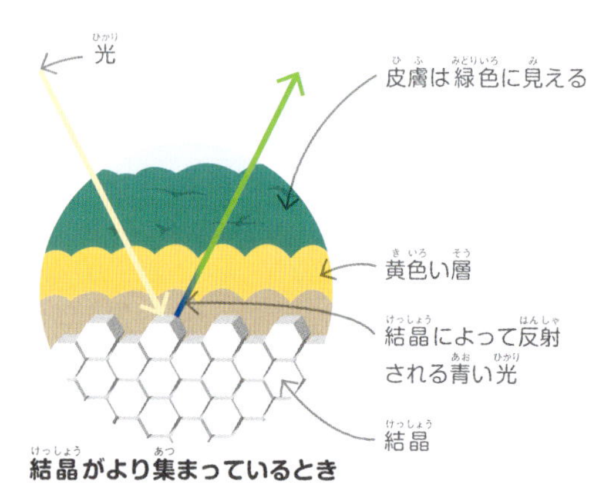
光
皮膚は緑色に見える
黄色い層
結晶によって反射される青い光
結晶

結晶がより集まっているとき

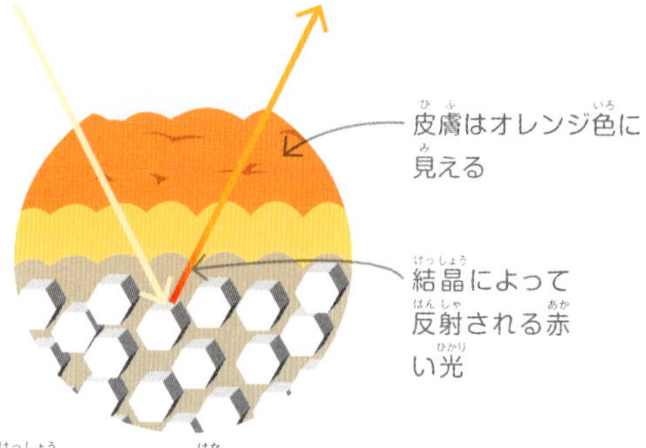
皮膚はオレンジ色に見える
結晶によって反射される赤い光

結晶がたがいに離れているとき

エボシカメレオンの高く突きでたかぶとのような部分は、年齢とともに大きくなる

◀明るい色と暗い色

イエメンとサウジアラビアを原産地とするエボシカメレオンは、ライバルや危険がせまって恐怖を感じると、体の色が濃くなる。オスもメスも気分によって体の色を変えるが、メスが交尾の準備が整ったことをオスに知らせるときは明るい色になるのに対して、オスはいろいろな肌の色を強調することで、ほかのオスが近づかないようにおどしたり、相手のメスをひきつけたりする。

地域ごとの体色

カメレオンは気分によって色を変えるだけでなく、住む地域によっても体の色にちがいがあらわれる。マダガスカルに生息するパンサーカメレオンは、赤、緑、青、黄、オレンジのものがいるが、これらはどれも同じ種である。

パンサー
カメレオン

ヤモリの足のしくみ

HOW **GECKOS** CLIMB

ヤモリは昆虫を食べる小型のトカゲで、おもに夜中に狩りをして、大きな目で獲物を見つけます。ヤモリの多くが登ることを得意としていて、足は木の幹や葉にしっかりつかまるしくみをもっています。ガラスの上をはって歩いたり、さかさまの状態で天井を歩いたりできるものもいます。

ほとんどのヤモリにはまぶたがないため、舌でなめて乾くのを防いでいる

皮膚は、昼間も姿をかくせるように、あたりにとけこみやすい模様になっている

首にそって生えている歯のような突起から、オウカンミカドヤモリ(王冠帝家守)の名がついている

垂直な面でも、この尾のおかげで、下にずり落ちることはない

ラメラ

へばりつく指のしくみ

ヤモリの足には、ラメラとよばれる幅の広いうすい板状の組織が集まっている。この組織は、ごく小さいたくさんの枝に分かれた、何百万という小さな毛のようなものにおおわれている。これによってさわるものの表面と弱い電気的なつながりができて、へばりつくことができるようになっている。

細かいうろこが皮膚を守り、体が乾くのを防いでいる

指先には爪がついていて、木の幹を登るのに便利だ
ラメラとよばれるひびわれには、物にへばりつきやすい小さな毛のようなものがたくさんはえている
定期的に脱皮して、たるんだ皮膚が新しいものになる
短くて力強い足は、おい茂った木の葉の間を登るのに適している
筋肉質な尾の先端部は、物にへばりつきやすくなっている

◀ へばりついて登る

太平洋のニューカレドニア島に生息するこのオウカンミカドヤモリ(クレステッドゲッコー)は、登るのにとくに適した足をもったヤモリだ。熱帯雨林に生息しており、幅が広くてへばりつきやすい指の平たい部分で、高い木の上のつやつやしたなめらかな葉にもしがみつくことができる。小さな爪があるので、表面がざらざらした物でもしっかりつかむことができる。

ヤモリの足

ヤモリの足は、さまざまな生活のしかたに適応している。登ることに特殊化したものが多いが、熱い砂の上を走ったり、木から木へと空中を飛ぶことに適応したものもいる。

このヤモリの指には水かきのような膜があり、木の枝から飛ぶときはパラシュートのような役目を果たす
トビヤモリ
地上で生活するこのヤモリの足はごく普通のもので、指先にへばりつくような組織はない
ヒョウモントカゲモドキ
指先が、日中に休息するときに木の幹にへばりつきやすい形になっている
ヘラオヤモリ

ムカシトカゲの生態

HOW **TUATARAS** WORK

ムカシトカゲはふつうのトカゲのように見えますが、実際は恐竜と同じ時代に暮らしていた大昔の爬虫類の中で唯一生き残った種です。ムカシトカゲは爬虫類にしては珍しく、気温が低いニュージーランドの岩だらけの島に生息しています。寒いところなので、卵からかえるのに1年以上かかり、卵を産めるようになるまでに10年以上かかります。そして多くが100歳以上まで生きます。

敵につかまりそうになると、ムカシトカゲは尾を切り離すことができる。かわりの尾はやがて生えてくる

▲ ほかにはいない爬虫類

ムカシトカゲはよくいるトカゲと同じように、細かく重なり合ったうろこをもち、飛び出す舌で獲物をつかまえる。だが、ムカシトカゲが普通のトカゲとちがうのは、上あごに歯が2列に並んでいて、それが下あごの1列の歯とかみあうようになっているところだ。また、その原始的な背骨は両生類のものによく似ている。

成長している間は1年に3〜4回脱皮するが、大人になると1年に1回になる

第3の目

多くの魚類や両生類、爬虫類には、頭のてっぺんに「第3の目」があるが、ムカシトカゲではこれがとくに発達している。年齢とともにうろこにおおわれてしまうが、光に対しては敏感なままで、太陽の毎日の動きに応じて活動するのに役立っている。

水晶体が目の網膜に光を集める
網膜が光を信号としてとらえる
第3の目が受け取った情報を、神経が脳に伝える

目は夜でも見えるようになっている。光を反射する層があって、暗闇での視力が高い

耳をもたないが、音がまったく聞こえないわけではない。低音には敏感で、振動として感じとっている

のどと腹の部分は、丸く盛り上がったうろこでおおわれている

長い爪と短くて力強い足は、穴を掘るのにとても適している

皮膚の色は茶色か黄緑色だ。若いうちは黄色かクリーム色の斑点があるが、成長するにつれてうすくなる

海鳥の巣にいっしょにすむ

ムカシトカゲは昼の間は穴の中にいて、穴から出るのは暗くなってからだ。巣穴は自分で掘ることもあるが、繁殖期の海鳥の巣穴を間借りすることもめずらしくない。海鳥のフンに寄ってくる無脊椎動物をエサにしているが、さらによくばって海鳥のヒナを食べてしまうこともある。

ヘビの動き方

HOW SNAKES MOVE

ヘビの腹側にある平らなうろこは、靴の裏にある溝のように、接する面をしっかりととらえます。この長方形のうろこ1つずつに筋肉と骨がついています。すべてが同時に動くことによって、ヘビは力強く、しなやかに前へ進むことができるのです。

ミドリニシキヘビのメスの体の長さは2mにもなる

ミドリニシキヘビは体が細長いので、それを木にからめて動くことができる

ヘビの筋肉は力が強いため、枝をしっかりとつかむことができる

▶ 木の上での暮らし

インドネシアからオーストラリア北部にかけて生息するミドリニシキヘビは、一生を木の上で過ごし、昼間は枝にじっとぶら下がっていて、夜になると小さな哺乳類や爬虫類をねらう。木の上で動きまわれるように、脊骨がたがいにしっかりかみあって強い一本の長い木材のようになり、枝から枝へ動くときも支えなしで体を伸ばすことができる。

肋骨が自由に動くので、大きな獲物を飲みこんだときに体を広げることができる
ヘビの断面図
脊椎の両側にある筋肉のおかげで、ヘビは横を向くことができる
脊骨
肋骨
肋骨と皮膚の間にある筋肉のおかげで、ヘビは前に進むことができる
体の中の空洞
ヘビは舌で感じたにおいのあとを追う
体の前のほうは細くて軽いため、頭を枝から枝へ伸ばすことできる

ヘビの構造

人間の背骨（脊椎）の数が33個なのに対して、ヘビには200～400個の骨があり、それぞれが腹にある１対の肋骨と特別な筋肉につながっている。このおかげでヘビは自由に動くことができ、それぞれの筋肉がその動きを支えている。

動き方

ヘビの動き方にはおもに4種類ある。地面の種類に合わせて、動き方を切り替えられるものもいる。

ヘビはS字型になる

石

尾を地面に押しつける

頭を地面に押しつける

ななめに進む

直進

まっすぐ進むために、腹のうろこの一部を浮かして、前に伸ばす。そしてその部分が地面につくと、残りのうろこを前に引っ張る。

蛇行

ヘビの動き方の中で一番知られているもので、地面にある物に対して体の側面を押しつけて、それによって前へ進む。

アコーディオン

なめらかな面の上を動くときには、体を1つにくねくねまとめてから頭を前へ投げ出し、次に尾を前へ引き寄せて進む。

横ばい

砂の上など、地面が変化するようなところで、このような動きをする。頭をななめ上に投げ出し、体がそれを追いかける。

毒を吐く

ムフェジコブラのように、アフリカのコブラには、敵の目に向けて毒を吐きかけるものがいる。牙に小さな穴があいていて、そこから毒をいきおいよく吐き出すのだ。この毒は3mも飛び、相手の目を刺激したり失明させたりすることもある。

筋肉が強いので、木の枝からぶら下がっていることができる

獲物の筋肉や肺、心臓の動きを感じると、さらに強く巻きつく

▶アマゾンツリーボア

夜に狩りをするアマゾンツリーボアは、鳥やトカゲ、カエル、小さな哺乳類を木の上でつかまえて、しめ殺す。獲物の体に巻きつくと、相手の心臓が止まるまで、少しずつ圧迫していく。死んだ獲物は丸飲みにされる。

下あごは自由に動くため、大きく広げて獲物を飲みこむ
この鳥はしめつけられながらも、必死に息をしようとしている
熱を感じるくぼみで、温かい血をもつ獲物を感じとることができる

ヘビの狩りのしかた
HOW SNAKES KILL

ヘビはおそろしいほど有能な殺し屋です。においや体温、動きによって生まれる振動で獲物を感じとるほかに、目で見つけることもあります。ヘビは獲物を丸飲みしますが、まずは相手をおとなしくさせるために殺す必要があります。ボアコンストリクターというヘビの仲間は獲物をしめ殺しますが、針のように鋭い牙から出る毒で相手を殺すヘビもいます。

牙と毒液

ヘビの仲間には、上あごにとてもうまくつくられた牙があり、毒液を出すものがいる。稲妻のような一撃で牙を獲物につき刺すと、毒を注ぎこむ。右のクサリヘビの仲間の毒では、体が腫れたり、出血したり、組織が破壊されることもある。毒で獲物を麻痺させるヘビもいる。

毒液はここでつくられる

筋肉をしめつけることで、毒の液が押し出される

毒が牙の中の管を流れていく

牙が刺さって、獲物に毒が注ぎこまれる

ヘビの食べ方
HOW SNAKES EAT

ヘビには手足がなく、物をかむこともできませんが、じょうずに食べています。ヘビのあごは、自分の体よりも大きな獲物を飲みこめるほど、やわらかく動くのです。ほとんどのヘビは、もがく獲物を鋭い歯でおとなしくさせますが、タマゴヘビには歯がないため、別の方法を使っています。

▶ 卵の食べ方

タマゴヘビは、自分の頭や体の直径の倍以上も大きな卵を飲みこむことができる。飲みこまれた卵はヘビの体の中でくだかれて、栄養のある中身が消化される。

上あごと下あごをつなぐ四角い骨が、あごを大きく開かせる
下あごが分かれて横に広げることができる
卵をのどへ押しこむため、岩や石などのかたい石に卵を押し当てることもある
うろこの間にある皮膚は自由に伸びる
のどの筋肉が卵を押しこんでいく

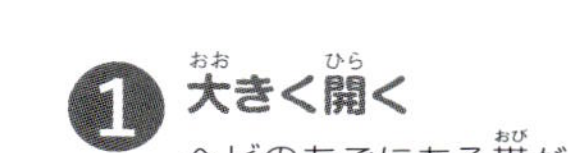

1 大きく開く
ヘビのあごにある帯が、卵を飲みこめるように大きく開くと、卵を少し押しこんで下あごで卵を受けとめる。

2 のどの奥へ
卵を飲みこむと、強力なのどの筋肉を使ってのどの奥へと押しこんでいく。この段階では、卵はまだ割れていない。

背骨にある下向きの突起
卵に対して背骨が前後に動くことで、殻が割れる
筋肉
卵が割れはじめると、筋肉を使って中身をしぼり出す
背中を反らしながら筋肉を使って、押しつぶされた殻のかたまりをむりやり外に出す
あごを大きく開けて、殻を吐き出す
卵の殻は押しつぶされた小さなかたまりとして出てくる

❸ 卵を割る

のどの奥へと入っていった卵は、下向きの背骨の突起が出ているところまでたどり着く。ヘビが背中をそらすと卵が割れて中の膜も破れる。卵は押しつぶされて、その中身はヘビの胃へと送りこまれる。

❹ 吐き戻す

残った殻を口からはき出す。このあとヘビは1か月ほど、何も食べなくても生きられる。

カメの体のしくみ

HOW TORTOISES WORK

リクガメやウミガメは身を守るためのかたいよろいをもっています。厚みのある骨のような甲羅が体をおおっており、傷つきやすい頭や手足をその中へ引っこめるのです。陸の上に暮らしているリクガメは、高さのあるドーム形の甲羅で敵から身を守っています。海に生きるウミガメの甲羅は、もっとなめらかで流線型をしており、泳ぎやすくなっています。

年齢とともに、ぎざぎざの大きな鱗板はなめらかになる

テクタセタカガメを横から見たところ

甲羅の下側にある、あざやかなオレンジと黒の模様は、敵を追い払うことにも役立つ

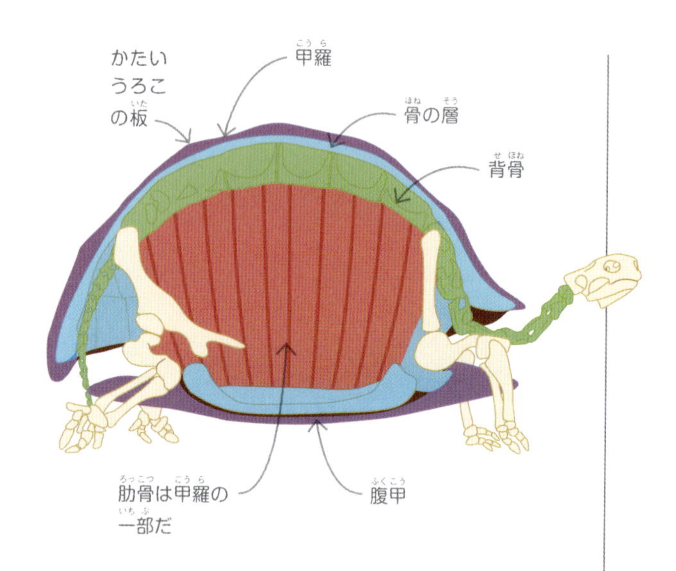
かたいうろこの板
甲羅
骨の層
背骨
肋骨は甲羅の一部だ
腹甲

甲羅のしくみ

カメの外側の甲羅をつくっているかたい板は、鱗板とよばれる特殊な大きいうろこでできている。それらが皮膚の下にある基礎の上に、かたい甲羅をつくる。上の殻は背中の上に半球形のドームをつくり、おなかの部分は腹甲とよばれるたいらな殻でおおわれている。

ヨコクビガメの首は強いので、体がひっくり返っても、首の力で元に戻ることができる

頭の向き

危険がせまると、カメは甲羅の中へ頭を引っこめることができる。ヨコクビガメというカメの仲間は、頭を甲羅の中に引っこめたときに、頭を横に向ける。すべてのリクガメをふくむ、ほかのカメは、頭をまっすぐ前へ向けたまま、首を引っこめる。

キールというでっぱりは、テクタセタカガメの子どもの場合は赤色をしている

海の中で

水生ガメの足には泳ぐための水かきがあるが、ひれ足があるのは遠くの海まで泳ぐウミガメだけだ。ウミガメは一生のほとんどを海の中で過ごすものの、リクガメと同じく、殻のかたい卵を産む。その卵を陸地に産むため、砂浜へはい上がっていかなければならない。

◀ 安全

テクタセタカガメの子どもは、頭と足を甲羅の中に引っこめているので、しっかり守られている。ほかの多くのリクガメと同じく、甲羅は年齢とともに変化して、なめらかになる。テクタセタカガメは南アジアの川に生息している。

首のまわりの皮膚のひだは、頭を引っこめたときにまわりを取り囲む

顔を守るため、手足で頭のまわりを取り囲む

鳥類は1億5000万年以上前に恐竜から進化し、現在生息している爬虫類と近い関係にあります。すべての鳥は体を羽毛(羽)におおわれ、つばさをもっており、大部分の鳥がつばさによって飛ぶことができます。この飛ぶという能力のおかげで鳥類は世界中に分かれて広がっており、中には冬の間暖かな地域で過ごすために長い距離を移動するものもいます。

鳥類（ちょうるい）

鳥類の体のしくみ
HOW BIRDS WORK

鳥類だけに見られる特徴は、羽毛(羽)です。現在、生息しているほかの生き物には羽毛はありません。鳥類の体は羽毛におおわれています。羽毛には、空を飛んだり、体温がうばわれるのを防いだり、擬態したり、目立つ色で繁殖の相手を見つけるための、求愛ディスプレーという行動に役立ったりと、さまざまなはたらきがあります。また鳥類は、現在、生息している脊椎動物の中で、コウモリを別にして、唯一つばさをもつ動物です。そのほか鳥類の重要な特徴としては、くちばし、含気骨(内部に空気の入った軽い骨)、飛ぶためのしなやかで強い筋肉があります。

呼吸
鳥類の肺は9つの気嚢とよばれる空気の入った袋とつながっている。気嚢があるおかげで空気が肺に1つの方向にだけ流れるようになっている。そのため、鳥類はほかの生き物より空気から酸素をずっとうまく取りこむことができ、飛ぶのに必要なエネルギーを得ることができる。

気管
酸素の少ない空気は、上の気嚢を通って気管から外へおし出される
気のう
肺
酸素が多い空気は下の気のうを通って肺に入る

鳥が繁殖の相手を引きつけようとするとき、冠羽(頭部にある長い羽)を上げて、とさかのようにすることができる

鳥には大きな目があり、敵や食べ物を見つけるのに役立つ、色を見分けるすぐれた感覚がある

このショウジョウコウカンチョウには、種をかみくだくのに適した円すい形の短いくちばしがある

体重を軽くして飛びやすくするために、くちばしには歯がない。しかし、くちばしは角質とよばれるかたいたんぱく質でできていて、食べ物をかみくだくのに十分な強さがある

流線形の体形のおかげで速く飛ぶことができる

胸には飛ぶための筋肉がたくさんある

このオスの色あざやかな羽は、メスを引きつけるのに役立つ。多くの鳥では、オスのほうがメスより色あざやかな羽をしている

流線形をした風切羽のおかげで、空気がとどこおることなくつばさにそって流れる

長い尾羽のおかげで、枝に止まるときにバランスを保ち、飛んでいるときに方向の舵取りをすることができる

スズメ目の鳥の足にある帯状組織のおかげで、枝に止まったときに足指が自動的に枝をしっかりつかむ。そのおかげで、眠っているときも枝から落ちることはない

かぎ爪がついた長い足指が枝などの止まる場所をしっかりつかむ

◀ スズメ目の鳥

このショウジョウコウカンチョウは、鳥類で最大のグループであるスズメ目に属している。スズメ目のすべての種は、枝などの止まり場所をつかむのに適した強い後ろ指をもっている。とても変化に富んだグループであるスズメ目には、すべての鳥類の半分以上が属していて、およそ5800種いる。

鳥の種類

世界には1万種以上の鳥がいる。鳥類は大きく分けて36の大きなグループ（目とよばれる）に分類され、さらに236の科に分類される。

飛べない鳥

5つの科の鳥は飛ぶことができず、走鳥類とよばれる。飛べない鳥は走るのに適した強い脚をもっている。

水鳥

アヒルや白鳥やガチョウは、泳ぐのに適した水かきのついた足をしていて、そのうちの多くはエサをあさるのに適した大きくて平たいくちばしをもっている。水鳥は、たいてい水の上か水辺で生活している。

猛禽類

動物を襲って食べたり死骸を食べる猛禽類は、獲物をつかまえるのに適した、かぎ状に曲がったくちばしとかぎ爪があり、獲物を見つけるためのすぐれた視力をもつ。猛禽類には、ハヤブサ、タカ、ワシ、ミサゴ、ハゲワシなどがいる。

鳥類の骨格

HOW BIRD SKELETONS WORK

鳥類は丈夫な流線形の体をしていて、効率的に飛ぶのに最適な骨格をもっています。体重を軽くするために骨は中が空洞になっていますが、内部にある支柱によって補強されています。胸の骨は強力なつばさの筋肉をつなぎ止めており、体が小さいこともあって、鳥類は2本の足で垂直に枝に止まることができます。

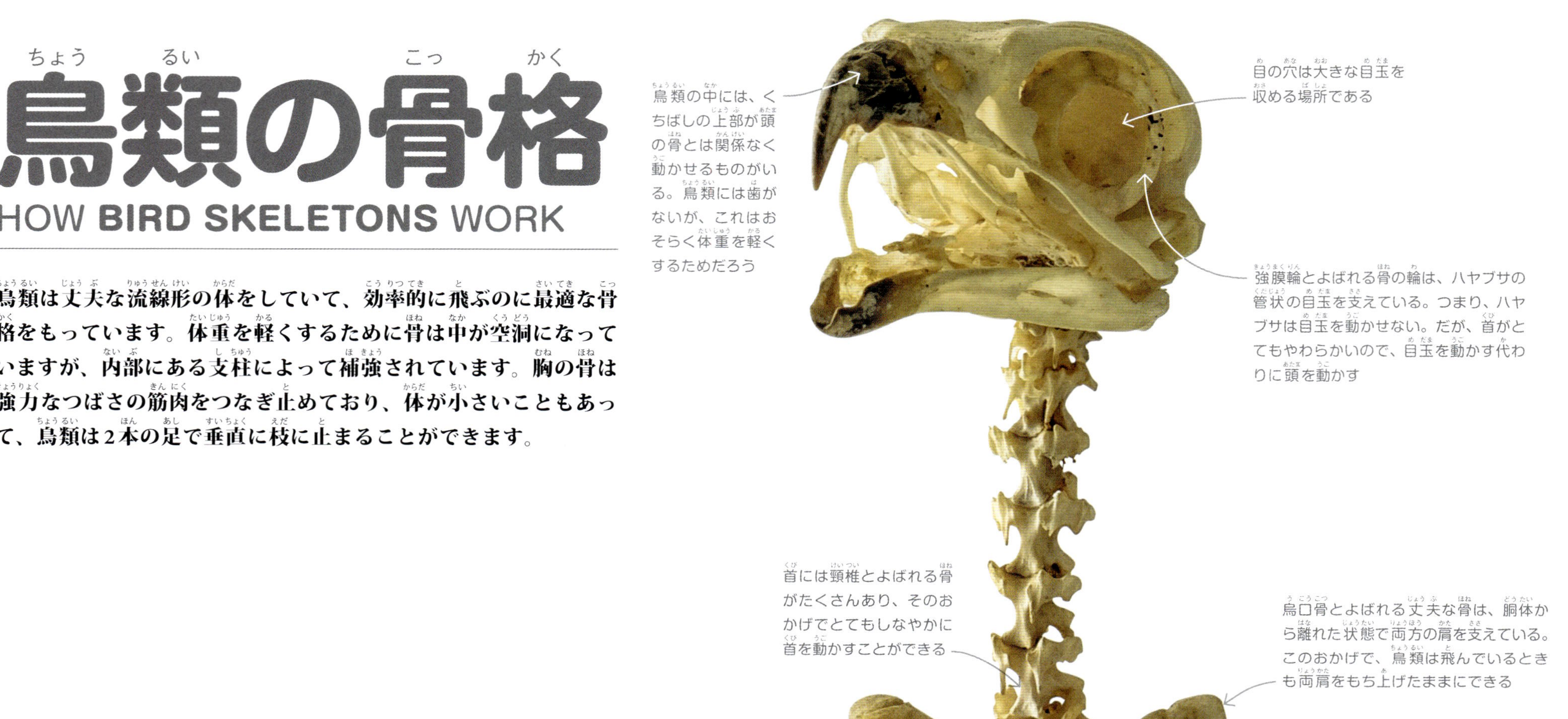
鳥類の中には、くちばしの上部が頭の骨とは関係なく動かせるものがいる。鳥類には歯がないが、これはおそらく体重を軽くするためだろう
目の穴は大きな目玉を収める場所である
強膜輪とよばれる骨の輪は、ハヤブサの管状の目玉を支えている。つまり、ハヤブサは目玉を動かせない。だが、首がとてもやわらかいので、目玉を動かす代わりに頭を動かす
首には頸椎とよばれる骨がたくさんあり、そのおかげでとてもしなやかに首を動かすことができる
烏口骨とよばれる丈夫な骨は、胴体から離れた状態で両方の肩を支えている。このおかげで、鳥類は飛んでいるときも両肩をもち上げたままにできる
鎖骨は、飛んでいる間、はばたくたびにエネルギーをたくわえることができるように弾力がある
竜骨の突起はハヤブサの大きな胸の筋肉を支えている
背骨につながり、かご状に重なりあった肋骨のおかげで胸の骨格はとくにがっちりとしている
つばさの先に近いところにある骨（尺骨と橈骨の2つの長い骨）の間にはすき間があって、つばさの先を曲げる筋肉がついている
つばさの先の骨は飛んだときの衝撃に耐えられるように1つに合わさっている

▶ ハヤブサの骨格

ハヤブサは、獲物めがけて猛スピードで急降下しておそい、その衝撃で獲物を殺す。この急降下に耐えられるように、ハヤブサは、流線形の丈夫な骨格をもっている。ほかの猛スピードで飛ぶ鳥と同じように、ハヤブサには大きな竜骨の突起があり、それが大きな胸の筋肉と、強い羽ばたきを支えている。

胸骨

鳥類の胸骨にある大きく伸びた部分（竜骨の突起）は、つばさの筋肉をつなぎ止めている。飛ばない鳥の中には竜骨の突起がないものもいる。

頸椎（首の骨）

鳥類の首は長く、とても柔軟性があり、ほかの動物の首より骨の数が多い。このため、自分で羽づくろいしたり、まわりを見るために首を回したりすることができる。

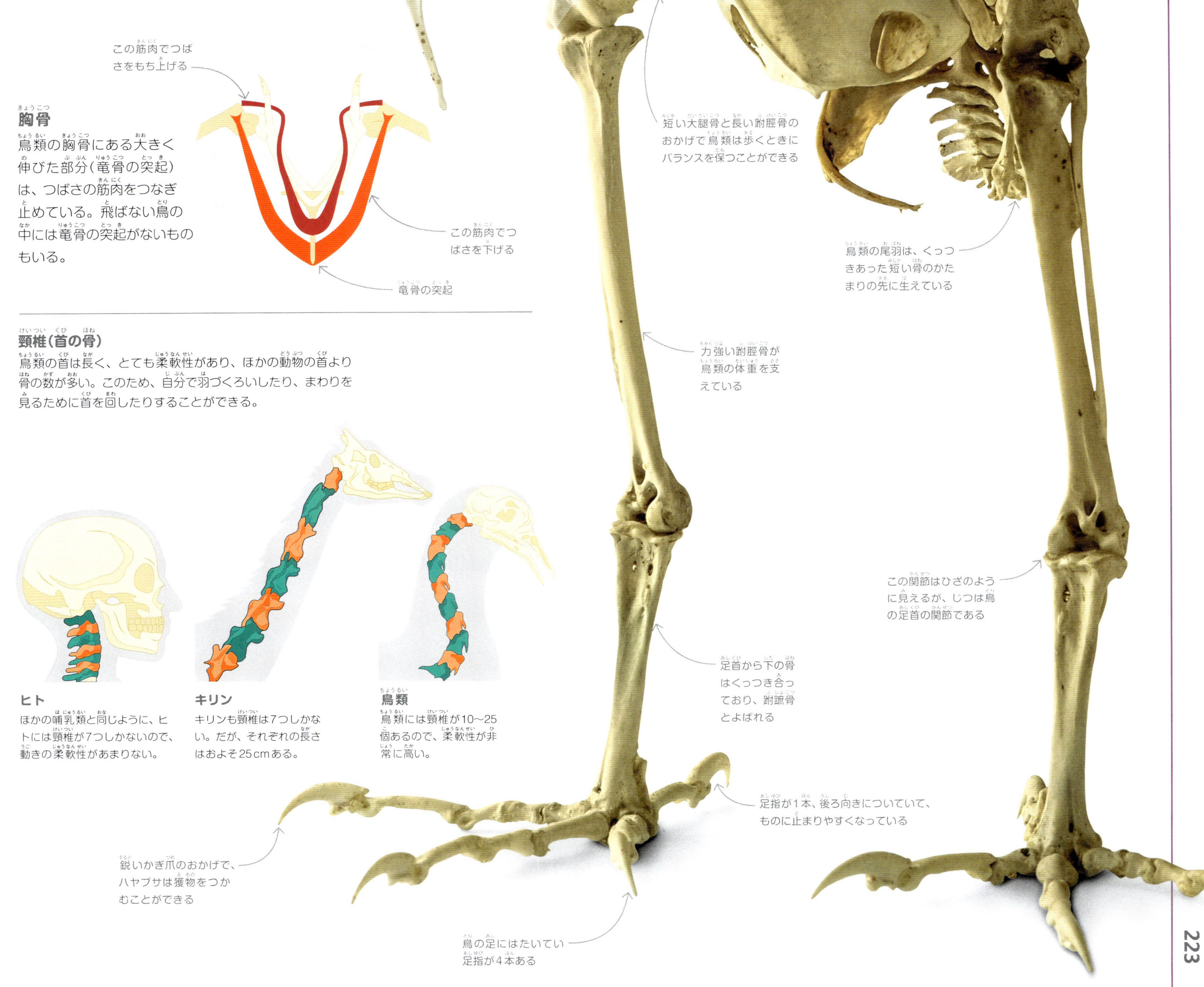

この筋肉でつばさをもち上げる
この筋肉でつばさを下げる
竜骨の突起
短い大腿骨と長い跗蹠骨のおかげで鳥類は歩くときにバランスを保つことができる
鳥類の尾羽は、くっつきあった短い骨のかたまりの先に生えている
力強い跗蹠骨が鳥類の体重を支えている
この関節はひざのように見えるが、じつは鳥の足首の関節である
足首から下の骨はくっつき合っており、跗蹠骨とよばれる
足指が1本、後ろ向きについていて、ものに止まりやすくなっている
鋭いかぎ爪のおかげで、ハヤブサは獲物をつかむことができる
鳥の足にはたいてい足指が4本ある

ヒト
ほかの哺乳類と同じように、ヒトには頸椎が7つしかないので、動きの柔軟性があまりない。

キリン
キリンも頸椎は7つしかない。だが、それぞれの長さはおよそ25cmある。

鳥類
鳥類には頸椎が10〜25個あるので、柔軟性が非常に高い。

鼻の穴のまわりにある、蠟膜とよばれる革のような皮膚の部分
くちばしはかたい皮膚の層におおわれている
くちばしは上下のあごの骨からできている
ワシは、くちばしの先にある、鋭くかぎのように曲がった部分で獲物の毛皮や羽をはぎ取って肉を切り裂く
イヌワシ
ダイサギ
短剣のような形をしたくちばしを使えば魚を突き刺すことができそうだが、じつはめったに魚を突き刺すことはない
しなやかな首のおかげでサギはすばやく獲物をおそうことができる

肉食の鳥類

このイヌワシなどの猛禽類は、先端が鋭く曲がったくちばしを使って獲物の肉を切り裂く。たいていの猛禽類は力強いかぎ爪で獲物を殺すが、ハヤブサなどは、くちばしでかみついて獲物の命をうばう。

魚を食べる鳥類

サギなどの魚をつかまえて食べる鳥類には、獲物をつかむことができる、短剣のような形をした長いくちばしがある。こうした鳥はめったに獲物を突き刺さない。その代わりに、くちばしの縁がギザギザしているので、表面がすべりやすい魚をしっかりつかむことができる。

さまざまなくちばし

TYPES OF BEAK

鳥類が何を食べているか知るには、体のほかのどの部分と比べても、くちばしがもっともよい手がかりを与えてくれます。数百万年以上にわたって進化を続けた結果、さまざまな形と大きさのくちばしが生まれました。肉や魚を食べる鳥類には、狩りをして獲物を殺す武器のように使える鋭いくちばしがありますが、植物を食べる鳥類には果物を木からもぎ取ってつかめるくちばしや、木の実や種をくだくことができる力強いくちばしが必要です。

剣のような形をしたハチドリのくちばしは、体の中で一番長い部分だ

花の蜜を食べる

ハチドリには長くとがったくちばしがあり、くちばしを花の中に入れて蜜を探し、長い舌ですくって食べる。剣のような形をしたくちばしは、とくに筒のような形をした花の奥まで届く長さがある。

剣のような形をしているハチドリのくちばし

エサをこして食べる

フラミンゴのくちばしは独特な形をしており、ほうきのかたい毛のような組織に縁取られている。フラミンゴは、わずかに開いたくちばしを上下逆に水中へ下ろし、舌で吸い上げた水をかたい毛でこして、細かいエサをこしとる。

コフラミンゴ

フラミンゴのくちばしは「へ」の字に曲がった形をしていて、エサを集めるのに役立つ

ズグロシロハラインコ

果物や木の実を食べる

オウム目の鳥のくちばしには、上下それぞれに、しなやかなちょうつがいがついている。それによって、オウムはくちばしで食べ物を器用に扱ったり、果物や木の実をつかんで割ったりすることができる。くちばしは、枝を上り下りするときに「第3の足」として使うこともできる。

鋭いかぎのような形は果物をつかむのに理想的だ

種子を食べる

コキンチョウなどのスズメ目アトリ科の鳥のくちばしは太い円すい形をしていて、種をおしつぶして割ることができる。食べる種子の種類によって、くちばしの基本的な形にはたくさんのバラエティがある。種子は、上くちばしにある特別なみぞにおしこんで割る。

コキンチョウ

すんぐりとしてがんじょうなくちばしで種子やかたい殻を割る

羽ばたく

鳥類は、飛ぶために必要なおし進める力（推力）と体を浮かせる力（揚力）という2つの力を生み出すために羽ばたく。羽ばたくことによって、鳥は自分の体を前のほうへおし出して、空気抵抗（抗力）を消す推力を生み出す。いったん飛んだ状態になったら、広げたつばさの曲面にそってできる空気の流れによって揚力が生み出される。

つばさの
打ち下ろし

1 つばさの打ち下ろし
イヌワシが打ち下ろしとよばれるやり方でつばさを下げると、つばさの下の気圧がイヌワシの体を前方上の方向へおし出す。

たたんだ
つばさ

2 つばさの打ち上げ
イヌワシは打ち上げとよばれるやり方でつばさをもち上げる。エネルギーを節約し、体を下方へ引っぱる力を減らすために、イヌワシはつばさの一部をたたむ。

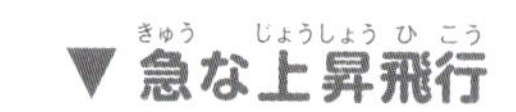

▼急な上昇飛行

獲物を見つけやすい高さまで飛ぶために、イヌワシなどの猛禽類は羽ばたいて飛行するより、急上昇してから羽ばたかないですべるように飛ぶ滑空を好む。これはエネルギーの節約にもなる。2.3ｍもの長いつばさをもつイヌワシは、こうした滑空にとても向いている。

ゆっくりと滑空するために、風切羽の先を広げる

イヌワシは、ゆっくり飛びながら、小翼羽とよばれる、羽の集まりを広げて失速しないようにする

鳥類が飛ぶしくみ
HOW **BIRDS** FLY

全体重の少なくとも4分の1を占める飛ぶための大きな筋肉があることからもわかるように、鳥類は飛ぶのが得意です。羽が流線形の体をおおっていて、飛んでいるときに正確なコントロールができるように、つばさと尾羽の位置と形を変えることができます。鳥類の骨格は飛ぶのにじゃまにならないようにとても軽くできていますが、飛んでいるとき体に加わる力に耐えられるだけの強さももっています。

尾羽は広げられていて、揚力という力を生み出せるようになっている。揚力があるから鳥は空を飛ぶことができる

開いたつばさ
足は着地の準備をするために下がっている
つばさの隙間は空気抵抗を減らす
この部分の羽は閉じられていて、つばさの上を流れる空気の向きを変える
風切羽は、空気の流れを整えることができるように体の表面をなめらかにしている
これらの羽は前縁雨おおいとよばれ、イヌワシのつばさの骨を守っている
くちばしは軽く、歯はない
イヌワシの流線形の体形は飛行に役立つ
飛行は強力な胸筋から力を得ている
急降下でおそいかかると同時に、この力の強いかぎ爪で、獲物を殺すことができる
イヌワシのつばさの横断面
つばさの角度によってつばさの上のほうの気流が速くなるので、下向きの圧力は低くなる
つばさの下の高くなった圧力によって、揚力が生み出される
つばさの下のほうの空気はよりゆっくり流れるので、つばさにかかる上向きの圧力はより高くなる

3 もち上げたつばさ

イヌワシはつばさをじゅうぶん高くもち上げてからすぐに広げる。これは次のつばさの打ち下ろしか、急な上昇飛行の準備をするためだ。

4 着地する

イヌワシはゆっくりと滑空するためにつばさをV字の形に保ち、着地の準備をするために足を下げる。

つばさの上側の空気

イヌワシが滑空するとき、つばさの角度と形によって空気の流れが変わる。つばさの上のほうの気流が速くなり、圧力が低くなる。つばさの下では気流が遅くなり、圧力が高くなる。この圧力の差が、揚力とよばれる上の方向への力を生み出す。

つばさのしくみ
HOW WINGS WORK

鳥類は軽くて強くしなやかなつばさをもっていて、ほかのどんな動物よりも速く遠くまで飛ぶことができます。つばさは、前のほうが後ろより厚みがあり、羽は端にいくほど細く、流線形をつくって風が表面を流れやすくしています。それは、鳥が空を飛び続けるのに理想的な形です。つばさは、軽くて中が空洞の骨で胴体につながれていて、力強い胸筋によって動かされています。

小翼羽とよばれる羽の集まりは、低速で飛んでいる鳥の体を浮かせる力(揚力)をコントロールする
雨おおい羽がほかの羽をおおっているので、つばさは流線形になり、空気抵抗が減る
次列風切羽は鳥を空中に浮かせる揚力を与える
三列風切羽は胴体とつばさの間のすきまをおおっている

下雨おおい羽はほかの羽の
付け根をおおっている
10枚の長くて強くしっか
りとした初列風切羽
前縁は、空気と最初に接する
つばさの部分を指す
初列風切羽は飛ぶために前に進む力（推力）を与えてくれる

◀ハヤブサのつばさ
長くて先のとがったつばさのおかげで、ハヤブサは急降下して獲物をとることができる。ハヤブサは時速320 kmものスピードで急降下でき、おそらく鳥類の中で最速の鳥だろう。

つばさの形

つばさは基本的に同じようにできているが、羽ばたいたり滑空したりホバリングしたり急降下したりできるように、さまざまな形と大きさのものがある。つばさの形はどんな飛び方をするかに直接関係している。たとえば、短いつばさは動きを操作しやすく、長いつばさは何時間も飛ぶのに適している。

ハヤブサ

高速のつばさ
高速で飛ぶことができる鳥は、ほっそりとして先がとがったつばさをしている。このようなつばさは、すぐに速いスピードを出せるように、すばやく羽ばたくことができる。

アホウドリ

滑空
たいていの滑空する鳥のつばさは細長くできている。こうしたつばさは、ずっと羽ばたき続けるのではなく、風の流れをつかむために大きく広げられることが多い。

クーパーハイタカ

動かしやすさ
森にすむ鳥の多くは、短くて丸みを帯びたつばさをもっているが、このつばさのおかげで、せまい場所でじょうずに動いたり、猛禽類を避けるためにすばやく飛び立ったりすることができる。

イヌワシ

上昇飛行
猛禽類の多くは長くて幅の広いつばさをもっているが、そのおかげで暖かな上昇気流に乗って急に上昇することができる。つばさの先端にある分かれた羽は空を飛び続けるのに役に立つ。

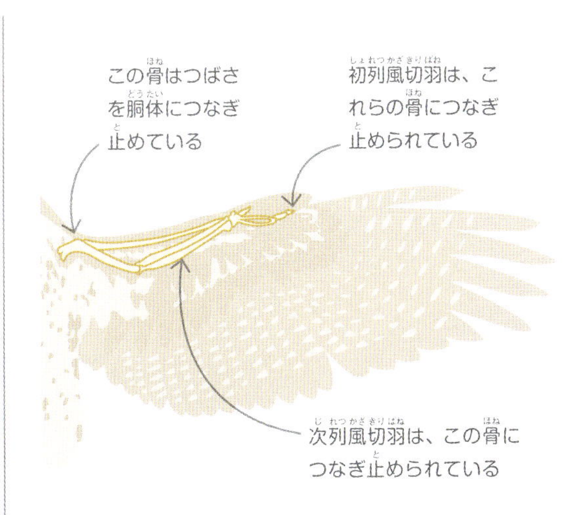
この骨はつばさ
を胴体につなぎ
止めている
初列風切羽は、こ
れらの骨につなぎ
止められている
次列風切羽は、この骨に
つなぎ止められている

つばさの骨

肩以外では、鳥のつばさには人間のひじと手首にあたる2つのおもな関節がある。つばさを開いたり閉じたり動かしたりするのに役立つが、これは飛ぶためにとても重要なことだ。

羽毛のしくみ
HOW **FEATHERS** WORK

羽毛はとてもじょうぶですが、軽くて柔軟性があり、その重さは鳥の体重のうち5～10%しかありません。ヒトの爪や髪の毛と同じように、羽毛は皮膚から生えており、ケラチンでできています。羽毛は1本1本が、毛包とよばれる小さな穴につなぎ止められていて、羽鞘とよばれる管の中で成長します。羽毛はいったん成長しきると広がり、羽鞘ははがれ落ちてしまいます。

流線形の表面
羽毛の中心軸にはたくさんの羽枝(側枝ともいう)が生えており、また羽枝の1本1本にはさらに小さな小羽枝がたくさん生えている。小羽枝の中には、鉤のような小さな突起(小こう)がたくさん生えているものがあるが、小こうが小羽枝とその下にある小羽枝をからみ合わせているため、飛ぶのに適したなめらかな表面が生まれる。

小羽枝

平行に生えている羽枝

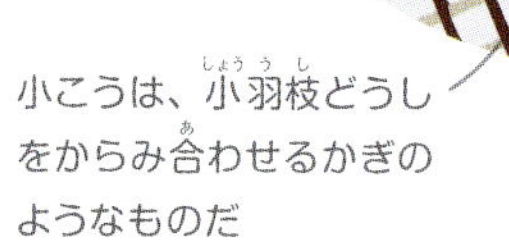
小こうは、小羽枝どうしをからみ合わせるかぎのようなものだ

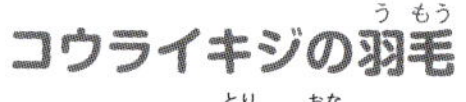
コウライキジの羽毛
たいていの鳥と同じように、コウライキジの体全体をおおう羽毛はいくつかの異なる種類からできている。体羽は、くちばしと足と、顔のむき出しの部分以外の体のすべての部分をおおっている。体羽の下に生えている綿羽は体温を保つ役割を果たしている。

体羽
次列風切羽
尾羽
体羽の下の綿羽
初列風切羽

羽毛の表に出ている部分は色あざやかであることが多いが、隠れた部分はたいてい地味な色だ

羽軸の下のほうは羽柄とよばれている。羽柄は皮膚の毛包から生えている。羽軸のほかの部分とはちがって、羽柄は中が空洞だ

この尾羽の根元のふわふわした部分は、鳥の体温を温かく保っている

羽軸のかたい部分は幹羽軸とよばれている。幹羽軸は、羽枝を支える役割をはたしている

羽毛の幅の広い側は内弁とよばれる。内弁は、幅のせまい側(外弁)とはちがった模様であることが多い
たがいに平行な羽枝と、からまり合う小羽枝とのおかげで表面がなめらかになっている
先端は、羽毛が生えてくるときに最初にあらわれてくる部分だ
羽毛のせまい側は外弁とよばれている
自由に動く羽枝
体温を保つ役割をはたす綿毛の部分
体羽の中でおもてに出ていて重なる部分
次列風切羽によってつばさはカーブしたかたちになっている
初列風切羽のせまい側である外弁は、空中を切りさくように飛ぶのに役立つ
広い側である内弁は、鳥が飛んでいるときに風をそらすのに役立つ

▼ 羽の構造

鳥の中央尾羽はすべての羽毛のうちでもっとも長い羽毛であることが多い。あらゆる尾羽と同じように、このコウライキジの尾羽も空気力学的に優れた形をしている。また、表面は、たがいに平行な羽枝と、からまり合う小羽枝とによってなめらかになっている。この表面のおかげで、尾羽全体でバランスをとるとともに飛行の舵取りをすることができる。

羽毛の種類

羽毛は大きく2種類に分かれる。太くしっかりとした羽軸(中心軸)で補強された羽毛には、風切羽、尾羽体羽がある。細い羽軸をもつ羽毛は、やわらかくふわふわしているが、この分類に入るのは綿毛だ。

綿毛

綿毛には、たがいに引っかけ合うかぎ(小こう)がないので、羽枝を自由に動かせる。羽枝にはたくさん空気が含まれるので、体温を温かく保つことができる。

体羽

体羽は鳥の体の形をしっかりとなぞっている。体羽どうしが屋根がわらのようにきっちりと折り重なっているので、表面が流線形になっている。

次列風切羽

風切羽はほかの羽毛より長くてしっかりしている。次列風切羽は鳥の上腕骨から生えていて、鳥が空を飛び続けるのに役立っている。

初列風切羽

つばさの先端の「手」に相当する部分には、9〜12個の初列風切羽があり、鳥が空を飛ぶときに推進力を与えてくれる。

ハチドリのホバリングのしくみ

筋肉が強力で羽ばたきが速いこと、関節がしなやかなことが、ハチドリの飛びかたを支える重要な特徴だ。空を飛ぶときに主につばさの打ち下ろしを使うほかの鳥とちがって、ハチドリは強力な打ち上げも使う。

1 つばさの打ち下ろし

つばさを打ち下ろすことによって、ハチドリを空中に浮かせる力(揚力)と、前に進ませる力(推力)が生まれる。つばさは前と下とへ高速で動く。

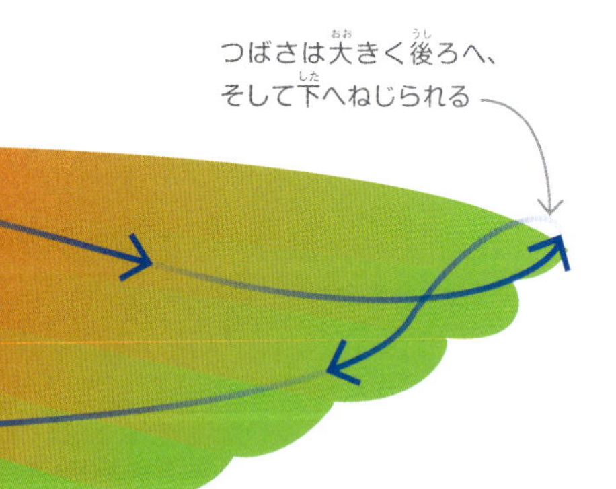
つばさは大きく後ろへ、
そして下へねじられる

2 8の字

打ち下ろしが終わったところで、しなやかな肩関節をいかして、つばさを8の字の形をなめらかになぞるように動かす。この動きによって、つばさが方向を変えるときに失われるエネルギーが最小限ですむ。

3 打ち上げ

つばさを後ろにそらすとき、つばさを打ち上げる動きによって、打ち下ろしのときと同じだけの推力が生まれる。こうした力はたがいに打ち消しあうので、ハチドリは空中でずっと同じ位置にいることになる。

ハチドリのつばさは水平方向で後ろへ、そして前へ動く。この動きによって空中でずっと同じ位置にいることができる
つばさはとても速く動くので、人間の目では、ぼんやりとかすんで見える
羽ばたくことによって低い声でハミングしているような音が出るが、これがハミングバード(ハチドリの英語名)という名前の由来だ
ハチドリの羽毛には金属のような輝きがあり、ハチドリが動くと色が変わっているように見える

つかれ知らずのつばさ

ハチドリのつばさはふつう毎秒およそ80回羽ばたくが、アカフトオハチドリは結婚相手をさがす求愛飛翔の最中には毎秒200回以上羽ばたくこともある。小さいが力強いつばさのおかげで、時速100 kmで飛ぶものもいる。

ハチドリのホバリング
HOW **HUMMINGBIRDS** HOVER

ハチドリほど必死に生きている鳥はいません。飛ぶのがとてうまいので、ホバリング(空中停止)することもできれば、後ろへ飛ぶこともできます。羽ばたきがとても速いため、羽がかすんで見えるほどです。これほど体をはげしく使うには、私たち人間の10倍以上の速さで鼓動する心臓が必要ですし、エネルギーがたくさん含まれる花の蜜を中心としたエサを食べなければなりません。

▼エネルギーの源

花の蜜に含まれる糖分はハチドリにとってエネルギーの源だ。長い舌を器用に動かして甘い液体をなめ取るためには、花のそばの空中で静止(ホバリング)しなければならない。ほかの種のハチドリと同じように、このチャムネフチオハチドリのエサの90%は花の蜜だ。あとは、成長に必要なたんぱく源となる小さな昆虫を食べる。

自由に動かせる肩の関節をもっているので、この関節を回しながらつばさを180°回すことができる
ホバリングして花の蜜をなめ取る間、頭はじっとしたまま動かない
ハチドリのくちばしの長さが種によってちがうのは、蜜源となる花の種類がちがうからだ
ハチドリの体重の30%は大きな胸筋でしめられており、つばさに力を与えるのに役立っている
小さくて軽い足は木にとまることしかできない
レインボーヘリコニアの花粉がハチドリの体にくっつくことで、ハチドリが次に蜜を吸いにいくレインボーヘリコニアに授粉する
尾羽は垂直にたれ下がっていて、ハチドリが飛んでいる間バランスを取る役割をはたしている

移動生活

野生のセキセイインコがぎっしり集まっている群れが、オーストラリアの空から降りてくる。小さな種をエサとしているセキセイインコは、エサと水を求めて長い距離を移動することが多い。繁殖期には、数が急に増えて数千羽という巨大な群れをつくることもある。大きな群れで飛行することには、良い点がたくさんある。エネルギーを節約したり、敵をすばやく見つけたり、敵に攻撃を思いとどまらせたりすることができるのだ。

渡り鳥の移動のしくみ
HOW BIRDS MIGRATE

鳥類にとって「移動」とは、季節が変わるときにある地域から別の地域へ飛んでいくことをいいます。つまり、ある地域で繁殖したあと、食べ物をさがしたり、きびしい気候からのがれたりするために、べつの地域で冬を過ごすのです。日照時間や気温の変化によって、鳥は移動時期を知ります。移動にはとても多くのエネルギーが必要となるため、鳥は出発する前にたくさんエサを食べます。また、多くの種の鳥が、身を守るために大きな群れをつくったり、エネルギーをむだにしないようにV字隊列を組んだりして飛んでいきます。

オオハクチョウは、大きくて幅広いつばさのおかげで風に乗って滑空することができる

進路を見つける
渡り鳥はだいたいの時刻を感じとることができる。時刻と太陽の光のさす角度とをくらべることによって、渡り鳥は東西南北の方角がわかる。さらに、星座、山、海岸などの地形、におい、地球の磁場などを参考にするが、渡り鳥はこうした情報を目で見てわかるのかもしれない。

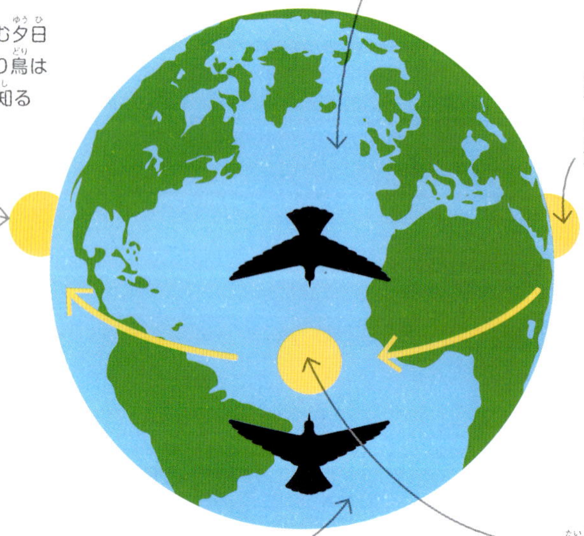

北半球にいるとき、渡り鳥はもっとも高い位置にある太陽を見て南の方角を知る

夕方、しずむ夕日を見て、渡り鳥は西の方角を知る

朝、のぼる太陽を見て東の方角を知る

南半球にいるとき、渡り鳥はもっとも高い位置にある太陽を見て北の方角を知る

太陽は昼ごろにもっとも高くのぼる

この若いオオハクチョウは、はじめての移動の旅が十分にできるだけの体の強さがある

▼ 効率的な飛行

オオハクチョウはスカンジナビアとシベリアで繁殖したあと、イギリスや日本など、南にある国へ渡る。ほかの渡り鳥と同じように、オオハクチョウも群れをつくって移動する。出発する前、オオハクチョウはエサをたくさん食べて、旅の間のエネルギーとなるように脂肪をためこむ。いったん移動を始めると、時速75 kmで安定して飛ぶことができる。1日で300 km以上飛ぶことができるが、途中で止まって休んだり、エネルギー補給したりすることもある。また、悪天候をさけるために進路を変えることもある。

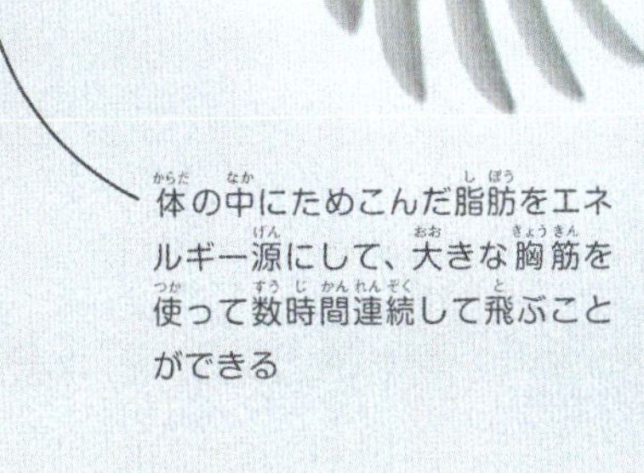

体の中にためこんだ脂肪をエネルギー源にして、大きな胸筋を使って数時間連続して飛ぶことができる

つばさの先端にある長くてやわらかい風切羽で抵抗を減らして、効率的な飛行ができる

流線形の首と体の形のおかげで、空気抵抗が減って飛行が楽になる

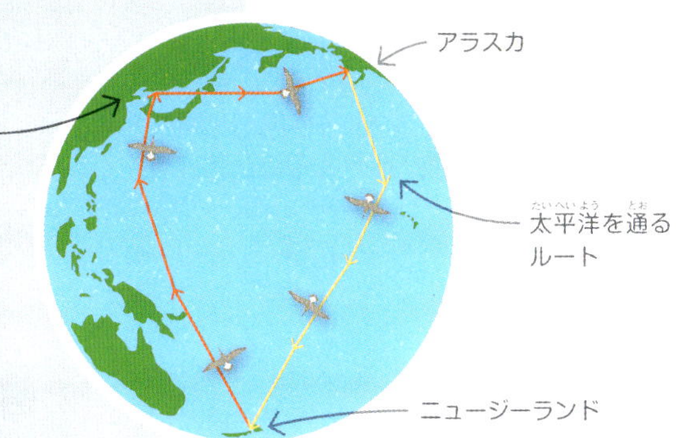
アラスカ
太平洋を通るルート
ニュージーランド

オオソリハシシギは、移動の帰りは途中で中国に立ち寄るので、繁殖するのに適した状態でアラスカにもどる

長旅

オオソリハシシギは、アラスカからニュージーランドまで、たった8日で一気に渡る。渡り鳥の最高記録だ。出発する前、オオソリハシシギの体は、重要でない組織を脂肪と筋肉に変える。

キョクアジサシはアフリカ沿岸か南米沿岸にそって南へ渡る

北極と南極

キョクアジサシは北極で繁殖し、10月から3月までは北極の冬をさけて南極に渡る。往復で9万kmに近い移動だ。つまりキョクアジサシは、一生のうちに地球から月まで3往復するほどの距離を飛ぶことになる。

V字隊列

ガンはV字隊列を組んで飛び、交代で群れのリーダーとなる。リーダー以外のガンは、先頭にいるリーダーがつくり出した気流に乗って飛び、エネルギーを節約する。

リーダーがペースを決める
あとに続く鳥たちはエネルギーを節約する

求愛のしくみ
HOW **COURTSHIP** WORKS

結婚相手を見つける競争をするときに、歌とダンスとあざやかな色を使ってメスを引きつけるオスがいる。この行動は求愛とよばれている。メスは、一番大きくてあざやかな色の羽毛をもつオスが好きなことが多いので、オスの鳥は、はなやかな羽毛をもち派手な儀式を行うように進化した。

いろいろな鳥の求愛

1羽のメスがオスを比べて選べるように、複数のオスがレックとよばれる集団をつくって求愛する鳥もいる。オスはたくさんのメスと交尾し、子育てにはまったく関わらない。しかし、とても仲のよい夫婦になり、いっしょに子育てすることもある鳥のほうが多い。

オオフウチョウ

頭を下げて、脇腹にある飾り羽を立てている2羽のオスのオオフウチョウ。熱帯雨林の木の上で、あざやかな色と派手な動作を組み合わせて、様子を見ているメスに求愛している。

タンチョウヅル

タンチョウヅルの求愛の儀式には、オスとメスの両方が参加する。飛びはねながら優雅なダンスをし、大声で鳴き交わして夫婦となるきずなを結び、そのきずなは一生続く。

ニワシドリ

オスのニワシドリは小枝などを使ってあずまやのような建物をつくり、花などの青いもので飾る。緑色をしたメスがあずまやの仕上がりを見て、一番できのいいものを作ったオスを選ぶ。

クジャクの飾り羽は尾羽の付け根の背中側から生えている
オスのインドクジャク
目玉模様は1つ1つが眼点とよばれる
目玉模様の色が虹色に光るのは、違う方向から光を受けると色が変わるからだ

▶ 色で夢中にさせる

オスのクジャクは色あざやかな羽毛を広げてメスに強い印象を与えようとする。青と金色の模様はまるで目のように見えるが、これはメスの気を引く可能性を高めるためだと考えられている。だが、あざやかな色の羽毛はきちんと正しい角度で見せなければならない。メスのクジャクはオスに比べると地味な色をしているが、目立たない色の羽毛のおかげで、ひとりで子育てするときに敵の目を引きにくいという良い点がある。

100~150本の飾り羽は
最高で2mの長さがある
オスの飾り羽の長
さは年を取るにつ
れて長くなる
メスのクジャク
メスもオスも
とさかがある
それぞれの羽毛の付け
根にある筋肉が、飾り
羽を立てるために伸び
たり縮んだりする
オスは3年目
に目玉模様が
できる

巣のしくみ
HOW NESTS WORK

鳥の巣は卵をかえしたり、ひなを育てるための安全な場所です。また、卵やひなを温めたり、敵の目から隠したりもします。たいていの鳥は繁殖期の始めに1つの巣をつくり、ひなが飛べるようになるとその巣を捨てますが、多くのコウノトリやサギの仲間や猛禽類は、同じ巣を毎年使います。鳥の巣の中にはかなり複雑な構造をもつものもありますが、崖からせり出した平らな岩場、木の穴や地面に空いた穴のような手軽な場所に巣をつくる鳥もいます。

▼ぶら下がる

アフリカに生息するミナミメンガタハタオリなど、ハタオリドリ科の多くの種は、木の枝からぶら下がった形の複雑な巣をつくる。おもな部分はオスひとりでつくる。その後、メスは巣が暖かくなるように羽毛で内側の壁をつくるのを手伝う。さらに安全にするために、小さなコロニー(群れ)をつくって繁殖したり、敵からねらわれにくくするために川や水たまりの上に巣をつくったりする。ハタオリドリが単独で巣をつくる場合、安全を求めてスズメバチの巣のそばやワシの巣の下につくることもある。

巣は細く下がった枝の端にぶら下がっていて、敵が入りにくいようになっている

巣は新鮮な草できちんと編んであるが、それとは別に余分な葉を使うこともある

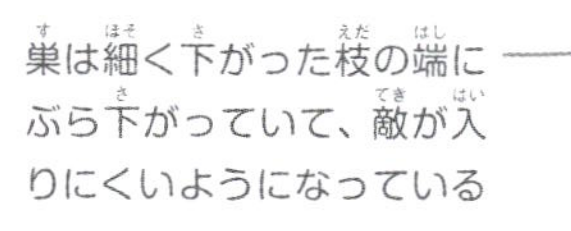

巣をつくる

オスのミナミメンガタハタオリは、相手を見つけるためにいくつかの巣を一度につくることが多い。メスが巣を気に入らなかったときには、巣を壊して最初からつくり直さなければならないからだ。

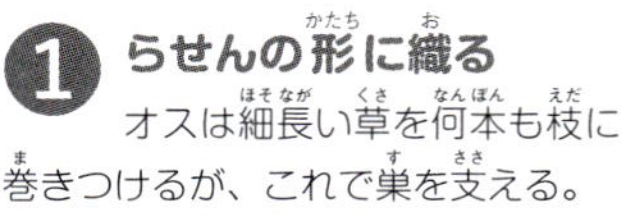

1 らせんの形に織る
オスは細長い草を何本も枝に巻きつけるが、これで巣を支える。

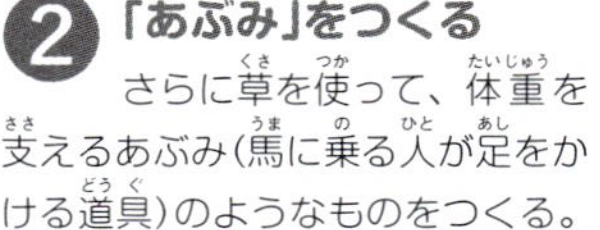
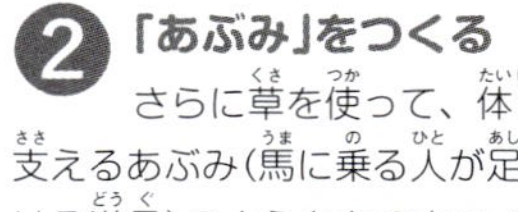

2 「あぶみ」をつくる
さらに草を使って、体重を支えるあぶみ(馬に乗る人が足をかける道具)のようなものをつくる。

3 輪をつくる
2つのあぶみを組み合わせて輪をつくるが、この輪をぶ厚くすることによって巣づくりの足場にする。

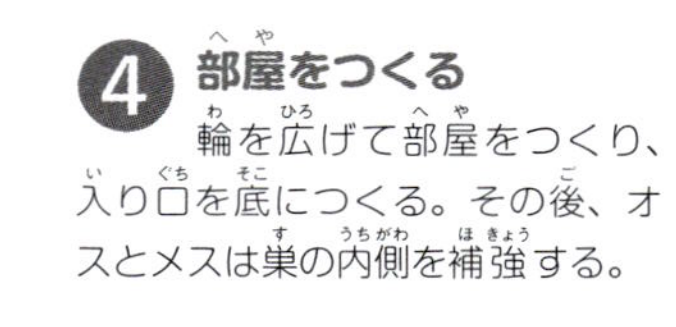

4 部屋をつくる
輪を広げて部屋をつくり、入り口を底につくる。その後、オスとメスは巣の内側を補強する。

ハタオリドリの鋭い円すい形のくちばしは、細長い草を切るのに適している

長いかぎ爪のある力強い足のおかげで、簡単に上下逆さまにぶら下がることができる

巣の種類

ふつう、巣は鳥の大きさと生息環境を映しだしている。木の枝や小枝、葉っぱや苔、動物の毛、土、小石、プラスチック片など、さまざまな材料が使われる。

おわん型の巣

おわん型はもっとも一般的な形だ。とくに小型の鳥の巣に多い。ハチドリの巣は一番小さい。ハチドリは、蜘蛛の巣から取った蜘蛛の糸で巣をつくる。

くっついている巣

アマツバメは巣を崖や洞穴や壁にくっつける。泥や植物を唾液と混ぜて使うものもいるが、このアナツバメの巣は完全に唾液だけでつくられていて、食べることができる。

穴の巣

木の穴は、キツツキやフクロウからシジュウカラやオウムまで、さまざまな種類の鳥が巣として利用する。木くずや羽毛だけで内側の壁がつくられることもある。

高いところにある巣

ハクトウワシは、多くの大型の猛禽類と同じように、木の上に小枝で巨大な巣をつくる。つがいは生涯を添いとげ、巣は新しい材料を加えるので毎年大きくなっていく。

浮かんだ巣

このカンムリカイツブリなどの水鳥は、水生植物を使っていかだのような巣をつくる。こうした巣は地上にいる敵からは安全で、水位の変化によって巣そのものも上下する。

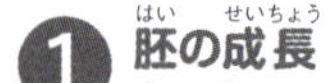

卵の成長

HOW EGGS DEVELOP

生まれるまで母親の体の中で成長する哺乳類とは違い、鳥のひなは卵の中で成長していきます。卵には、胚(ふ化する前のひな)が成長するための栄養がつまっています。産卵からふ化までの期間は鳥の種によって違っていて、キツツキは10日間ですが、大型のアホウドリは80日間もかかります。

❶ 胚の成長

産み落とされたばかりの卵は、1個の大きな細胞だ。親鳥は体に抱いて卵を温めると、細胞は何度も分裂をくりかえし、いろいろな臓器や組織をつくる。卵の中にある水分や栄養分がその分裂を支えている。卵に光をあてるとその様子が観察できる。

殻には空気を取りこむための穴がたくさんあいている

1日目
産み落とされたばかりの卵

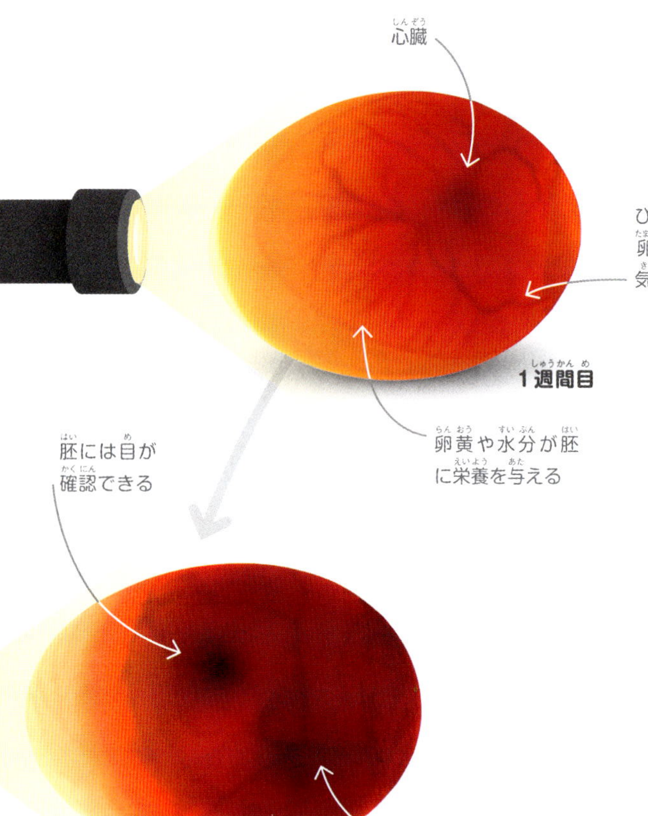
心臓
ひなが呼吸できるようになると、卵のカーブのゆるいほうにある気室から酸素をあたえる
1週間目
卵黄や水分が胚に栄養を与える
胚には目が確認できる
2週間目
胚が育つために卵黄が使われる

卵の内部

殻と卵殻膜は、栄養分をたくわえた卵黄、胚のクッションになっている卵白、そして気室を包んでいる。

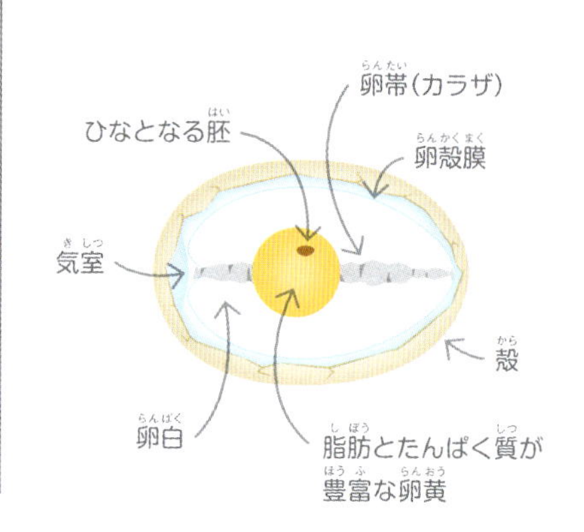
卵帯(カラザ)
ひなとなる胚
卵殻膜
気室
殻
卵白
脂肪とたんぱく質が豊富な卵黄

成長とふ化

アヒルの胚は十分に成長するまで4週間かかる。それまでは頭をおなかにつけて体を丸めている。ふ化の時が来ると、ひなはくちばしで殻を割り、殻に丸くひびを入れ、お尻のほうから外の世界へと出る。

くちばしの先の卵歯(殻をやぶるためのかたい突起)

ひなは体をくねらせて、殻が破れやすくする
殻に丸くひびを入れる
28日目

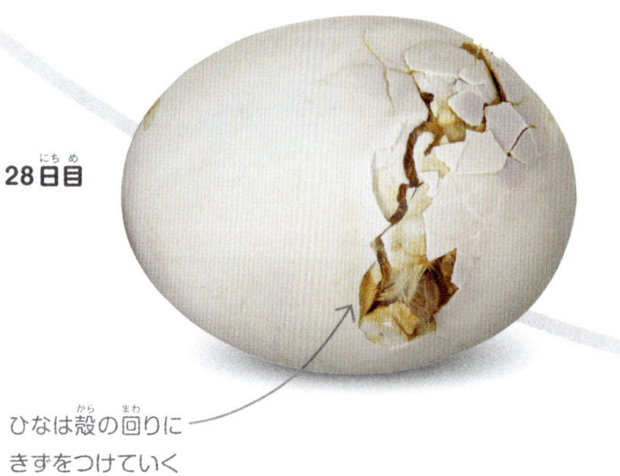
28日目
ひなは殻の回りにきずをつけていく

足で殻の先をおしあげる
28日目

❷ 殻を破る

28日かけてふ化の準備が終わったひなは、卵の中の気室を破り、はじめて酸素を吸う。そのあと何度も卵歯という鋭い突起で殻をつつき、できた穴を広げてより多くの空気をとりいれる。

太くて短いつばさはまだ弱々しく、風切羽(飛ぶための羽)もまだない
生まれたばかりのひなの羽はぬれていてぼさぼさだが、数時間すると乾いてふんわりする
体を細菌から守ってくれていた卵殻膜も破らなければならない
ひなの頭の後ろや首に筋肉があり、ふ化のときに殻を破る助けになる
アヒルはふ化すると、目を開いて注意深くまわりを観察する

血管
網の目のような血管のあとが、ふ化したあとの殻の内側に残っている。これらの血管が胚に酸素を運び、二酸化炭素をとりのぞく。

3 ふ化
ひなは穴をあけてから殻のまわりにひびを入れ、殻のカーブのゆるいほうを足でける。最後は体を回したりよじったりしながら卵殻膜から出る。

❶ 成長の初期

ふ化したばかりのときは休みが必要だが、すでに目は開き、体は温かい綿毛におおわれている。すぐに走ったり、泳いだり、エサを食べたりし始めるが、安全な母鳥のそばを離れない。

足は力が弱く、すぐに起きあがることはできない
ふ化したばかりのひな
卵の中にいたために羽はまだぬれている
つばさになる前の芽のようなもの（翼芽）
綿毛のような羽は乾いている
生後1日
まっすぐに立って歩くことができる
くちばしはかたくなり、伸びはじめる
翼芽はまだ小さいが、早いスピードで成長している
小さな尾羽
生後18日
くちばしは順調に育ち、くちばしにそって細かくとがった歯のようなものが見られる
体はまだ綿毛におおわれている
長くなった首
大きくなった翼芽
生後4週間

卵歯

ひなのくちばしはやわらかく、殻を破ることはできないが、先には卵歯というかたい突起がついていてふ化を助ける。卵歯はふ化したあと2~4日でくちばしからはがれ落ちる。

❷ ひなの成長

骨格ができあがっていくにつれて、まるまるとしたアヒルの子は、首が長くなり初期の尾羽ができる。くちばしや翼芽、足の水かきも大きくなるが、まだふわふわしていて、成鳥（大人の鳥）の羽はない。

鳥類の成長
HOW **BIRDS** GROW

ひなの成長のしかたは鳥の種類によってさまざまです。ガン、カモ、シギ、チドリなどは、ふ化してから数時間で歩くことができ、すぐに自分の力で生きていくための方法を学習します。それにくらべて、ほとんどのスズメ目のひなは、ふ化したばかりのときは弱くて羽もなく、目も見えないので、親鳥に巣の中で体を温めてもらい、エサを運んできてもらわなければなりません。大型の海鳥や猛禽類などは、ひとり立ちするまでに数か月もかかります。

▼アヒルの成長
ペキン種のアヒルなどの水鳥は早成鳥として知られていて、ひなはふ化してから比較的すぐに歩いたり泳いだりできる。わずか16週間で防水の羽や大きな水かきなどができ、水辺での暮らしができるようになる。

風切羽
風切羽は羽鞘とよばれる管の中に生える。はじめは羽鞘の中でどろどろした状態だが、先があらわれ、しだいに羽を形づくっていく。羽ができあがったら、羽鞘ははがれ落ちる。

くちばしと足は成鳥になると、オレンジ色になる
つばさが十分に成長したアヒルは飛ぶことができる
綿毛はやがて成鳥の羽に生えかわる
白い成鳥の羽
まだできあがっていない風切羽
生後6週間
生後16週間

③ 成鳥
親鳥と同じ大きさに成長したアヒル。いろいろな種類の羽におおわれていて、若鳥の胸筋は強く、飛ぶこともできる。

カッコウの子育て
HOW CUCKOOS WORK

鳥類はほとんどが自分で子育てをします。ところが、子育てをほかの鳥にさせる鳥もいます。カッコウのメスは、卵を、別な種の巣に1つずつ産み落としていきます。ふ化したカッコウのひなは、巣の中にあるほかの卵やひなを外へ放り出してしまいます。それでも、養い親はカッコウのひなが自分の子どもになりすましていることに気づかず、本能のままに、カッコウのひなが巣立つまで子育てをするのです。

口の内側のオレンジ色でおどし、敵が巣に近づかないようにする

ヨシキリの親鳥は、体の大きいカッコウのひなの食欲を満たすため、せっせとエサを運ぶ

▶ にせもののひな
巣立ちを迎えるころ、カッコウのひなは、世話をしてくれている親鳥より体がずっと大きくなっている。ヨシキリは、子どもになりすましているユーラシアカッコウに虫を食べさせるのにも一苦労だ。自分が育てたカッコウの巨大な体に比べるとヨシキリが小さく見える。

カッコウのつばさは羽がすっかり生えそろい、いつでも飛び立てる
カッコウは成鳥になって巣立ってからも、養い親からエサをもらう
オナガカエデチョウの口をまねているテンニンチョウのひな
オナガカエデチョウのひな

口の擬態

アフリカのテンニンチョウの場合、カッコウとはちがい、ひなは卵を落としたり同じ巣のひなを追い出したりはしない。本物のひなをまねて、エサをねだる。エサをもらおうと大きく開けた口の中の模様はそっくりだ。

カッコウの托卵

カッコウのオスは、狙いをつけた巣の持ち主の鳥を離れた場所におびきだす。その間に、メスは巣の中の卵を1つ外へ落として自分の卵を産みつける。カッコウの卵は、もともと巣にあった卵にそっくり。ふ化したカッコウのひなは、ほかの卵やふ化していたひなまでも巣から落としてしまう。

1 卵をあずける
カッコウが産んだ卵と元から巣にある卵は、模様がよく似ている。メスは自分の卵とよく似た卵を産む種を選ぶが、カッコウの卵はほかの卵よりもずっと大きい。

2 真っ先にふ化
カッコウの卵は成長が早く、たいていはふ化がいちばん早い。ひなは皮膚がむき出しで、目も見えない。

3 巣を独占
ふ化して数時間後、カッコウのひなはほかの卵やひなを背中でおし上げて巣の外へと落とす。こうして、ほかのひなとエサの取り合いをしないですむようにする。

フクロウの狩りのしかた

HOW **OWLS** SENSE PREY

フクロウは忍者のようなハンターで、鋭い感覚やとがった爪を使い、やわらかい羽で音もなく急降下し、油断している獲物をつかまえます。聴力と視力もとてもすぐれていて、暗闇の中の蛾でも、雪や枯葉の下を動きまわるネズミでも、その位置を正確にとらえることができます。ほとんどのフクロウは夜行性ですが、カラフトフクロウなどは昼間でも狩りをします。

カラフトフクロウは、ほとんどのフクロウとはちがい、耳のような羽毛の束がない

▶ 円盤のような顔

カラフトフクロウで一番目を引くのは、顔盤とよばれる大きな円盤のような顔だ。くぼんだ目のまわりを羽が丸くとりかこんでいる。左右の顔盤が別々に働き、左右の音をそれぞれ耳に集めることができる。顔の羽の向きを調節して、正確に音源の位置をとらえることもできる。雪の下にいる獲物を見つけやすいように、カラフトフクロウの顔盤はとくに大きくなっている。

聴力を使った狩り

カラフトフクロウの耳は、右のほうが左より少し低い位置にある。つまり、下からの音は右耳のほうが左よりほんの少しだけ先に届くのだ。カラフトフクロウはこの時間差を利用して、たとえ雪や枯葉の下にいる獲物でも正確な位置を知ることができる。

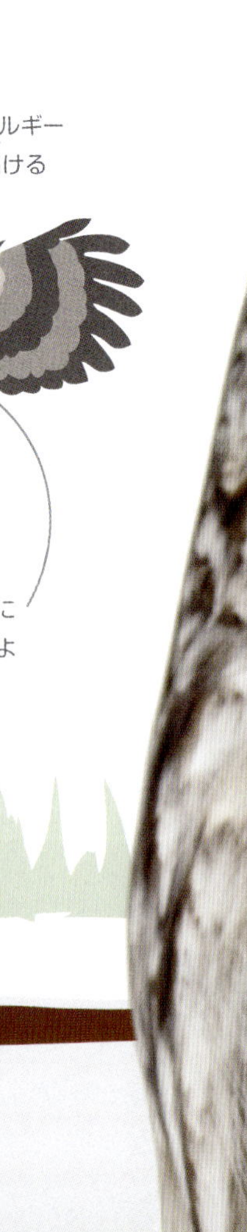
顔盤で音のエネルギーを集めて耳に届ける
左耳は少し高い位置にあるので、音は右耳より遅れて届く
獲物が出す音波

円盤のように並んだ羽が音を
耳のほうへみちびく
正面を向いた目は、3Dで
立体的にものを見ることが
でき、距離を判断できる
視界をさえぎらない
小さなくちばし

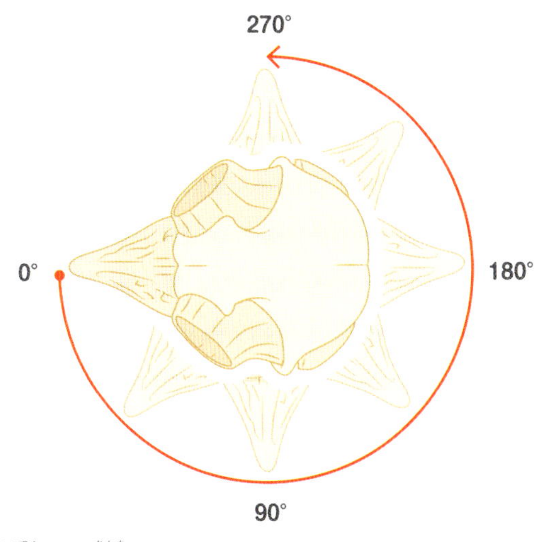
270°
0°
180°
90°

回転する頭

フクロウの目は大きくて、筒のような形をしているため、眼窩とよばれる頭骨のくぼみの中で目玉を動かすことができない。その代わり、頭を左右にそれぞれ270°も回転させることができるので、体を動かさなくても真後ろのものを見ることができる。

モリフクロウの風切羽は先がぎざぎざになっている

音のしない羽ばたき

カラフトフクロウやモリフクロウは、風切羽の縁がくしのようにぎざぎざになっているため、羽ばたきの音を消してくれる。ほとんど音を立てずに飛ぶことができるので、気づかれることなく獲物に急降下できる。

羽を扇のように
広げて着地
重なり合う軽い羽
足にはそれぞれ、4本の
かぎ爪がある

上昇気流に乗って

ワシはエネルギーを節約するため、上昇気流に乗って舞いあがる。地表から空に向かって上昇する暖かい空気の柱をうまく使い、円を描きながら上昇する。こうすると、自分で羽ばたかなくても、とても高い位置を保つことができ、そこから獲物を観察することができる。

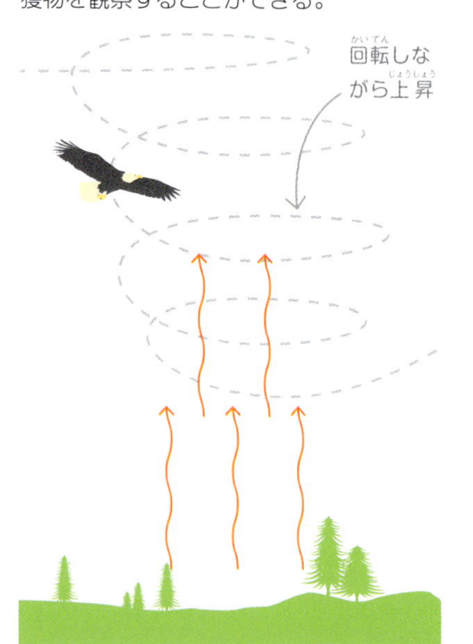
回転しな
がら上昇

狩りのテクニック

急降下して魚をつかまえ、飛び去るハクトウワシ。足を水面下に落として魚をつかむ。ミサゴなどの鳥がつかまえた魚を横取りしたり、クマの食べ残しや、人間がピクニックをしたあとの残飯をあさったりすることもある。

人間の目には
遠くに見える

ワシの目で見た獲物

解像度の高い目

ワシの目には人間の5倍の光受容器があるので、遠くのものがくっきりと見える。3km先にいる獲物も、はっきりと見える。

幅が広くて大きいつばさが上昇気流をとらえるので、高く上昇できる
ワシの足のでこぼこは獲物をつかみやすい

ワシの狩りのしかた
HOW **EAGLES** HUNT

巨大なつばさ、かぎ状に曲がったくちばし、すぐれた視力をもつワシは、おそるべきハンターです。体がもっとも大きい、猛禽類の代表格で、凶器のようなかぎ爪を使って地上や水中の動物をおそいます。それを木の上まで運び、強力なくちばしを使って肉を切りさいて食べます。

▲ 強力なかぎ爪

ハクトウワシはかぎ爪の力がとても強く、魚は水中からつかみあげられた瞬間に死んでしまうほどだ。足には細かいでこぼこがあるので、もがいたり、ぬめぬめしてすべりやすい魚をしっかりつかめる。かぎ爪はとても強力で、自分の体重の3分の1の重さの獲物も楽に運ぶことができる。

ミサゴは、外趾という後ろ向きについている足指を、前に向けたり後ろに向けたりして、すべりやすい魚の体をしっかりとつかむ
マガモ
水かきのある足で水をかいて泳ぐ
ミサゴ
細かいでっぱりによって、もがく獲物もしっかりつかまえていられる
ミサゴは曲がったかぎ爪を使って、水中の魚を捕まえる
強力な爪で重い獲物をつかみ、長距離を飛ぶことができる

狩り

ミサゴなどの猛禽類には、獲物をつかまえて殺すための強力なかぎ爪がある。このかぎ爪で水面近くにいる魚をつかみ、空中を運んでいく。

泳ぐための足

カモは泳ぐ時、足についている水かきを広げ、水を後ろへおして進む。鳥類のほとんどが3～4本の足指をもっているが、水かきは指の間をつないでいる皮膚だ。

鳥類のさまざまな足

TYPES OF BIRD FEET

鳥類の足は、必要の度合いや生息地によって、形や大きさはさまざまです。多くの鳥は、足で食べ物をつかみ、口へ運びますが、足を木の枝にとまるために使う鳥もいます。暴れる魚をつかむために足にかたいトゲのようなものがある鳥もいれば、鋭いかぎ爪で獲物をつかんで殺す鳥もいます。

ヒクイドリは脚の筋肉が発達しているので、走るのが速い
ヒクイドリ
足にはナイフのような長い爪がある

走る

ヒクイドリのように飛ばない鳥は、筋肉質の脚や丈夫な脚をもっていて、最大時速50kmで走り、1.5mもジャンプをすることができる。ナイフのような鋭い爪があり、おそってきた動物をけって身を守る。

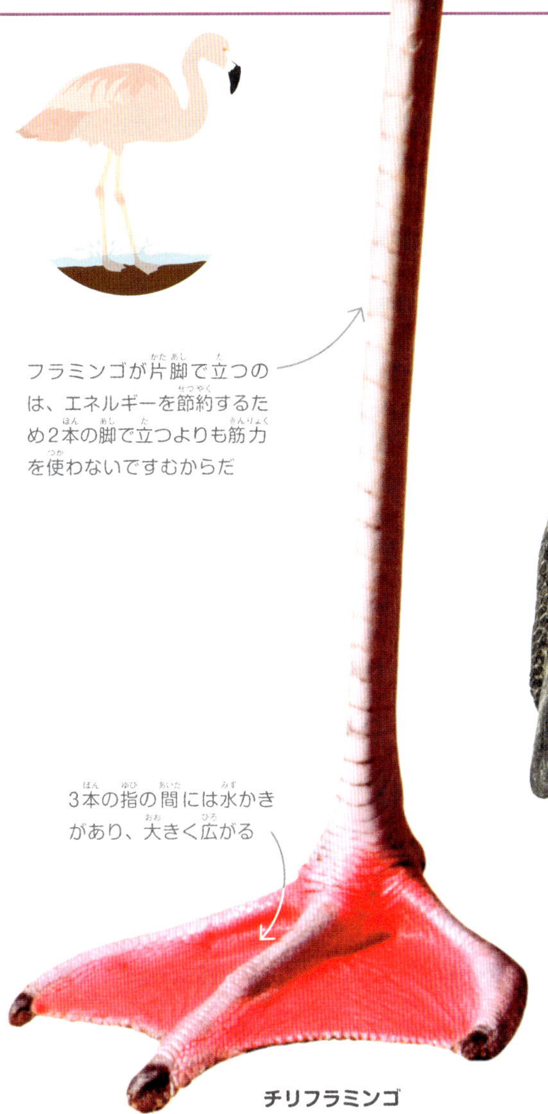
フラミンゴが片脚で立つのは、エネルギーを節約するため2本の脚で立つよりも筋力を使わないですむからだ
3本の指の間には水かきがあり、大きく広がる
チリフラミンゴ

歩く

浅い水辺を歩いてエサをとる鳥の足には長い指と水かきがある。水かきを大きく広げて体重を分散させ、バランスを保ったり、砂や泥に体が沈むのを防いだりする。長い脚は、羽をぬらさずに水の中を歩くのに役立つ。

キング
ペンギン
水中のペンギンは、平たい水かきのついた足を使って上手に泳ぐ

もぐる

水にもぐる多くの鳥の足には、水かきがあったり、うろこにおおわれた丈夫なヒレがあり、それらを使って水中で前進する。キングペンギンは水深300mまでもぐることができ、足は氷点下の冷たい氷の上で立っていられるように適応している。

つかむ

フクロウの足指はとても力が強く、曲がったナイフのように鋭いかぎ爪で木の枝にとまったり、獲物をつかんだりする。4本の爪のうち2本は正面を、あとの2本は後ろを向いている。そのおかげで足を大きく広げることができ、つかむ力も強い。

フクロウ
かぎ型に鋭くとがった爪の先で、肉を突き刺す

羽の油分は水をはじくので、羽に水が染みこむのを防ぐ
尾羽の近くにある尾腺からは油分が出て、羽についた水をはじく
力強い筋肉質の足が泳ぐためのパワーを生み出す
前を向いている3本の指の間の水かきは、泳いだり、方向を変えたり、泥の上を歩いたりするときに役立つ
泳ぎながら両足の水かきを広げてスピードアップする
羽は水をはじく
油分は体全体にぬりつけられている

▶ 泳ぎの達人

マガモのようなカモの仲間は、水かきのついた足を水中で前後におしたり引いたりして泳ぐ。足を後ろにけるときは水かきを広げ、前方へ引き寄せるときはすぼめて水の抵抗を少なくし、効果的に泳ぐことができる。

羽づくろい

カモの仲間には尾腺があり、油分をだす。それを体全体に広げることで水が羽に染みこむのを防いでいる。羽が乾いていれば、体温を保てるし、体が水に浮きやすくなる。

水面から飛び立つ

マガモは体重のわりにつばさが大きいので、1回羽ばたくだけで空中に飛び立つことができる。ハクチョウのように大型の水鳥は、飛び立つ前に助走をして勢いをつけなくてはならない。

水鳥の泳ぎ方

HOW **DUCKS** SWIM

水をはじく羽、水かきのついた足、そして流線形の胴体をもった水泳の達人であるカモは、水辺の生活に適応しています。また、水中のエサをこしとるくちばしを持っています。ふ化したあと、羽が乾くとすぐに泳ぐことができます。泳ぎに優れているだけでなく、ほとんどのカモは速いスピードで長時間空を飛び、遠いところへ移動することができます。

カモの長い胴体は水に浮きやすいが、地面の上を歩くときはぎこちない
水をはじく羽の下には羽毛の層がある。そのため、冷たい水の中でも体を温かく保ち、空気をとりこんで体を浮かせる
目の筋肉が発達していて、水中でレンズのピントをうまく合わせることができる
カモの体の中を横から見ると、9つの気のうのうちの6つが見える。内臓のほとんどは、気のうの内側にあって見えない
気のう(空気袋)をふくらませて水に浮く
マガモは逆立ちするカモで、水中にもぐらず、頭だけを水に突っこんでエサを食べる
くちばしの内側には、クシの目のようなぎざぎざした部分がある。これはラメラとよばれる組織で、水中のエサをこして食べるのに役立つ
敏感で平たいくちばしは、水中のエサをさわりながら見つけ出すことができる

気嚢(空気袋)

鳥はみなそうだが、カモも肺のまわりに空気をためておく気のう(空気袋)が9つある。気のうから肺へ空気を送り、つねに酸素を血液に取りこめるようにする。水面で泳ぐときは気のうをふくらませているが、カモによっては水中にもぐるときに気のうをしぼませるものもいる。

水面へ降りる

地面ではなく水面であれば、カモは高速のまま降りることができる。足を体の下へ突き出し、水かきを大きく広げると、スピードが落ち、体にかかる衝撃を軽くすることができる。

カワセミの飛びこみ

カワセミの飛びこみは、わずか数秒間。ミサイルのような流線形の体を使って、驚くべき正確さで魚をつかまえる。

木の枝に止まって、上から水面を観察
頭と体を一直線にして水面へ
つばさの角度を細かく変えることでスピードや方向を調節する

1 獲物を発見
水面近くにいる魚を見つけたカワセミは、おそいかかる角度、さらには水面に反射する光の屈折も見きわめる。

2 飛びこみ開始
枝から飛びおり、羽で向きを調節しながら、獲物に向かって突進する。

3 接近
水面に近づいたら、羽を約半分まで閉じるように体に引き寄せ、さらに後ろにつけていっそう流線形に近くする。

4 水の中へ
鋭くとがったくちばしから水中へ飛びこむ。このときカワセミは、瞬膜と呼ばれるまぶたを閉じて、水の衝撃から目を守っている。

鳥類の飛びこみ
HOW BIRDS DIVE

飛びこんで獲物をつかまえる鳥たちはみごとな技を使います。時速80 kmを超える速さで水に飛びこみ、獲物が気づかないうちにつかまえてしまう鳥もいれば、水面から潜る泳ぎの名手もいます。鳥は体が軽く浮きやすいので、水中に潜っているためには工夫が必要です。

◀カワセミ
水深1 mまで潜るカワセミは、おもに小魚を食べるが、両生類、甲殻類、昆虫などを食べることもある。空中からいきおいよく突進するため、水面に張っている氷を割ることもある。潜水している間は、瞬膜とよばれる薄い膜をまぶたのように閉じて目を守っている。

⑥ とどめを刺す
魚の尾をくわえ、木の枝にたたきつけて失神させる。こうすることで魚の脊椎がくだけて、カワセミの消化器官に通りやすくなる。

カワセミの羽は水をはじく

⑤ 獲物を運ぶ
水中で小魚をつかまえたら、浮力を利用したりはばたいたりして水面へ浮き上がる。水面から空中へはばたくときには、魚をくちばしに直角にくわえる。

飛びこむ鳥たち
飛びこむ鳥たちの多くは、かなり深く潜り、一度に数分間水中にいることができる。足や羽を動かす強力な筋肉で、水の底深く潜ることができる。

足を使う
カイツブリは、強力な足とひれのついた足指を使って水中に潜る。エサをとるためだけではなく、危険から身を守るときにも潜水する。

つばさを使う
ウミガラスの仲間は水深210 mと、空中から水に飛びこむ鳥の中ではもっとも深く潜ることができる。水中ではつばさを動かして泳ぐ。

ウエットスーツのダイバー
ほかの鳥にくらべ、羽の油分が少ないウは、水に飛びこんだあとはぬれたつばさを乾かさなくてはならない。

ペンギンの動き

HOW PENGUINS MOVE

ペンギンは空を飛べない代わりに、水中で泳ぐためのあらゆる能力をそなえています。ペンギンは、とてもつるつるした体をしていて、分厚い羽毛や泳ぐためのつばさがあり、体の後ろのほうにあって推進力をもつたくましい足で、ほかのどんな鳥より速く泳いだり深く潜ったりできます。ジェンツーペンギンは最も速く泳ぐことができ、水に飛びこんでから一気に時速35 kmの速さになります。水中で呼吸することはできませんが、コウテイペンギンは息を止めたまま10分間も潜っていることができます。

▼ 海辺の暮らし

キングペンギンは、海が凍るように冷たい冬でさえ、陸の上よりもずっと長い時間を海で過ごす。それが可能なのは、体を守る厚い脂肪の層に、とても優れた断熱性があるからだ。親ペンギンはお腹をすかせたひなのため、1日に100回も海に入り、魚やイカをつかまえる。キングペンギンは、300 m以上も深く潜ることができる。

水中のペンギンを取り囲むたくさんの空気の泡が水の抵抗をおさえ、泳ぎをスピードアップさせる
フリッパーとよばれるひれ状のつばさは、飛ぶより泳ぐために特別に進化した
流線形の体をいかし、とてもすばやく泳いだり潜ったりする
細長いくちばしの内部には逆向きのとげがあり、魚をつかまえるのに役立つ
胴やつばさに生えている短くて油を含んだ羽は、空気を閉じこめて体温を保ったり、体を浮かせたりする
強い胸の筋肉を使ってつばさを動かす
足の水かきは、水中を泳ぐためだけでなく、方向を決める舵の役割もする

氷の上での動き

海から出たペンギンは、よちよちと苦労しながらゆっくりと進む。歩くのは苦手なので、できるだけ海から離れない。重い胴体と太く短い足は陸地に適していないため、ぴょんぴょんとはねたり、すべったり、海に飛びこんだりしながら移動する以外は、よちよち歩くしかない。

跳ねる
海からダッシュして飛び出し、氷の上に戻るコウテイペンギン。彼らを食べようとひそんでいるヒョウアザラシにつかまらないためだ。

滑る
時間とエネルギーを節約するため、このアゴヒモペンギンのように、氷の上で腹ばいになり、体をソリ(トボガン)のようにすべらせる。

歩く
お尻のほうに足がついているため、直立した姿勢のまま、足を引きずるようによちよち歩く。つばさを横に広げて、転ばないようにバランスをとる。

飛びこむ
アデリーペンギンは、繁殖地では、整列したまま海に浮いた氷から氷へと飛び移ったり、次々と海に飛びこんだりする。

つばさの骨
ペンギンのつばさはかたくて細長く、少しだけ後ろに反っており、水をかくのにもっとも適した形をしている。骨はかたく、ぎっしりつまっているが、つばさを手やひじの関節で動かせるふつうの鳥とは違い、肩でしか動かせない。
泳いでいるとき、ワシのような大型の鳥に空から狙われないよう、背中は暗い色でカムフラージュしている
水中でよく見えるように適応した目
背中とは逆に腹は白く、明るい水面の色に近い。下のほうからペンギンたちを狙う、アシカやアザラシから身を守るためだ
目の上の部分には、塩類腺とよばれる特別な器官があり、ペンギンが魚をつかまえ、飲みこむときに海水の塩分をこしとる働きをする。塩は大量に体の中に入ると害になるので、くちばしを通して排出される
ペンギンはつばさを、空を飛ぶ鳥のつばさと同じように上下に動かすが、下へ動かすときにだけ前へ進むことができる

嵐の中を生きぬく

南アメリカ大陸と南極大陸の間にあるサウスジョージア島で、ぴったりと身を寄せあうことで体温を保ち、猛吹雪にたえているキングペンギンの群れ。仲間全員できびしい寒さを生きぬくため、いっしょに卵を温め、ひなを守る。長時間じっとしていることでエネルギーを使わずにすみ、エサをとることがむずかしい冬にはとくに重要だ。

ダチョウの二足歩行

HOW **OSTRICHES** WORK

ダチョウの体は鳥類最大で、二本足で走る速さは鳥類最速です。アフリカの平原に住む彼らが敵から身を守るためには、その大きな体と足の速さが役に立つのです。つばさを動かす力になる胸の筋肉が弱いので、飛ぶことはできません。ダチョウの仲間には、レア、エミュー、キーウィなどがいます。

走るための筋肉はももに集中していて、ももより先の脚は細くて軽い
腱とよばれる強いひも状の組織がももから足先までつながっている。腱は筋肉と足の骨を結びつける役割をしている

▶ 巨大な足

鳥類の中で、2本指の鳥はダチョウだけだ。大きなひづめのような足先をしていて、最大時速70 kmで走ることができる。もともとの祖先は飛ぶ鳥だったが、草原や砂漠を駆け回るうち、より走ることに頼るようになり、しだいに飛ぶ能力を失っていった。

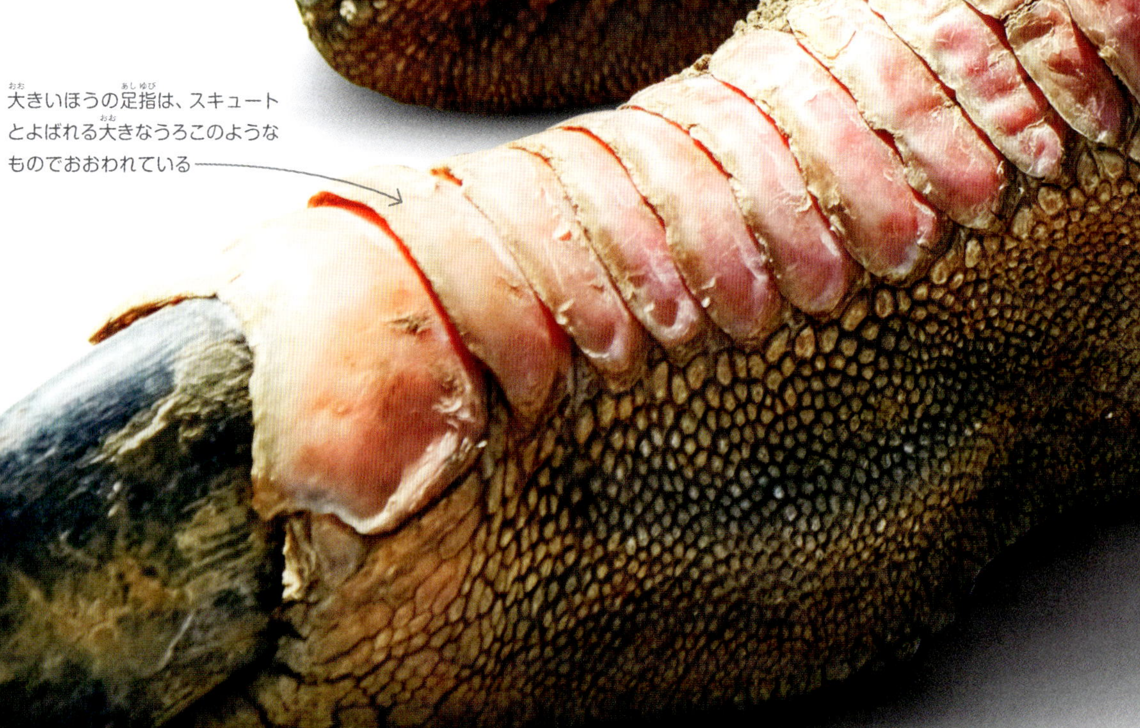
小さいほうの足指はほとんど地面に触れず、歩いたり走ったりするには役に立たない
大きいほうの足指は、スキュートとよばれる大きなうろこのようなものでおおわれている
10 cmもある強力な爪は、土を掘って栄養豊富な植物の根を食べたり、敵をけって身を守ったりするのに使う

小さなビーズのようなうろこが
足の横についている
2本の足指のうちの大きいほうで、
全体重を支えている

ダチョウの仲間たち

ダチョウは走鳥類という飛べない鳥類に属していて、進化の過程で飛ぶ能力を失っていったと考えられている。各大陸に、それぞれ固有の走鳥類が分布している。

ヒクイドリ

ヒクイドリは、ニューギニアの熱帯雨林に生息していて、オーストラリアの奥地にいるエミューが、もっとも近い種類とされている。

レア

南アメリカのレアにはアフリカダチョウのようなやわらかいつばさがあるが、体の大きさはダチョウよりも小さい。

キーウィ

キーウィは、もっとも小さな走鳥類だ。ニュージーランドの森で暮らしていて、短い脚と、鋭敏な長いくちばしが特徴である。

走る

ダチョウは長い脚をしているため歩幅が大きい。ほかの走鳥類と同じように、筋肉はももに集中していて、脚の下のほうは軽く、腱で動かすようになっている。そのため、大きな歩幅でけり出すことができる。

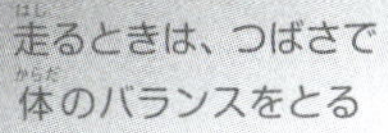
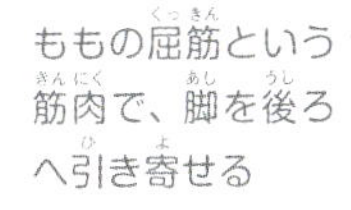

走るときは、つばさで
体のバランスをとる
ももにある伸筋という
筋肉を使って脚を前へ
とけり出す
腓筋という筋肉で
腱を引き上げ、脚
をまっすぐに戻す
ももの屈筋という
筋肉で、脚を後ろ
へ引き寄せる

哺乳類はおよそ2億2000万年前に爬虫類から進化した。**最初の哺乳類**は小さなトガリネズミのような姿で、昆虫を食べ、恐竜の陰にかくれるように生きていた。しかし、6500万年ほど前に恐竜が絶滅してからは、哺乳類はたくさんの**種類**に分かれて地球全体に広がった。

人間も哺乳類なので、仲間として似ているところが多い。

哺乳類

さまざまな哺乳類

ほんのネズミほどの大きさで虫を食べていた哺乳類は大きく進化をとげ、驚くほどさまざまな姿になった。今日では地上の生命は哺乳類が支配しているといっていいが、海や空の暮らしに適応したものもいる。

霊長類
いろいろな猿とその仲間は、哺乳類の中でもとくに頭がいい。

有蹄類
ひづめのある哺乳類はおもに草食で、多くが群れをつくって暮らす。

げっ歯類
哺乳類のおよそ40%がげっ歯類だ。ネズミやカピバラ、チンチラがこの仲間。

コウモリ
哺乳類で翼をはばたかせて飛べるのはコウモリだけ。活動するのは夜が多い。

単孔類
哺乳類なのに爬虫類のように卵を生むのが単孔類。このハリモグラもそのひとつ。

有袋類
赤ちゃんを小さく産んで、ふつうは腹部にある袋の中で成長させる仲間。

動物の中で、耳が外についているのはクジラの仲間をのぞいて哺乳類だけ。この耳で、音がどこから来るのかをつきとめることができる
多くの哺乳類は嗅覚が鋭く、異性をさがしたり獲物を見つけるのに役立てる
大部分の哺乳類には敏感なヒゲがあって、それをたよりに暗いところを歩くことができる

▶ かしこいハンター

肉食動物でジャコウネコの仲間のジェネット。哺乳類らしい、毛皮でおおわれた体や大きな脳、よく発達した感覚器官などの特徴をもつ。哺乳類は好奇心が強く、すばやく学習するので、生きるために必要なわざをうまく身につけていく。ジェネットは夜行性で、鋭い目と敏感な耳、よくきく鼻を使って夜に狩りをする。

温かい血

哺乳類は恒温動物(または温血動物)、つまり体温を一定に保つ。暑いときは、ゾウは大きな耳をぱたぱたと動かしてあおぐ。温度を色で表わすサーマルイメージでとらえてみると、耳だけ体のほかの部分と色が違うことがわかる。耳の温度が低いためだ。

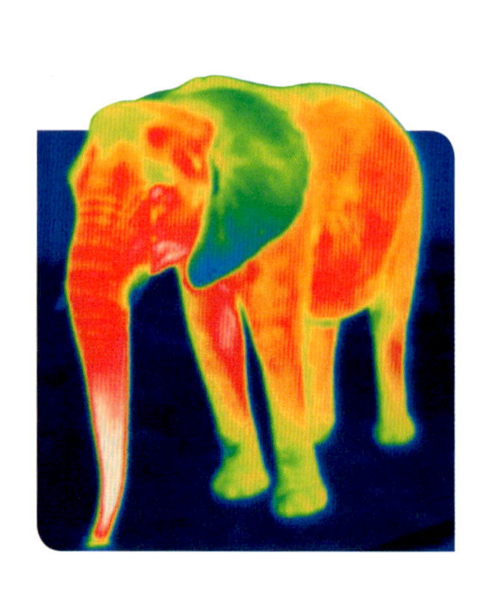

繁殖

胎盤
へその緒
赤ちゃんが育っている

ほとんどの哺乳類と同じで、ジェネットも卵を産むのではなく、赤ちゃんを出産する。お腹の中の胎児は、へその緒を通して母親から栄養をもらって育つ。へその緒は母親の胎盤という内臓とつながっていて、そこに母親の血が流れこむ。

哺乳類の生態
HOW **MAMMALS** WORK

爬虫類が冷血動物でうろこにおおわれ、卵を産むのと違って、哺乳類は血が温かい恒温動物です。毛皮につつまれ、赤ちゃんを産みます。哺乳類はみな、生まれた赤ちゃんを母乳で育て、ひとり立ちできるようになるまで世話します。哺乳類には5000以上もの種があります。最大の動物であるシロナガスクジラも、わたしたち人間も、その中にふくまれるのです。

厚い毛皮のおかげで寒い季節にも体から熱が逃げない
多くの哺乳類には尾があって、木に登ったりジャンプするときにバランスをとる役目がある。尾で物をつかむ哺乳類もいる
ほとんどの哺乳類は4本の脚で歩く。ジェネットはつま先で歩くが、これはネコも同じだ

毛皮の層

多くの哺乳類と同じように、ホッキョクグマの毛皮は2層になっている。外側は長い上毛。下毛が濡れすぎてしまうのを防ぐ役目があり、この上毛の色が毛皮の色を決める。やわらかい下毛はさらに密に生えていて、ちょうどつめものをした上着のように温かい空気を逃がさない。さらにホッキョクグマの皮膚の下にはぶ厚い脂肪の層があって、断熱材としてはたらく。

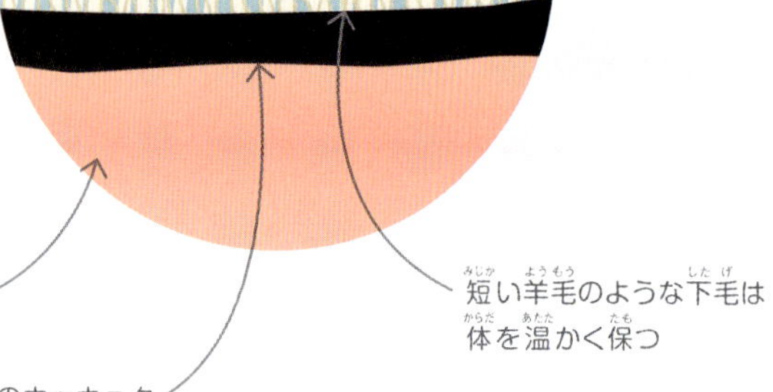
びっしりと生えた下毛を、長い上毛が保護している
皮膚の下の脂肪の層は厚さが10cmにもなる
毛皮の下のホッキョクグマの肌の色は黒だ
短い羊毛のような下毛は体を温かく保つ

とげになった毛

ヤマアラシには針毛とよばれる特別に発達した毛がある。かたいたんぱく質であるケラチンに厚くおおわれたとげの先端はとがっていて、根元がゆるくなっているので、敵に刺さるとすぐにはずれて傷口に深く刺さる。

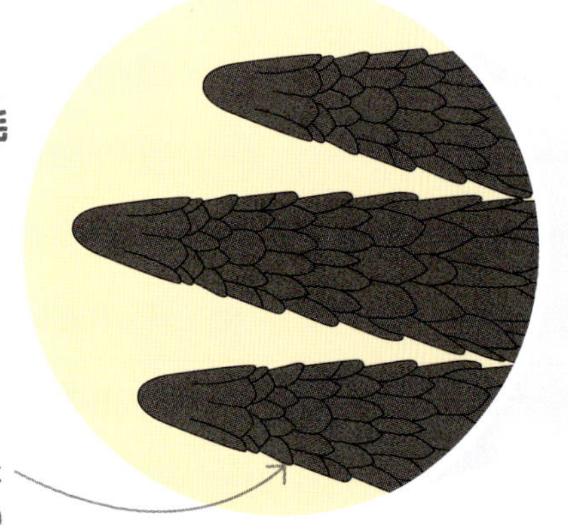
それぞれのとげの先端はつり針のように逆向きのフック状になっていて、いったん刺さると抜けにくい

毛のしくみ

HOW HAIR WORKS

哺乳類の食べるエサは大部分が体を温かく保つためのエネルギーになり、ときには90%まで使ってしまいます。失う熱が少なければ、食べる量も少なくてすむので、体の熱を守ることが、とくに寒い気候ではとても大切なのです。このために哺乳類には毛が生えています。毛は哺乳類の特色で、密集して生えて厚い毛皮となり、温かい空気を封じこめたりします。

▶ さまざまな毛皮

哺乳類でもほとんど毛のない種類もあるが、たいていは熱を逃がさないためのやわらかい毛皮におおわれている。1本1本の毛とつながった小さな筋肉が、断熱度を高めたいときに毛を起こすよう動く。毛にはさまざまな色や模様がある。強い敵から身をかくすため、また肉食動物が獲物から見えにくくなるように、擬態となる模様もある。哺乳類の中には毛が発達して身を守るためのとげや、うろこになったものまである。

北極用の断熱

ホッキョクグマの毛皮はびっしりと密に生えていて、皮膚の下には厚い脂肪の層もあるため、北極圏のきびしい冬でも体温を保てる。ホッキョクグマは北極海の氷の上にすみ、氷点近い温度の海中を泳ぐことも多い。生きていくためには、何より体温をじょうずに守らなければならないのだ。

白く見える上毛は、じつは透明でストローのように中が空洞だ

とげで身を守る

ヤマアラシには鋭いとげがある。これは毛が太く変化したもので、毛と同じで皮膚から生えている。

このカナダヤマアラシのとげは、いつもは体にそって平らに寝ている。危険を感じると皮膚の中にある筋肉がとげを立てて広げ、敵から身を守る用意をする。

ヤマアラシにはおよそ3万本もの針毛が生えている

毛色でカムフラージュ（擬態）

トラの体には黄色と黒の毛が交互に生えて、しま模様をつくっている。トラが住む森や密林では、この模様はトラの体を樹木や長い草などにまぎれさせ、獲物から見えにくくする。

縞模様のために、トラの体が木かげの下生えの中にまぎれる

よろいで武装

センザンコウの毛は、重なりあった弾力性のあるうろこのよろいにつながっている。これらはセンザンコウの毛や爪と同じで、かたいケラチンでできたもの。攻撃を受けるとセンザンコウはうろこを外にして丸くなり、うろこはそれぞれ角を立てて鋭い刃となり、体を守る。

センザンコウは全身がうろこでおおわれている

哺乳類の感覚のしくみ
HOW **MAMMAL SENSES** WORK

哺乳類もほかの動物と同じように、いくつもの感覚を使って身を守ったりエサを見つけたりします。ほとんどの哺乳類には人間と同じ五感がありますが、とくに夜に活動する動物の多くは、おもににおいと音に頼っています。人間には想像もできないような、特別の感覚をもつ哺乳類もいます。

瞳孔(ひとみ)
視神経
網膜
水晶体
角膜
においセンサー
嗅球
ヤコブソン器官
においの分子が鼻と口に入る
舌
味らい

▶ 鋭い感覚
さまざまな哺乳類が、生活する場に合わせて感覚を進化させた。このキツネのような夜行性の肉食動物は、小さなネズミなどの獲物を追うために、おもに鼻と耳を使う。

見る
哺乳類の目のしくみはカメラに似ている。光が瞳孔(ひとみ)とよばれる穴から目の中に入ると、光の明るさによって瞳孔が大きさを変える。この光は角膜と水晶体によって進路が変えられ、網膜とよばれる視覚細胞がならんだ膜の上でピントが合い、くっきりした像をつくる。視覚細胞は見たものを電気信号に変える。信号が視神経を通って脳に送られ、そこで読みとられる。

においをかぐ
キツネの長い鼻づらには小さなにおいセンサーがぎっしりつまっていて、脳の中の嗅球とよばれる場所につながっている。ヤコブソン器官というものをもつ哺乳類もいる。同じ種の動物からのにおい信号をキャッチするもので、口に入ったにおいでわかる。

味わう
舌の表面にあいた穴にはたくさんの味らい(味を感じる器官)があって、食べ物の味を感じとる。ただし、ここで感じられるのは単純な味だ。複雑な味はおもに嗅覚で感じとる。

長い針金のようなヒゲは敏感な触覚(物にさわったことを感じとる感覚)をもつ。近くで何かが動いたときの空気の動きまで感じとることができる

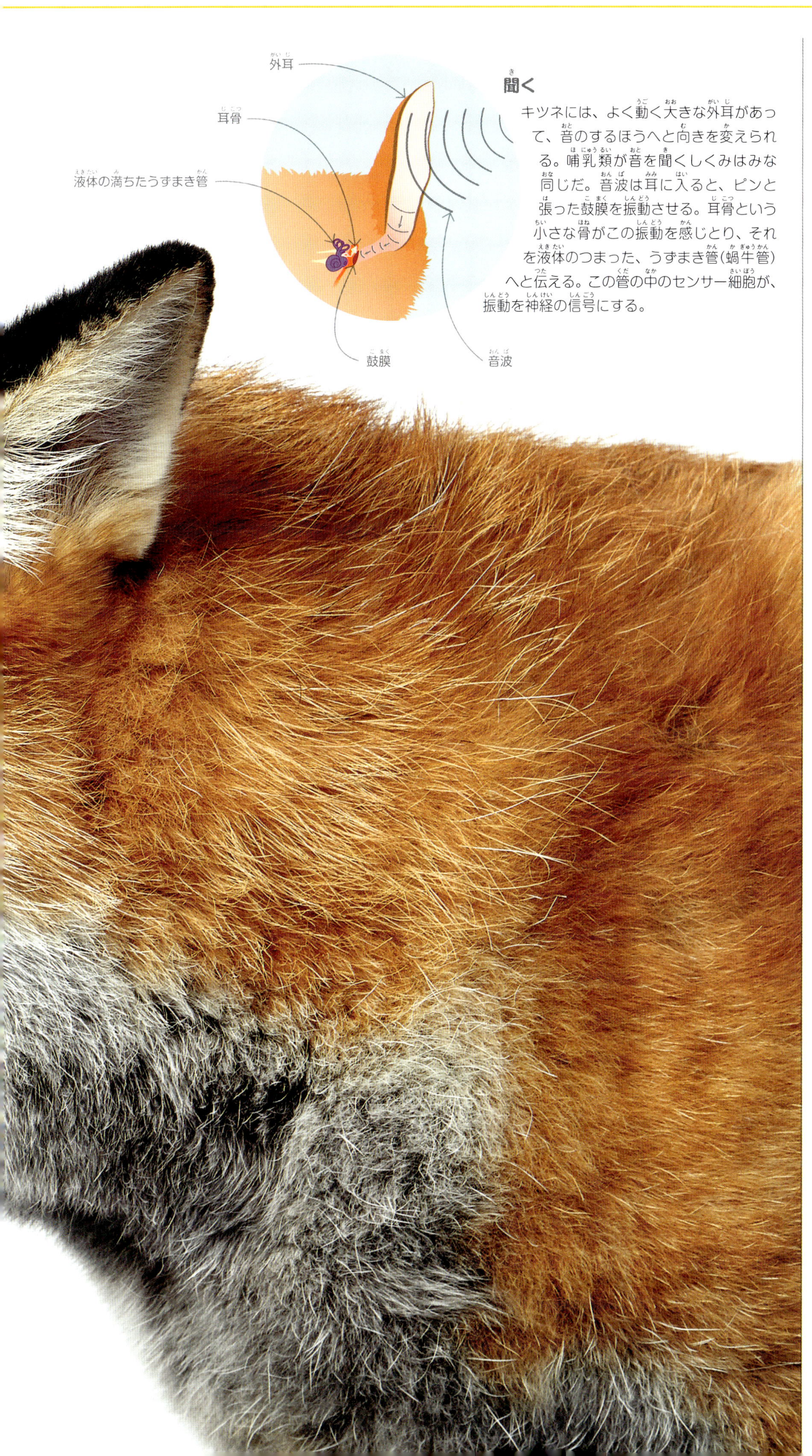
外耳
耳骨
液体の満ちたうずまき管
鼓膜
音波

聞く

キツネには、よく動く大きな外耳があって、音のするほうへと向きを変えられる。哺乳類が音を聞くしくみはみな同じだ。音波は耳に入ると、ピンと張った鼓膜を振動させる。耳骨という小さな骨がこの振動を感じとり、それを液体のつまった、うずまき管(蝸牛管)へと伝える。この管の中のセンサー細胞が、振動を神経の信号にする。

特殊な感覚

住む環境に合わせて感覚を発達させた哺乳類も多い。また、いらない感覚はなくしてしまうこともある。たとえば穴の中など完全な暗やみに住む哺乳類の多くは目が見えない。その一方で、ふつうの感覚だけではむずかしい場所で生きていくための、特別な感覚をもつものもいる。

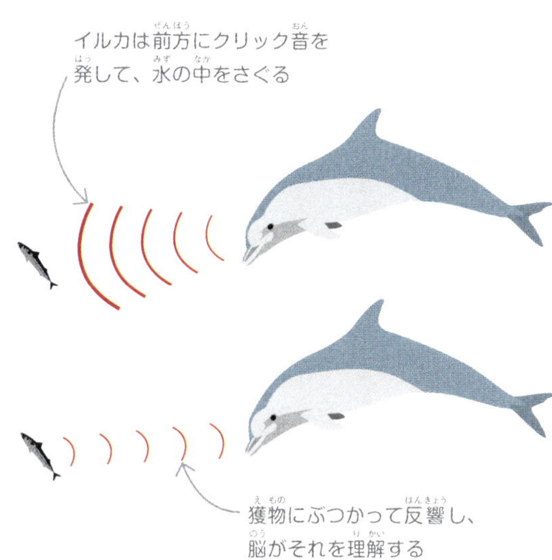
イルカは前方にクリック音を
発して、水の中をさぐる
獲物にぶつかって反響し、
脳がそれを理解する

反響で位置を知る(エコロケーション)

イルカは音でまわりの様子を感じとるが、そのやり方は人間とは違っている。イルカはクリック音を次々に出し、水の中の物に当たってはねかえった音を読みとることで、周囲がどうなっているか、目を使わずにわかる。暗い海中で狩りをするのにはなくてはならない能力だ。コウモリも似たような方法を使う。

くちばしで獲物
からの電気信号
をキャッチする
くちばしの先にはお
よそ4万個もの小さ
なセンサーがある

わずかな電気をキャッチ

オーストラリアに生息するカモノハシの、アヒルに似たゴムのようなくちばしには、他の哺乳類にはない感覚がある。エサとなる小動物が、筋肉を動かすときに発する神経の電気信号をキャッチすることができるのだ。カモノハシはこの特別な感覚を使って、視覚が役に立たないにごった水の中でも獲物をつきとめることができる。

哺乳類の誕生

HOW **MAMMALS** ARE BORN

ほとんどの哺乳類は母親のお腹の中で、長い時間をかけて育ちます。栄養は、胎盤とよばれる器官からもらいます。胎盤はへその緒を通して血液で赤ちゃんに食べ物と酸素をあたえます。母親の体から出てもだいじょうぶなほどに成長したら、産まれ出てきます。でも赤ちゃんはまだ弱く、ひとり立ちできるまでは親に育ててもらわなければなりません。

▶ 生まれたて
ほかの哺乳類の赤ちゃんと同じで、子ネコは生まれて数週間は母親に世話をしてもらわないと生きられない。母親にくっついて温めてもらい、栄養たっぷりのお乳を飲んでどんどん大きくなる。哺乳類の母親と赤ちゃんはお互いを、においでかぎ分けられるようになる。

生まれたばかりの子ネコの毛はしめっているが、これは母親のお腹の中で液体の中につかって育っていたためだ

子ネコは生まれたときは何も見えず、少なくとも1週間は目が開かない
目の見えない子ネコは、鼻だけで母親をかぎ分ける

きょうだい

ネコはふつう、3頭から6頭の子をいっぺんに産む。ほかのたくさんの哺乳類も一度に複数の子を産む。野生の哺乳類が生きる自然の環境には危険が多くて、生まれた子がすべて大人になれることは少ない。

子ネコはそれぞれ羊膜とよばれる袋の中で成長する

子ネコは1匹ずつそれぞれの胎盤に包まれている

子宮

産道

出産

哺乳類の赤ちゃんは子宮の中で、それぞれ自分だけの胎盤をもっている。ネコの赤ちゃんは1匹ずつ、液体の入った袋の中で守られて成長する。産む準備が整うと、子宮の壁の筋肉が動いて赤ちゃんを1匹ずつ産道から押しだす。

生まれたときの大きさ

ゾウやクジラなど体の大きな哺乳類は、赤ちゃんを長い間お腹の中で育て、大きくなってから産む。赤ちゃんは生まれてすぐに自分の力で動きまわれるほどだ。しかし、哺乳類の種類によっては子宮の中で過ごす時間が短く、生まれたときには小さくて、目も開かず、何もできない赤ちゃんもいる。

キリンは15か月くらいも子宮の中ですごす。生まれたときの赤ちゃんは母親の体重の10分の1。生まれてすぐに歩けるようになる。

シャチ(オルカ)は子宮の中で17か月くらいかけて育ち、水の中に産みだされる。赤ちゃんシャチの重さは、大人の50分の1だ。

パンダの赤ちゃんはとても小さく、生まれたときには自分では何もできない

ジャイアントパンダは生まれるまでに3~5か月で、生まれたときの重さは大人の1000分の1。ほかの赤ちゃんとくらべても、とくに注意深く世話をしなければいけない。

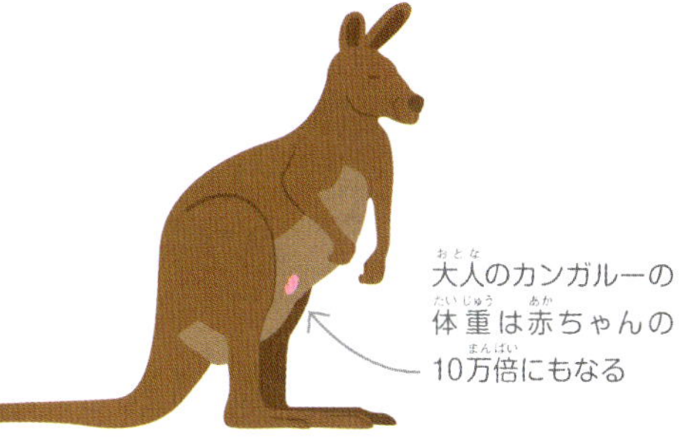

大人のカンガルーの体重は赤ちゃんの10万倍にもなる

カンガルーは有袋類だ。哺乳類の仲間だが、胎盤がない。赤ちゃんは小さく、未熟児の状態で生まれ、自分で母親の体をよじのぼって袋に入り、そこでさらに成長を続ける。

哺乳類の授乳

HOW **MAMMALS** FEED THEIR YOUNG

動物の中では哺乳類のメスだけが、乳腺という器官からお乳を作ります。赤ちゃんは最初の数週間から数年まで、これを飲んで育ち、やがて乳ばなれして、大人と同じものを食べはじめます。

母親のお乳を吸うモルモットの赤ちゃん、横から見たところ。

▶ 胎盤のある哺乳類

ほとんどの哺乳類は、卵ではなく赤ちゃんを産む。このモルモットもそうだ。生まれる前の赤ちゃんは母親の子宮の中で、胎盤という器官から栄養をもらっている。生まれてからは、母親の乳腺から出るお乳を乳首から吸う。

乳腺
毛皮
乳
やわらかい乳首

お乳の中身

お乳には赤ちゃんの成長に必要な脂肪とたんぱく質、糖がたっぷりふくまれている。白く見えるのは、たくさんある脂肪の分子に光があたって反射するためだ。

乳腺
乳
毛
カモノハシ

カモノハシの母親のお腹の上に、乳腺から乳がしみ出す

単孔類

哺乳類の中でも単孔類として知られる種類は、赤ちゃんではなく卵を産む。この仲間にはハリモグラやカモノハシがいる。赤ちゃんが卵から出てくると、母親はお乳を出すが、母親には乳首はない。お乳は乳腺から毛皮の中にしみ出してきてお腹の上にたまる。それを赤ちゃんがなめるのだ。

下から見ると

この赤ちゃんは、胎盤のあるほかの哺乳類たちと同じく、かなり大きくなってから生まれている

オオカンガルー
袋

有袋類

胎盤のある哺乳類と違って、カンガルーのような有袋類は妊娠期間が短く、まだ育ちきっていない小さな赤ちゃんを産む。未熟なままで生まれ、何もできない赤ちゃんは、母親の体をよじのぼり、ふつうは袋の中に入りこんで、必要な栄養をもらおうと乳首にしがみつく。赤ちゃんは数週間、ときには何か月も袋の中で過ごす。

哺乳類の子育て
HOW MAMMALS CARE FOR THEIR YOUNG

哺乳類の親はさまざまなやり方で子どもの面倒を見ます。身を守ってやり、食べ物をあたえ、体を温めてやり、安全なところに住まわせます。時間もエネルギーもたくさん使って、できるかぎり子どもたちが生き延びられるようにします。哺乳類はほかの動物より一度に産む子どもの数が少なく、そのため、子どもたちにせいいっぱい注意を向けることができるのです。

母トラは、子どもに迫る危険を聞きのがさないように、耳をピンと立てている

守る
哺乳類の子どもは肉食動物には手ごろな獲物であり、子どもの身を守ってやれるのは親だけだ。この母ロバは一歩も引かずに子を守っている。親が逃げてしまったら、子どもはひとたまりもない。

◀運んで、かくす

多くの哺乳類と同じく、トラも子どもは少ししか産まず、どの子も生きのびられるように世話をする。子どもが大きくなって、ねぐらを出て歩きまわるようになると、毒ヘビに出くわすなど、危険な目にあうこともある。そんなとき母親は子を口にくわえて運ぶ。もし別の肉食動物にねぐらを見つけられてしまったら、一家そろって引っこすことになる。

危険な場所から運ばれていく子ども

縞模様が目くらましとなって、ぜったいにかなわない敵から身を隠すのを助けてくれる

この子どもはもう大きくなって、母親といっしょにねぐらの外を歩きまわることができる

子どもにせまる危険にいつでも立ち向かえる、鋭い爪

足はやわらかくて肉球がついているので、音をたてずに移動できる

食べさせる

自分で狩りができるようになるまで、肉食の哺乳動物は食べ物を親にもってきてもらうしかない。ネコ科の動物は獲物を生きたまま子どものもとに持ちかえることがよくある。狩りの練習台にするためだ。

温める

哺乳類の子どもにとって、寒さは大敵だ。体が小さくて熱を失いやすいからである。親はぜったいに子どもの体が冷えないようにする。雪の多い山の中に住むこのニホンザルたちのように、家族で身をよせあったりもする。

哺乳類の成長
HOW **MAMMALS** GROW UP

哺乳類はひとり立ちするまでに、ほかの動物より時間がかかります。爬虫類の赤ちゃんは卵からかえったらすぐに自力で生きていきますが、哺乳類の子どもはそうはいきません。親に世話をしてもらいながら、自分だけで生きていくのに必要な力をだんだんと身につけていきます。

▶ キツネの成長
キツネは、子ギツネから、大人になって自分も子どもをもてるようになるまでの間に、体も知能もどんどん変化していく。体が大きく、強くなり、目が見えるようになり、歩けるようになり、狩りをおぼえ、子どもの世話まで学ぶ。

❶ 生まれたばかりのキツネ
生まれたばかりのころは、目が見えず、耳も聞こえず、歯もなく、ほとんど何もできない。本能でわかるのはお母さんのお乳を飲むことだけだ。キツネの乳には牛乳の3倍もの脂肪がふくまれている。赤ちゃんはぐんぐん成長し、10日もすると体重は3倍にもなる。

色の濃いふわふわの毛
生まれてから2週間、子ギツネの目は閉じられたままだ
生まれたばかりのキツネ

初めのうち、キツネの目は青い
生後4週間

❷ 最初の一歩
生後2週間ぐらいで目が開き、耳も聞こえるようになって、まわりを意識するようになる。4週間もすると、よちよち歩きを始め、母親のお乳のほかに、親が半分消化して吐きもどした食べ物ももらうようになる。

耳が大きくなり、周囲に注意をはらうようになる
青かった目は金色に

❸ 学んで成長
生後8週間くらいになると、子ギツネは親が巣穴に運んできた固形のエサを食べるようになる。まだ狩りをすることはできないが、虫や小動物を追いかけたり、ときにはつかまえたりと、狩りのまねごとを始める。

生後8週間

初めて学ぶこと

哺乳類が生まれて真っ先に学習するのは、自分の親を見分けることだ。これは「刷りこみ」と呼ばれる現象で、最初に面倒を見てくれる相手に親しみを感じることだ。子どもは成長しきるまで親に面倒を見てもらうので、これは重要なことである。

観察して学ぶ

哺乳類はいくつかの能力を、大人がすることを観察し、まねることで身につける。ゾウの子どもは初め、腹ばいになって口から水を飲む。大人がしていることを観察して初めて、鼻を使って口に水を流しこむことをおぼえるのだ。

まだ大人になりきっていないが、毛は大人と同じ明るい色になっている

④ もうすぐ大人に

生後12週間くらいにはもう、子どもの間で上下関係ができあがっている。子どもたちはお互いに、しのびよったり、飛びかかったり、追いかけっこをしたりしていっしょに遊ぶ。こうして遊びながら、将来必要になる狩りや戦いのわざを学ぶのだ。

生後12週間

順位のしくみ
HOW HIERARCHY WORKS

哺乳類は多くが、何頭かの大人とその子どもから成る、群れという社会集団の中で暮らします。群れは、1頭、または1組のオスとメスによって、全体が統率されています。統率されるほうは、序列(社会的な力をもつ順位)がない場合もあれば、1頭1頭の序列が決まっている場合もあります。

▶ 群れのボス

ゴリラは1頭のシルバーバックが率いる群れの中で生活する。オスは、大人になると背中の毛が銀色になることから、シルバーバックとよばれる。リーダーのオスは、群れがどこでエサを食べ、眠るかを決め、敵や群れを乗っとろうとするオスから守る。

群れの仲間

ゴリラの群れはリーダーと、複数の大人のメスと、その子どもたちから成る。ときにはそこに、まだ若いオスが何頭か加わっていることもある。若いオスはまだ全身の毛が黒いので、ブラックバックとよばれる。群れの中では、リーダー以外はみな同等だ。

ホッホッホッと声をたてるのは、シルバーバックのおどしの表現

シルバーバックは自分の胸をたたいておどし、ライバルのオスを追いはらう

群れにいる赤ちゃんゴリラはみな、リーダーのシルバーバックの子どもだ

順位が上
序列が上のメスは頭を高く上げて、自分のほうが地位が高いことを示す
頭を低くして耳をねかせ、歯をむき出すのは、服従の表現
順位が下

上下関係

哺乳類では、序列の一番上にいるのはたいていもっとも強いオスだが、ブチハイエナの群れを支配するのはメスだ。ブチハイエナの場合、ゴリラとは違って序列がはっきりと決まっている。みな、自分より上のものには従い、下のものにはいばる。序列の上下は、身振りや表情で示される。

女王の支配

東アフリカに住むハダカデバネズミは穴をつくって住むネズミで、ミツバチと同じような複雑な社会をつくっている。各コロニー（群れ）は女王が取り仕切っている。子ネズミはみな、女王の子どもだ。女王のそばには子づくり役のオスが2〜3匹いる。それ以外の300匹近くいるデバネズミはみな働きネズミで、穴を掘ったり、エサを探したり、女王を守ったりしている。

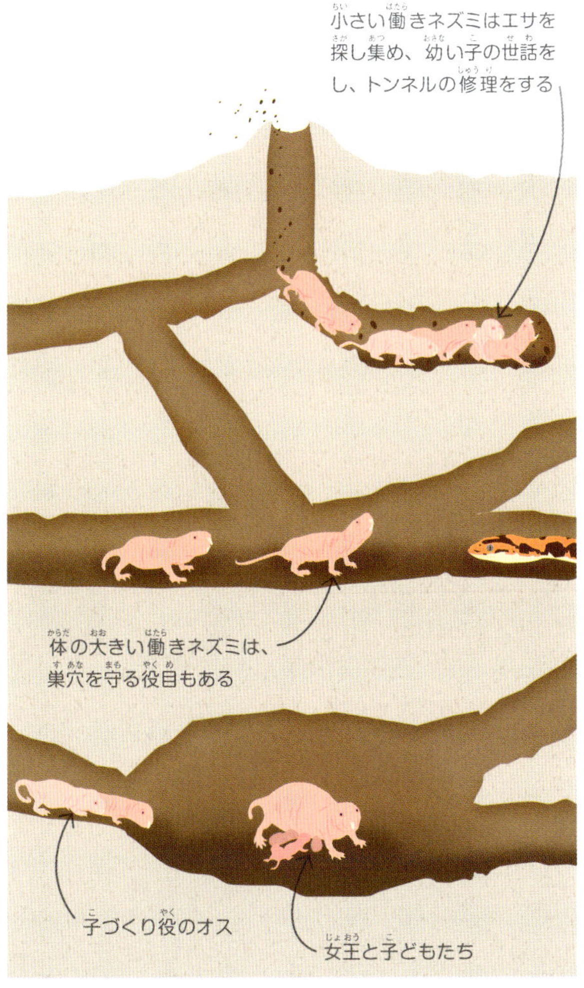
小さい働きネズミはエサを探し集め、幼い子の世話をし、トンネルの修理をする
体の大きい働きネズミは、巣穴を守る役目もある
子づくり役のオス
女王と子どもたち

▶ 水中の戦術

集団での狩りでもっとも高度な方法のいくつかは、海洋哺乳類、とくにイルカやシャチ(オルカ)があみ出したものだ。イルカとシャチは仲がよく、複数の家族で群れをつくっていて、力を合わせて狩りができるよう、たえずコミュニケーションをとりあっている。

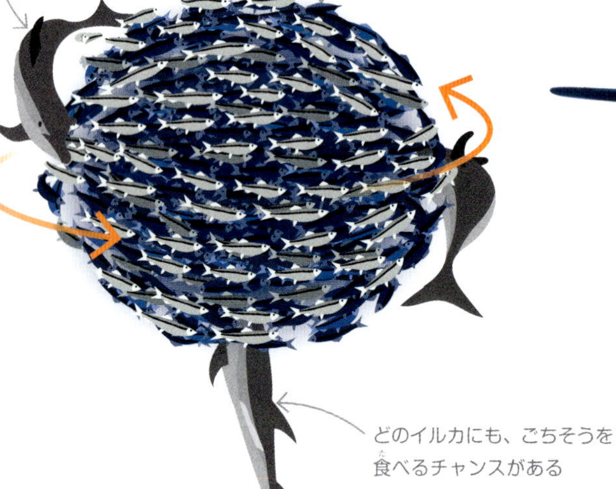
イルカたちは獲物に逃げられないよう、球形になった魚の群れのまわりをぐるぐる泳ぎまわる
魚がボールのような形にひとかたまりになって、ぐるぐる回っている
どのイルカにも、ごちそうを食べるチャンスがある

追いこみ漁

イルカが使う作戦のひとつが、魚をひとかたまりにして球形にするというものだ。イルカたちは魚をさっと取り囲んでおどろかせ、ひとかたまりにする。そうしておいて、交代で魚の群れの中へ突進し、できるだけたくさん魚を食べる。

集団での狩りのしかた

HOW **PACK HUNTING** WORKS

肉食の哺乳類はほとんどが1頭で狩りをしますが、集団で狩りをして獲物を分け合うものもいます。この作戦にはいくつか長所があります。集団でかかれば、1対1ではかなわない、体が大きくて強い動物もしとめることができるのです。また、獲物を取り囲んだり、二手に分かれて一方が追い立て、一方が待ちぶせすることもできます。そんなチームワークができるのは、哺乳類のうちでもとくに知能が高く、社会性のある動物だけです。

イルカはチームを組んで
獲物をつかまえる

波をおこす

シャチは巨大なイルカの一種。ほかの哺乳類をつかまえて食べることがよくあり、アザラシまで食べる。南極の海で、シャチは浮いた氷の上にいるアザラシをつかまえる方法を確立した。隊形を組んで泳ぎ、そのうちの数頭が氷に向かって突進して、その下に飛びこむ。こうして波をつくり、その波が氷面を洗って、アザラシを海に押し流す。シャチはアザラシを海中に引きこんでおぼれさせ、みんなで分け合う。

波は氷の上のアザラシを
押し流す
シャチのスピードで
大波が起きる

長い追跡

アフリカにいるリカオンが狩りでとる作戦は単純だ。ただただ追いまわして、獲物を疲れ果てさせるのだ。そうしたところで1頭が飛びだし、獲物の行く手をふさぐ。別のリカオンが尾に飛びつき、一番機敏な1頭が獲物の上くちびるにかみつく。あとは、あっというまだ。

メスのライオンが、インパラを待ちぶせ
している仲間のほうへ追いたてる
インパラは追っ
手から逃げる
別のメスライオンが身をひそめて、
インパラを待ちぶせしている

待ちぶせ作戦

ライオンの群れでは、狩りをするのはたいていメスだ。メスたちはチームで動く。いくつかのグループに分かれ、役割を分担する。グループのひとつが、獲物から遠いほうの側に回りこみ、身をふせて待ちぶせする。別のグループは反対側から獲物にしのびより、いきなり飛びだして、獲物を走らせる。その両側から、また別のグループが獲物を追いたて、待ちぶせているグループのほうへとまっすぐに追いこむ。

海の巨人

世界中の海で見られるマッコウクジラは、ポッドと呼ばれる群れを作って暮らしている。今、地球上で最大級の肉食動物で、好物である深海のイカを求めて、3000 m近く潜る。母クジラが食べ物を求めて潜っているときは、群れの仲間がその子どもの面倒を見て、サメなどの敵から守る。狩りの合間に、マッコウクジラは好んで日光のあたる海面近くをただよう。

対立が起きたら
HOW **CONFLICT** WORKS

哺乳類は自分たちが生き残って、自分の子どもをつくろうと競っているので、争いになることもあります。ちがう種の間で食べ物をめぐって争いが起きることもありますが、同じ種の間で、なわばりやメスをめぐってたいていはオスが争うことがほとんどです。相手をおどかすことから始まり、本当の戦いになることもあります。

直接対決

アフリカの草原で、2頭のトムソンガゼルのオスが、なわばりをめぐって対立している。実際に戦うのは危険なことなので、最初はどちらも自分の力を見せつけて、相手にやる気を失わせようとする。それがうまくいかなかったときだけ、戦うことになる。

① 草原の決闘
なわばり争いの多くがエサ場をめぐって起こる。2頭のガゼルがたがいに、自分の場所から相手をじりじりと遠ざけようとしている。

② にらみあい
どちらも引かなければ、2頭は頭を下げて角を見せつけ、いつでも戦えることを示す。

③ 勝負
最後の手段として、ガゼルは戦う。戦いはたいてい、角をしっかりからみあわせて力比べをするだけで、相手に大けがをさせるようなことはめったにない。

おどかし戦法

哺乳類の対立は、一方がもう一方をおどして追い払うことで終わりになり、戦いになることはほとんどない。おそろしそうに見えれば見えるほど、相手をうまく追いはらうことができる。そこで、見た目で相手をこわがらせるやり方がいくつか生まれた。

犬歯でおどかす
オスのアヌビスヒヒは戦わないですむように相手をおどすとき、できるだけ大きく口をあけて、長く鋭い犬歯を見せつける。

2倍に見せる
オオヤマネコの毛は、ふだんは顔にぴったりとはりついている。しかし危険を感じると毛がさかだって、体を実際よりもずっと大きく見せる。これで敵はひるむ。

危険な戦い

ちがう種の間で争いが起きると、危険はずっと大きくなる。ブチハイエナとライオンが食べ物をはさんでにらみあっている。おどしがきかないと戦いになり、命を落とすものも出る場合がある。

角は根元が太いので、戦っている間頭を守ってくれる
このように太くかたい角をもっているのはオスだけだ。メスの角はずっと細くて短い
オスは眼下腺から臭いを出し、それで自分のなわばりのしるしをつける

▶ 角をつきあわせる
オスのトムソンガゼルのゆるやかにカーブしたかたい角は、オスどうし1対1で戦うときに、たがいの角ががっちり組みあうように進化したものだ。しかし角の先端は鋭くとがっているので、負けたほうはすばやく逃げないと刺されてしまうかもしれない。

身を守るしくみ
HOW DEFENCE WORKS

ほとんどの哺乳類には天敵がいます。天敵がおそってきたら、走って逃げるものもいれば身を隠すものもいます。いっぽう、その場から動かずに自分たちだけのやり方で身を守るものもいます。たとえばアルマジロのように背中をおおう甲羅で体を変化させたり、ミーアキャットのように行動を変えたりします。

肩と腰のおおいは、骨ばった丸い帯でつながっている。帯どうしは、伸びたり縮んだりする皮膚でつながっている

アルマジロのかたい骨のようなよろいは、じょうぶなうろこにおおわれている

腹側はよろいがなく、やわらかい

集団で生活

多くの哺乳類が、身を守るための行動パターンを発達させてきた。その中でも多いのが、このミーアキャットのように群れで生活することだ。まとまれば、周囲を見る目が多くなり、危険を察知しやすくなる。ミーアキャットは外で活動するとき、1匹が見はり番をする。もし敵を見つけたら、見はりは声をあげて知らせる。

ミーアキャットは交代で立ちあがって見はりをする

空からおそわれたら

タカなどの肉食の鳥が近づくと、見はりが大声で知らせ、みんなが大急ぎで安全な隠れ家へと逃げこむ。そこは特別なトンネルで、たくさんのミーアキャットが入れるようになっている。

陸からおそわれたら

このコブラのようなヘビ1匹なら、ミーアキャットは戦うこともできる。まず全員で立ちあがってヘビをおどかして追いはらおうとする。それでだめなら、ヘビにかみつこうとすることもある。

▶ よろいのボール

南米に住むミツオビアルマジロは、肩から腰にかけて、大きくてかたい、殻のようなよろいをつけている。これらは3本の細い帯のようなものでつながっているので、動かすことができる。つながったよろいはとてもしなやかなので、ミツオビアルマジロはくるっと丸まって、よろいに包まれたボールになることができる。こうなると、やわらかい腹側を攻撃することはほとんど不可能だ。

中を見る

アルマジロの骨ばったよろいは皮膚が変化したものだ。カメの甲羅とはちがって、骨にくっついていない。

よろいのボールができあがる
頭と脚をしまいこむ

壁をつくって守る

群れで生活する動物の中には、敵がくると寄り集まって身を守るものもいる。北極圏に住むジャコウウシはオオカミの群れにねらわれると、輪になって子どもたちをぐるりと囲んで守る。大人の牛が壁をつくって、カーブした長い角のある頭を下げれば、オオカミもあきらめるしかなくなることが多い。

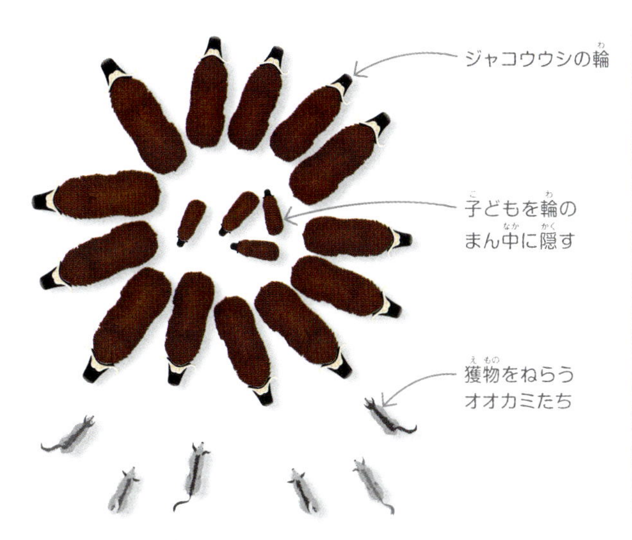
ジャコウウシの輪
子どもを輪のまん中に隠す
獲物をねらうオオカミたち

におい(化学物質)で守る

多くの哺乳類は、身を守るためのにおいを出す器官をもっている。なかでも強力なのがスカンクのにおいだ。スカンクは、おそろしくくさい液体を敵の顔にあびせて追いはらう。一度これをやられた敵は、スカンクの毛の白黒の模様を見ただけで危険を感じ、おとなしく引き下がる。

目を直撃されると、しばらく何も見えなくなってしまうこともある

肉食動物の生態

HOW CARNIVORES WORK

肉食動物は、ほかの動物の肉を食べて生きる動物です。哺乳類の中でも、肉食のネコ科やイヌ科、クマ科などの動物は、獲物をつかまえ、殺し、肉をさばくための特別な手段を身にそなえています。たとえば、鋭い爪、肉をつき刺す歯などです。さらに、用心ぶかい獲物をだますずるがしこさや、相手を倒す強い力もそなえています。

ヒョウの毛皮は厚く、寒いところでも温かくすごせる

ヒョウは人間の5倍も耳がよい
景色にとけこむことで、獲物にこっそり近づける
夜行性の動物は、ヒゲでまわりを確認しながら暗やみでも歩くことができる
舌には鋭くとがった細かいザラザラがあって、骨から肉をこそげ取る
鋭い犬歯でつき刺す

力強い首と肩の筋肉
長い尾はバランスをとるのに役立つ
アムールヒョウ
音をたてない肉球のある足

◀静かなハンター

アムールヒョウは多くのネコ科の猛獣と同じように、獲物にしのび寄って狩りをする。じっと隠れて待ちぶせしたり、こっそりあとをつけたりして、獲物に十分近づいたところで、突然おそいかかるのだ。力の強い足ととがった爪で獲物をしっかりつかむと、大きな犬歯で首を押さえつけ、かみついて一気に息の根をとめる。

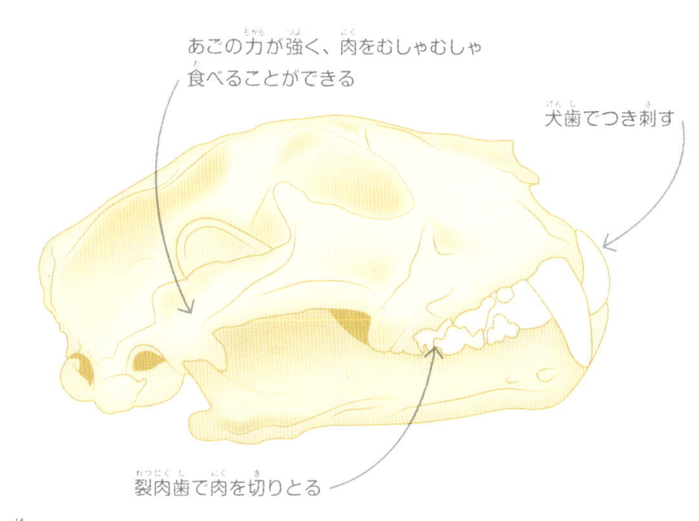

あごの力が強く、肉をむしゃむしゃ食べることができる
犬歯でつき刺す
裂肉歯で肉を切りとる

歯

多くの肉食の哺乳類には、肉をうまく食べられるよう、2種類の歯がある。前のほうの長い犬歯は、獲物をつき刺してがっちりとつかまえる。後ろのほうのナイフのような奥歯(裂肉歯)で肉を切りとる。

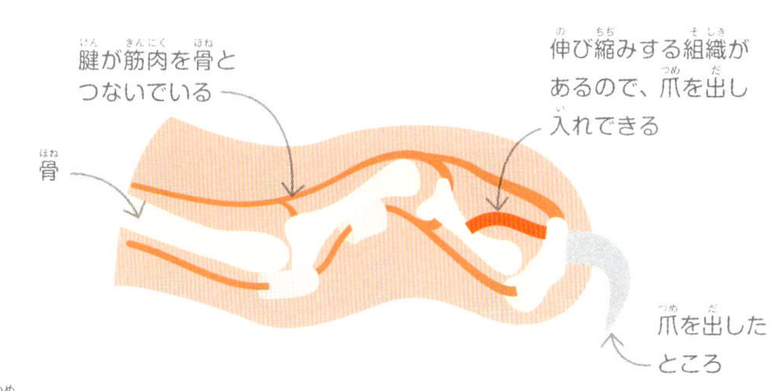

腱が筋肉を骨とつないでいる
伸び縮みする組織があるので、爪を出し入れできる
骨
爪を出したところ

爪

肉食動物の爪は狩りをし、木や斜面を登り、土を掘り、戦うためのものだ。ネコ科の動物の爪は、出し入れできるようになっていて、すりへらないよう、使わないときは足にしまっている。爪を出せば、前足は強力な武器となる。

食虫類の生態
HOW INSECT EATERS WORK

哺乳類には、昆虫やカタツムリなどの背骨のない動物（無脊椎動物）をつかまえて食べる種類もいます。食虫類とよばれるこうした哺乳類の多くは、獲物をさがすための長い、よくきく鼻をもっています。足には爪があって獲物を掘り出すことができ、歯は鋭く、獲物の体の外側を包むかたい殻をくだくことができます。食虫類はほとんどが夜行性です。目は小さくて視力もよくないことが多いため、動きまわるには、鼻と耳、触覚が頼りです。

▼ハリネズミの狩り
ハリネズミの仲間は、昼間はほとんど穴ぐらの巣で寝ていて、暗くなってから外に出て食べ物をさがす。エサにするのは虫のほか、カエル、爬虫類、キイチゴ、キノコ、死んだ動物の肉などである。あごの力が強く、カタツムリの殻や鳥の卵の殻も簡単にかみくだける。

鋭い門歯
強い臼歯
ハリネズミの背中の筋肉は、針を立てたり寝かしたりすることができ、それによって身を守ることができる
目が悪いかわりに、耳はとてもよい
ハリネズミの小さい目は、あまりよく見えない
長い鼻づらには、においを感じる器官がつまっている
とがった門歯で獲物をつかまえて食いちぎる
甲虫の幼虫

ハリネズミの頭がい骨
多くの食虫類と同じく、ハリネズミの頭がい骨も細長く、脳は小さな空間におさまっている。歯の数は36本で、かたいものをかむための臼歯と、やわらかい肉をつき刺す門歯がある。

狩りの方法

さまざまな哺乳類が虫を食べるが、つかまえかたは、それぞれ違う。アリを食べる哺乳類の多くは歯がまったくないが、そのかわりをするものがある。

モグラ

モグラは一生のほとんどを土の中で暮らす。シャベルのような前足を使って、枝わかれした長いトンネルを掘り、そこをすみかにしてミミズなどの虫を食べる。

トガリネズミ

体は小さいが活発に動きまわるトガリネズミは、そのすばやさとどう猛さで、すごい食欲を満たしている。毎日自分の体重と同じくらいのエサを食べないと生きていけないのだ。

アリクイ

歯をもたないアリクイは、口から長い舌をアリの巣の深くまですばやくつき出す。小さなとげと、ねばねばした唾液におおわれた舌でアリをつかまえる。

アリクイの舌にあるとげの拡大図

じょうぶな針はもともとは毛で、たんぱく質が増えてかたくなったものだ
鋭い爪で土を掘る

前歯と奥歯の間が、
かなりあいている
門歯
臼歯
キリンの角はオシコーンと
よばれ、毛のはえた皮膚に
おおわれている
下あごは左右に動いて
葉をすりつぶす
首が長いので、ほかの草食
動物にはとどかない高い枝
の葉も食べることができる

特別な歯

ほとんどの草食動物は、口の前のほうに葉を切りとる門歯があり、後ろのほうにある大きくて強い臼のような奥歯（臼歯）で葉をどろどろになるまでかんで消化しやすくする。門歯と臼歯の間は離れていて、そのあいているところにひと口分の葉をしまっておける。

▶ のぞみは高く

草食動物には、草や背の低い植物など草の葉を食べるものもいれば、キリンのように木の葉を食べるものもいる。木の葉を食べる動物は首や脚が長く、高いところにある葉にとどく。それぞれ食べる植物が違うので、同じ場所に住む草食動物たちが同じ食物の取り合いをせずにすむ。

厚くてじょうぶな皮で、とげのある植物からくちびるを守っている
舌の色が濃いのは日焼けをふせぐためだろうと科学者たちは考えている
キリンは、45cmも伸びる長い舌をじょうずに動かして葉にからめて、口に運ぶ
口に入れた葉を前歯でちぎりとる

器用な舌

キリンは長い舌をとげのある枝にからめて、葉だけをしごきとり、口の中に入れる。くちびるの皮も舌もじょうぶで、とげも平気だ。

草食動物の生態

HOW **HERBIVORES** WORK

草食動物は、植物を食べる動物です。狩りをするよりも簡単そうですが、必要な栄養をとるためにたくさんの植物を食べなければなりませんし、草木にはセルロースという食物繊維が多いので、消化するのが大変なのです。かたくて繊維の多いエサを食べて生きていくために、草食動物には特別な歯と大きな消化器官があります。

大腸はほかの哺乳類と比べてとくに大きい。消化を助けるためだ

ここにセルロースを消化できる細菌がいる

胃

小腸

後腸発こう動物

この種類の哺乳類の大腸の中には、セルロースを消化できる細菌がいる。ウサギは自分のフンを食べることがあるが、これはフンの中にはまだ栄養が残っているので、もう一度食べてそれを吸収するためだ。

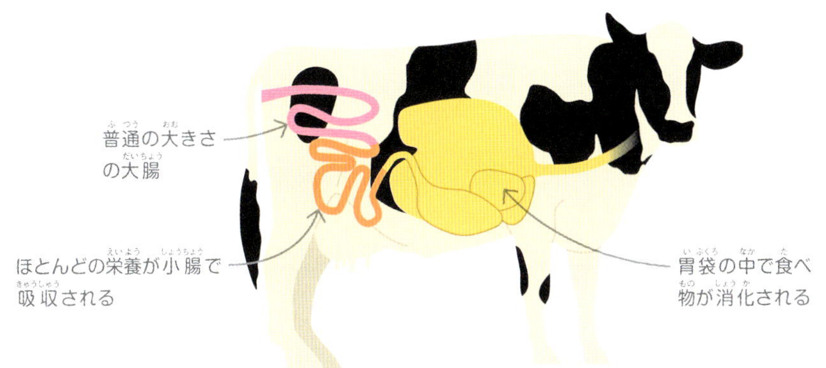
普通の大きさの大腸
ほとんどの栄養が小腸で吸収される
胃袋の中で食べ物が消化される

反すう動物

この種類の哺乳類には、セルロースを分解できる細菌がいる胃袋が4つもある。一度飲みこんだ食べ物を逆流させて、またよくかんで、消化しやすくする。

▼ シルバーデバネズミ

デバネズミは一生のほとんどを地下で過ごす。大きな門歯でトンネルを掘ってそこに住み、植物の根を探して食べる。トンネルは長いものだと1kmもある。デバネズミのくちびるは歯のうしろで閉じることができるので、トンネル掘りをしていても土が口の中に入らない。

デバネズミの目は小さくてあまりよく見えないが、かわりに耳がとてもいい

鼻の穴のまわりの肌にひだがあるので、トンネル掘りのときに鼻に土が入らない

前歯の根っこは頭がい骨とつながっている

歯を出したまま口を閉じられる

門歯

デバネズミは触覚がとても鋭く、皮膚の感覚を頼りに暗やみを進むことができる

ネズミの生態
HOW RODENTS WORK

ネズミをふくむネズミ目は「げっ歯(かじる歯という意味)類」ともよばれ、哺乳類の中でも最大のグループです。クマネズミやアレチネズミ、リスなどもこの仲間です。大きな門歯で穴を掘ったり、かたい食べ物をかみくだいたり、身を守ったりします。ほとんどの環境で食べ物を見つけたり巣をつくることができるので、北極圏のツンドラから暑い砂漠まで、さまざまなところで生きていくことができます。

木の実をつめこんでぱんぱんになったほお

ほおは肩までとどくほど伸びる

木の実などの食べ物はほお袋に入れて運ぶ

ほお袋
鋭い門歯と同じく、「ほお袋」もネズミ目の多くがもっていて、これで食べ物を安全な場所に運ぶ。ハムスターは自分の体重の半分近い重さの食べ物をほお袋に入れられる。産んだばかりの赤ちゃんを入れて運ぶこともできる。ハムスターには唾液がないので、中に入れたものがぬれてしまうことはない。

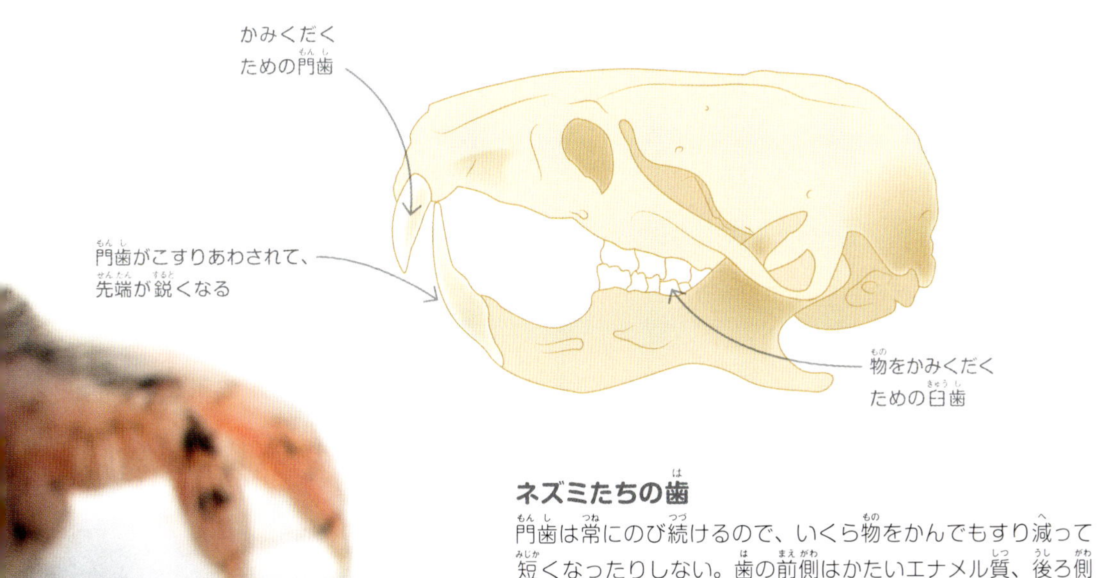
かみくだくための門歯
門歯がこすりあわされて、先端が鋭くなる
物をかみくだくための臼歯

ネズミたちの歯
門歯は常にのび続けるので、いくら物をかんでもすり減って短くなったりしない。歯の前側はかたいエナメル質、後ろ側は象牙質というやわらかい材質でできている。上の歯と下の歯がふれあうと、象牙質がすりへって、歯の先端が鋭くなる。

歯の使い方
ネズミ目の多くは鋭い門歯を使って、かたい外皮や殻を割り、木の実や種などのかたいものを食べる。なかには前歯でトンネルを掘ったり、木を切りたおしたりするもの、さらには獲物をつかまえるものもいる。

バッタネズミ
バッタネズミは肉食だ。バッタやサソリ、ヘビの頭に前歯をつき刺して神経を切り、動けなくしてから食べる。

ビーバー
ダムをつくって川をせきとめるために、ビーバーは木をかじって切りたおす。せきとめられた川は池になり、その中に巣をつくる。

リス
寒い冬の間食べ物に困ることがないように、リスは木の実を土に埋めておく。鋭い前歯(門歯)で木の実のかたい殻を割って食べる。

ビーバーの暮らし

HOW **BEAVERS** LIVE

哺乳類のなかでビーバーほど自分の力でまわりの環境を変えていく動物はいません。ネズミやリスの遠い親戚にあたるビーバーは、体が大きく陸上と水中の両方で生活します。生まれつき土木工事が得意で、歯で木を切りたおします。敵から身を守るために、切った丸太を使って水にかこまれた家を建てるのです。

▶ 木をかじる歯

ビーバーが住むのは北半球北部の森だ。すずしい気候で雨も多く、広い沼地にはいくつもの川が流れている。ビーバーは巣をつくるために、まずダムをつくって川の流れを止めて池にする。ほとんどの作業を、門歯とよばれる大きな歯でこなす。門歯は切歯とも呼ばれ、一生伸びつづける。門歯はかじっているうちに先端が鋭くとがっていき、木をけずる「のみ」の役目をはたす。

目には透明な膜があって、水中メガネのように目を守る
大きくて平たい尾は、方向を変えるのに使う
水にもぐるときは耳と鼻の穴を閉じる
前歯の後ろで皮膚のふたが閉まり、水の中でも木の枝を運べる
水かきのある後ろ足で水の中を進む
水をはじく毛皮と厚い脂肪の層があるため、体の温度が保てる
前足にはじょうぶなかぎ爪がある
裏側だけ減って前側のかたいエナメル質が残り、刃のようになる

水中で生活する

ビーバーは一生のほとんどを水の中で過ごし、15分間ももぐっていることができる。水かきのついた後ろ足と、平たい尾を使って泳ぐ。水に適した体のつくりになっていて、水の中で自由に動きまわることができる。しかし、体が重くて脚も短いので、水からあがると、とたんに動きが鈍くなってしまう。

家づくり

ビーバーはせっせとはたらいて、川をせき止めるダムをきずき、川を水のたまった池に変える。この池の中に巣をつくるのだ。家に出入りするための入り口は水の中にある。

1 木をたおす

ビーバーは水辺に生えた木を選んで幹をかじっていき、水の中にたおす。次々に木を倒して積み上げ、壁をつくって水の流れを止める。

ビーバーは太さ60 cmもの木をかじり倒すことができる

2 ダム造り

ビーバーは木を積みあげてつくった壁に、縦に木の枝をさして川の底までとどかせ、強くしてダムにする。次に枝を横にもさして、すきまがあれば石や草や泥でふさぐ。

ダムは4 mもの高さになることがある

3 巣

ダムが完成すると、ビーバーは木の枝や泥を使って巣をつくる。床は水面より高くしてあり、住む場所はかわいている。入り口からすぐの低いところで体をかわかせるようになっている。

ビーバーは食べ物を水の中にためておき、寒い冬にそなえる

4 安全なすみか

ビーバーの家は、夏は水にかこまれて安全であり、冬に水の表面が凍ってしまっても、家をおおう泥も同じように凍るので、敵は入ってこられない。

哺乳類のさまざまな手足

TYPES OF **MAMMAL LIMBS**

哺乳類はみな同じ先祖から進化しています。先祖は4本足で、それぞれに5本の指がありました。しかし、長年さまざまな環境の中で生きていくうちに、手足は生活に合わせて変化しました。指の数が減ったり、前足が発達して腕になったり、ひれになったり、なかには翼になった動物までいます。

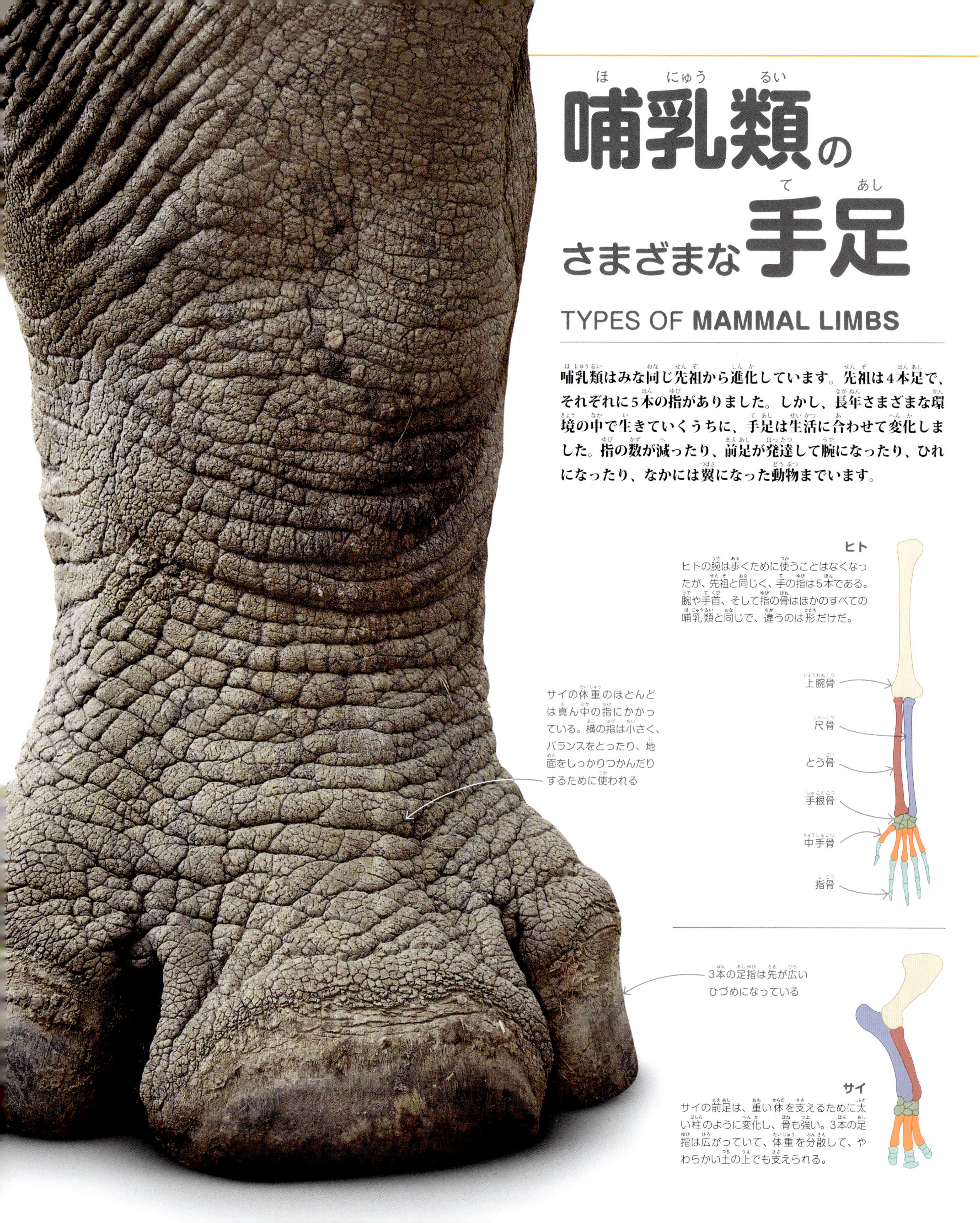

サイの体重のほとんどは真ん中の指にかかっている。横の指は小さく、バランスをとったり、地面をしっかりつかんだりするために使われる
3本の足指は先が広いひづめになっている
上腕骨
尺骨
とう骨
手根骨
中手骨
指骨

ヒト

ヒトの腕は歩くために使うことはなくなったが、先祖と同じく、手の指は5本である。腕や手首、そして指の骨はほかのすべての哺乳類と同じで、違うのは形だけだ。

サイ

サイの前足は、重い体を支えるために太い柱のように変化し、骨も強い。3本の足指は広がっていて、体重を分散して、やわらかい土の上でも支えられる。

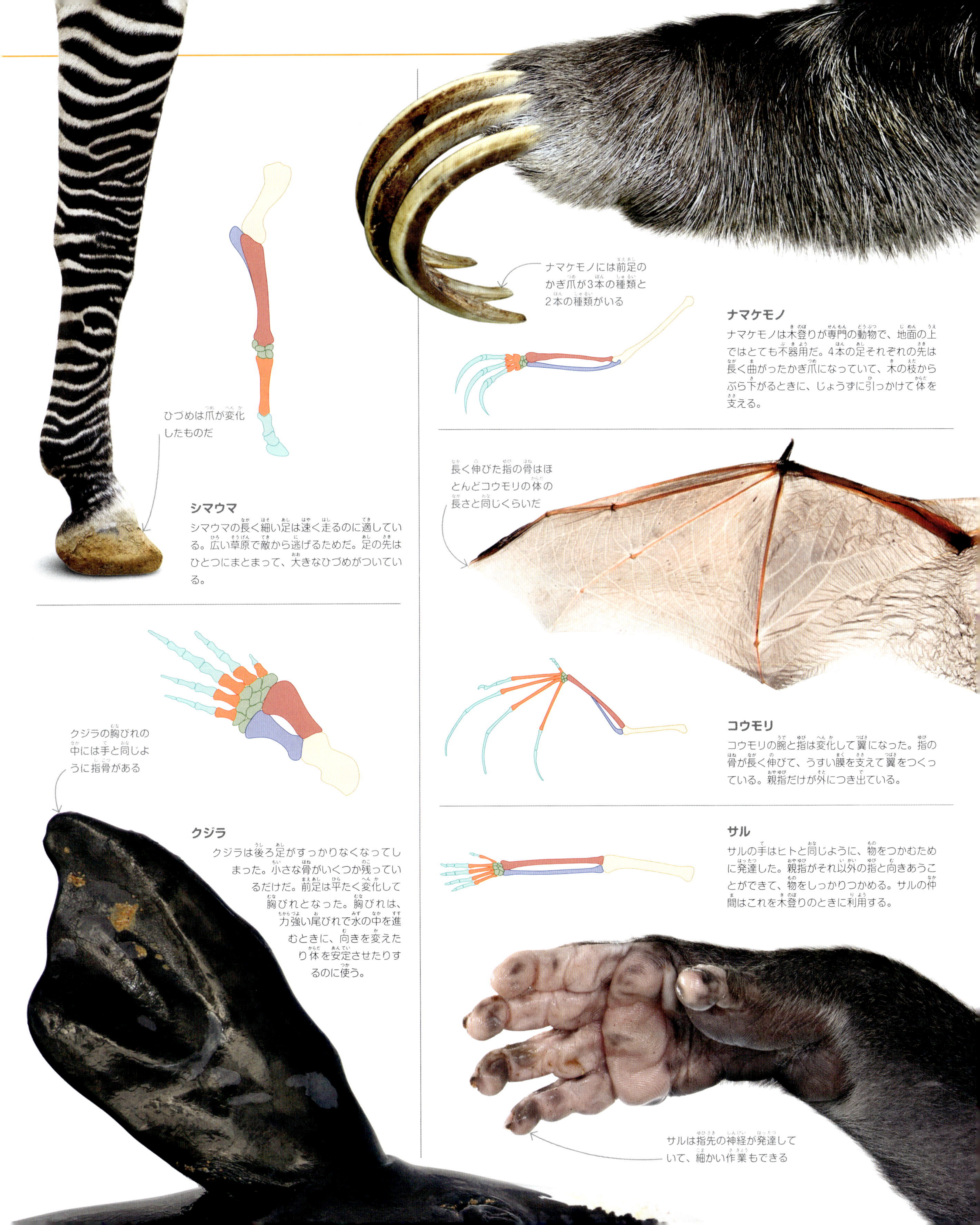
ナマケモノには前足の
かぎ爪が3本の種類と
2本の種類がいる
ナマケモノ
ナマケモノは木登りが専門の動物で、地面の上ではとても不器用だ。4本の足それぞれの先は長く曲がったかぎ爪になっていて、木の枝からぶら下がるときに、じょうずに引っかけて体を支える。
ひづめは爪が変化
したものだ
シマウマ
シマウマの長く細い足は速く走るのに適している。広い草原で敵から逃げるためだ。足の先はひとつにまとまって、大きなひづめがついている。
長く伸びた指の骨はほ
とんどコウモリの体の
長さと同じくらいだ
コウモリ
コウモリの腕と指は変化して翼になった。指の骨が長く伸びて、うすい膜を支えて翼をつくっている。親指だけが外につき出ている。
クジラの胸びれの
中には手と同じよ
うに指骨がある
クジラ
クジラは後ろ足がすっかりなくなってしまった。小さな骨がいくつか残っているだけだ。前足は平たく変化して胸びれとなった。胸びれは、力強い尾びれで水の中を進むときに、向きを変えたり体を安定させたりするのに使う。
サル
サルの手はヒトと同じように、物をつかむために発達した。親指がそれ以外の指と向きあうことができて、物をしっかりつかめる。サルの仲間はこれを木登りのときに利用する。
サルは指先の神経が発達して
いて、細かい作業もできる

コウモリの生態

HOW **BATS** WORK

空を飛ぶことのできる哺乳類はコウモリだけです。コウモリの翼は、大きく伸びた指の骨を広げた間に、伸び縮みする皮膚が張られたもので、骨はたくさんの関節でつながっています。しなやかでよく動く翼は、羽根が生えた鳥の翼とはずいぶん違います。コウモリはおもに夜行性です。暗やみの中を飛び、エサを取るための技術を進化させました。

▼夜間飛行

コウモリは、ほとんどの鳥たちと違い、夜に飛ぶ。果物を食べる大型のコウモリの目は大きくてよく見えるが、このトビイロホオヒゲコウモリのように小さな虫をエサとするコウモリは、超音波を送って、はね返った音を聞くことで、まわりにある物や獲物の種類を調べる。エコロケーションともよばれるこの方法は、ねぐらにする暗いほら穴の中を飛ぶのにも便利だ。

中にたくさん関節があるコウモリの翼は、空中で方向を変えるときに形を変えることができる
コウモリの出す超音波は、障害物や獲物を探すのに役立つ
飛膜はしっぽから足まで伸びているものもいる
コウモリは翼の中の「指」を、ちょうど人間が手の指を動かすように動かすことができる

逆さまで休けい

コウモリは、昼間はねぐらで休んでいる。高いところから逆さまにぶら下がっているのは、すぐに飛びだせるようにするためだ。体重がかかると腱が引っぱられて、腱とつながった爪がぎゅっとしまる。コウモリが力を使うのは手を放すときだけだ。もしねぐらで眠っている間に死んでしまっても、落ちずにぶら下がったままだ。

爪
腱

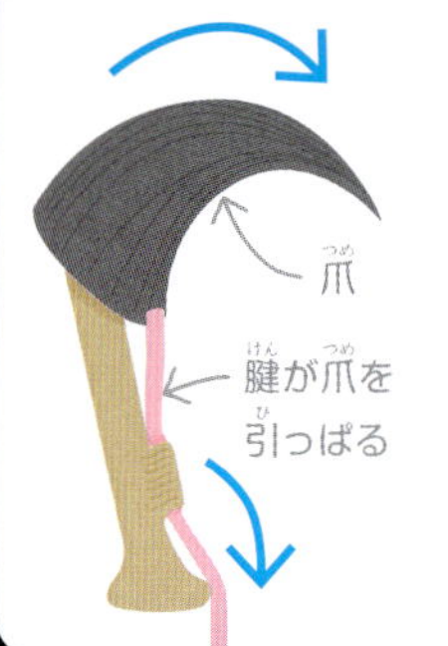
爪
腱が爪を引っぱる

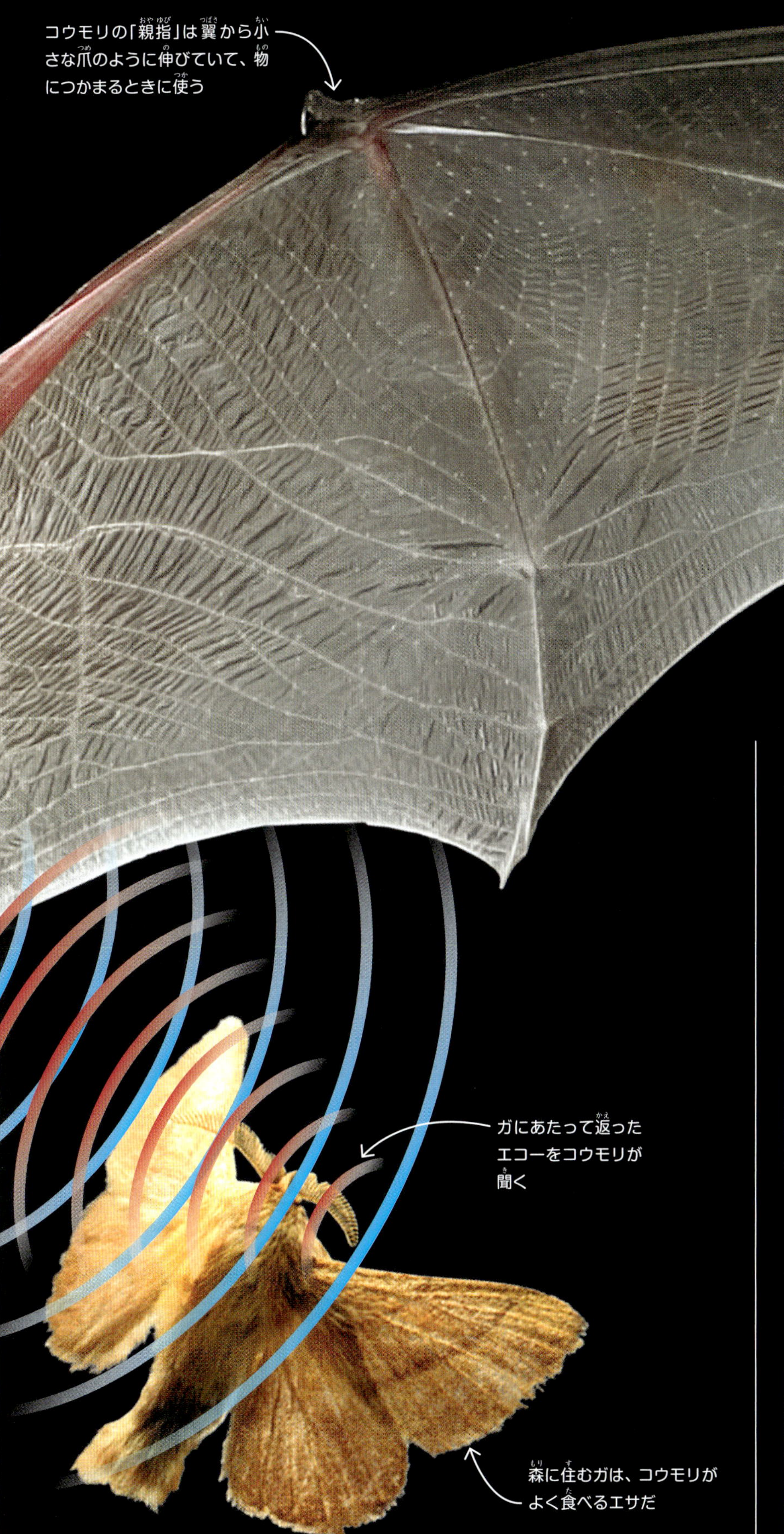
コウモリの「親指」は翼から小さな爪のように伸びていて、物につかまるときに使う
翼の骨は、長く伸びた指の骨だ
翼は伸び縮みする皮膚が2枚重なったものだ。飛膜とよばれ、軽くて強い
ガにあたって返ったエコーをコウモリが聞く
森に住むガは、コウモリがよく食べるエサだ

超音波で「見る」しくみ

コウモリの仲間には、人間には聞こえない、超音波を続けて出して、このガのように何かにあたって返ってきた響(エコー)を聞くものがいる。コウモリの脳はこのエコーを正確な絵として理解することができるため、まわりの様子がよくわかるのだ。

世界のコウモリ

飛べることはとても有利だ。このためコウモリはさまざまな環境で生きていくことができる。1000以上もの種類がいるコウモリは、哺乳類の中でネズミ目の次に大きなグループだ。食べる物も、果物や花の蜜、動物の血などいろいろである。コウモリを食べるコウモリもいる！　しかし、一番多いのは昆虫を食べる種類だ。

吸血コウモリ

おもに中南米の熱帯に住む吸血コウモリは、鋭い歯で動物の皮膚を切り、血を飲む。

テントコウモリ

熱帯に住むテントコウモリは、ほら穴ではなく、葉っぱを折ってつくったテントの下で寝る。

オオコウモリ(フルーツバット)

大型のコウモリで、熱帯林の木のてっぺんをねぐらにする。エサにするのは、一年中たくさん実る果物である。

ヒメキクガシラコウモリ

U字型の鼻葉とよばれる皮膚が鼻の上についている。ここから超音波を出してまわりを「見る」のだ。

天井がベッド

コウモリのつくる、コロニーとよばれる集団は、哺乳類の中で最大だ。フィリピンのほら穴の天井にぶら下がって休んでいるのはオオコウモリの一種、ジュフロワールセットオオコウモリたちだ。ここで昼のあいだは眠り、夜になると食べ物を探しに外へと飛んでいく。ほら穴のまわりの森にある果物や蜜が好物なので、毛皮に花粉をつけて運ぶことになる。コウモリのおかげで、たくさんの植物が芽を出すことができるのだ。

フクロモモンガ
長い尾は目的地に着いたらブレーキとして使う
フクロモモンガは袋に子どもを入れたまま木から木へと飛び移る
親指がほかの指と向き合うようについている
後ろ足の指のうち、2本はくっついている

使わないときはたたむ
モモンガは空中以外では、歩いたり木に登ったりするときにじゃまにならないように、飛ぶための膜をたたんで前足と後ろ足のあいだにしまう。

▼ フクロモモンガ
小さな有袋類のフクロモモンガは甘い物好きで、ユーカリの花の蜜や樹液を飲む。森の中に住んで、ジャンプしたり滑空したりしてエサを集めてまわる。ほかの滑空する哺乳類と同じく、翼はないので、自分の力だけで飛ぶことはできない。

滑空する哺乳類

HOW **MAMMALS** GLIDE

森にすむ哺乳類の中には、木から木へとグライダーのように滑空するものがいます。こうすれば地面に降りずに森の中を動きまわれ、下で待っているかもしれない敵をさけられるのです。翼を使って飛ぶのにはかなりのエネルギーがいりますが、滑空なら木の枝の間をわたるのに楽で、むだのないやり方です。滑空できるよう進化した哺乳類には、ムササビやヒヨケザル、ウロコオリスなどがいます。

回転できる、よく聞こえる耳
毛の生えた皮膚の膜が、
前後の足の間に広がる。
これは飛膜とよばれる
長いヒゲで物を感じ
ながら木の間を進む
ことができる
フクロモモンガの
足は5本指だ
体はななめ
上を向く
4本の足を
伸ばす
空気をつかまえる
と、下から支える
力がはたらく
鋭い爪で木
をつかむ準
備をする

足で木をつかむ

モモンガの仲間の足は強く、木を登るときにしっかりと枝をにぎる。鋭い爪があり、滑空したあとで着地する面をつかむのに役立つ。フクロモモンガの後ろ足の親指はほかの指と向きあっている。別々に動かすことができるので、ものをつかみやすい。

滑空のしくみ

後ろ足と前足の間の、皮膚でできた飛膜がパラシュートになる。この膜のおかげで落ちる速度が遅くなり、空中を遠くまで行けるのだ。哺乳類が滑空した距離の最長記録は150m、サッカーのフィールドの1.5倍の長さだ。

ジャンプ
飛び出すときは高さをかせぐために上向きにジャンプする。

膜を広げる
足を伸ばして、間にある膜を大きく広げる。

空気をつかまえる
膜が空気をとらえ、落ちる速度がおそくなる。

着地の準備
目的地点に近づくと、4本の足を前に出して着地の用意をする。

テナガザルの腕わたり

HOW GIBBONS SWING

木登りをする哺乳類の中で、木々の中をすばやく動きまわることにかけては、テナガザルにかなうものはいません。細長い手を次々に枝にひっかけて飛び移るとき、スピードは時速56kmにもなり、またジャンプ力もあって遠くまで飛ぶことができます。類人猿の中でも小さくてほっそりしたテナガザルは、細い枝からもぶら下がることができ、枝をブランコのように使って、ほかの動物には届かない果物を手に入れます。

手のひらには毛はなく、木の枝をにぎってもすべらないようになっている

ほかの類人猿もそうだが、テナガザルはかぎ爪でなく人間のような平たい爪をもっている

強く発達した腕は、体重を長い時間支えることができる

腕わたりしながら、この葉っぱのように、口に物を入れて運ぶこともできる

手でも足でもにぎることができる

テナガザルはヒトの親せきで、手も似ているが、手のひらと指はヒトよりずっと長い。4本指をそろえてひっかけて体をゆらしながら進む。親指は短くて、じゃまにならないよう折りこんでしまえる。ヒトの親指と同じで、テナガザルもほかの指と向き合って別方向に動き、物をつかむことができる。ただしヒトとは違って、テナガザルは足の親指も向きあっている。

木にひっかけられる手
手首がよく動く関節は、人の脚の付け根にある関節のように回転させることができる
腕がとても長い
肩の関節はやわらかく、腕を頭の上に伸ばすことができる
テナガザルの腕は脚より長い
脚の付け根の関節はよく動き、脚をいろいろな方向に出すことができる
足の指の骨も長くて、手と同じように物をにぎれる
親指がほかの指と向かいあってついているので、この足でもにぎることができる

▶ 優美なテナガザル

テナガザルは熱帯雨林の木々の高いところに住んで、めったに地面には降りてこない。上半身の力がとても強いのを利用して、さっそうと木のてっぺんを飛び歩き、果物や虫、葉を食べる。この、木から木へと飛び移る動作を「腕わたり」という。

しなやかな骨格

テナガザルの骨を見ると、木の上で生活するために体がいろいろ変化しているのがわかる。手首の関節は特別によく回転できるようになっていて、腕にあまり力がいらず、枝をつかんだまま腕を360°回すことができるほどだ。テナガザルは人間と同じでまっすぐ立って、2本足でも歩ける。そのときは両手を上げてバランスをとる。

すばやい移動

テナガザルは体をふりこのように揺らし、両手両足を使って「腕わたり」をする。わたるときに脚を揺らして速さをだすのは、ちょうどブランコにすわった人間が強くこぐときに両脚をふるのといっしょだ。こうして勢いをつけて、1回に15mもの距離を飛んでわたるのだ。

地面に巣穴を掘る哺乳類
HOW MAMMALS BURROW

巣穴は動物が地面を掘ってつくる穴やトンネルのことで、その中に住み、眠り、隠れるためのものです。哺乳類のなかには巣穴に入ってひどい暑さを逃れるものや、逆にきびしい寒さをさけるものがいます。また、子どもを育てる場所にしたり、敵から身を隠したりするためにも使われます。一生を地下ですごす哺乳類もいます。

▶ 土を掘るための爪

アナグマのシャベルのような大きな前足には、長い爪がついていて、地面を掘りやすい形になっている。アナグマの巣穴はいくつもの部屋がトンネルでつながった複雑な形だ。アナグマの足はずんぐり短いが力は強く、地下を歩き回るのに適している。昼間はふつうは巣穴の中で寝ていて、暗くなってから出てきてエサを探す。

肉球が厚く、前足のクッションになっている
爪の形はあまり鋭くなく丸みがあるため、欠けたりしにくい
毛はごわごわしていて、土がついてもすぐ落ちる
長い爪は強く、たくさんの土をかき出せる
ずんぐりした強い脚で、短い間なら時速30 kmで走ることもできる

アナグマ

地下の家

アナグマの巣穴はやわらかめの土に掘られ、ときには数百mぐらいの長さになることもある。巣の内部には出入り口やトンネル、いくつかの部屋がある。大きな部屋にはやわらかい草などでつくった寝どこがあって、そこで眠ったり、母親が子どもを育てたりする。アナグマはとてもきれい好きで、定期的に古くなった寝どこを片づけて新しい草などと交換する。

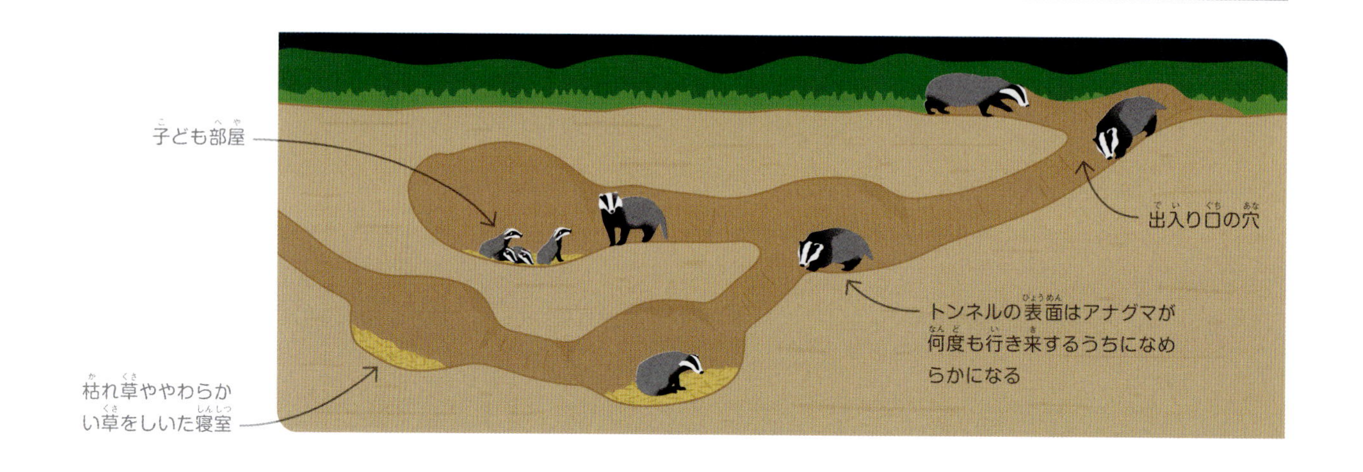
子ども部屋
出入り口の穴
トンネルの表面はアナグマが何度も行き来するうちになめらかになる
枯れ草ややわらかい草をしいた寝室

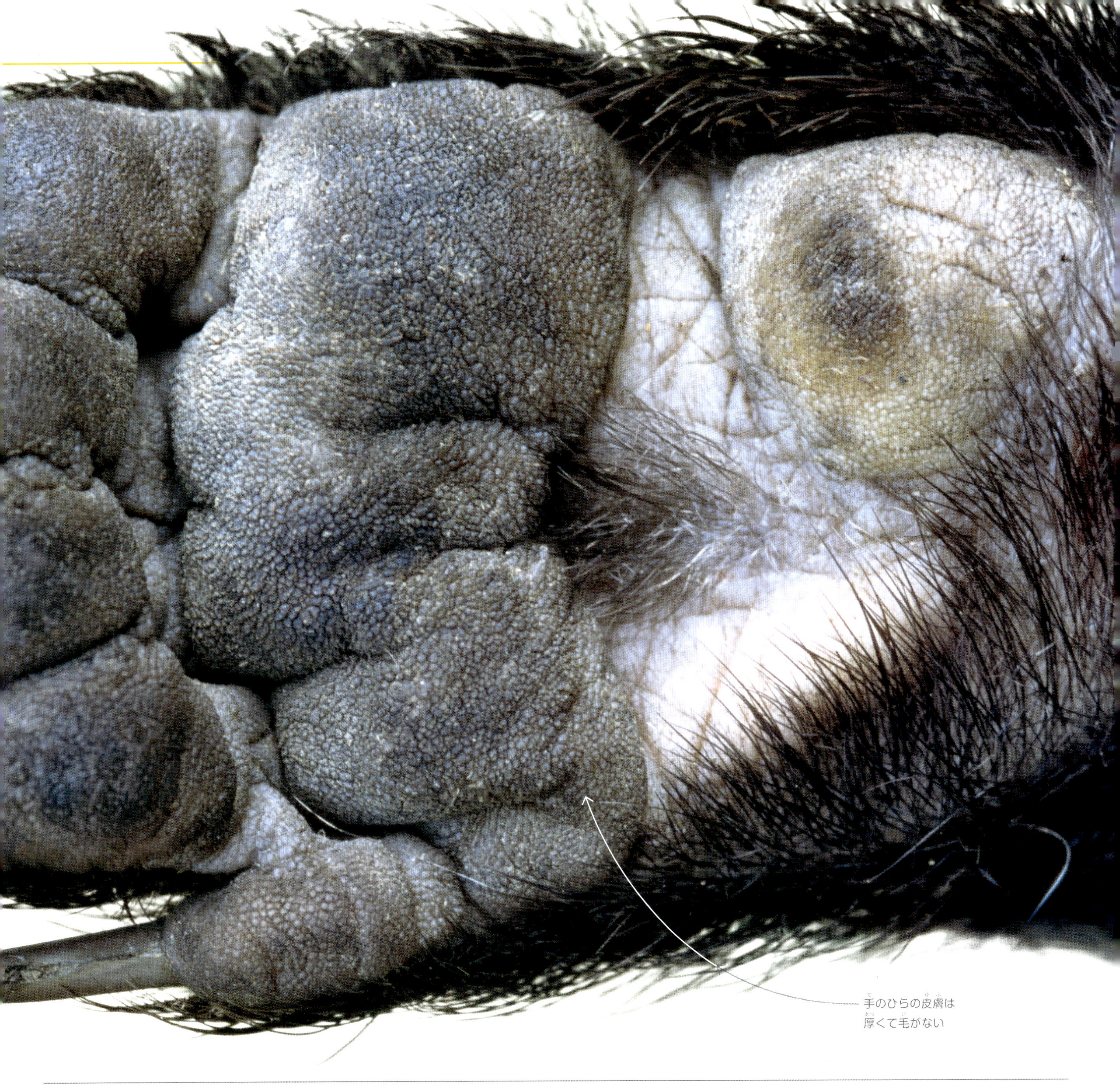

手のひらの皮膚は厚くて毛がない

ラーテルのパワーショベル

ラーテルは、ふつうは寝室ひとつだけの簡単な巣穴に1匹で暮らす。強く長い爪のついた前足でどんどん土を掘る。巣穴の完成にかかる時間はたった10分だ。

雪の穴

お腹に子どものいるメスのホッキョクグマは、雪の中に穴をほって巣ごもりする。ここで冬眠に近い状態になって何も食べず、赤ちゃんが生まれるのを待つ。赤ちゃんが外に出てもだいじょうぶなほど大きくなるまで、雪穴から出てこない。

ゾウの生態
HOW ELEPHANTS WORK

ゾウは陸上に住む哺乳類のうちで一番大きく、先史時代にいた巨大な草食動物の子孫です。大きくて重いこと以外にもっとも目立つ特ちょうといえば、長くてよく動く、感覚も発達した鼻をもっていることでしょう。ゾウはこの独特な鼻を手のように使うのです。

▼陸の巨人

アフリカゾウのオスは、大人になると高さ4m、重さは7トンにもなる。およそ自動車5台分の重さだ。体の大きさと強さをいかして木を根元から引きぬき、葉を食べる。体がとても大きいため、自然界に大人のゾウより強い動物はいないが、ゾウの牙、象牙をねらう人間のハンターに殺された結果、絶滅が心配されている。

軽い頭がい骨

ゾウの巨大なドーム型の頭がい骨には、なるべく軽くなるよう、たくさんの小さな空洞があるが、それでもかなりの力にたえる強さだ。繊維の多い食べ物をすりつぶすための大きな臼歯は、ゾウの一生の間に6回生えかわる。

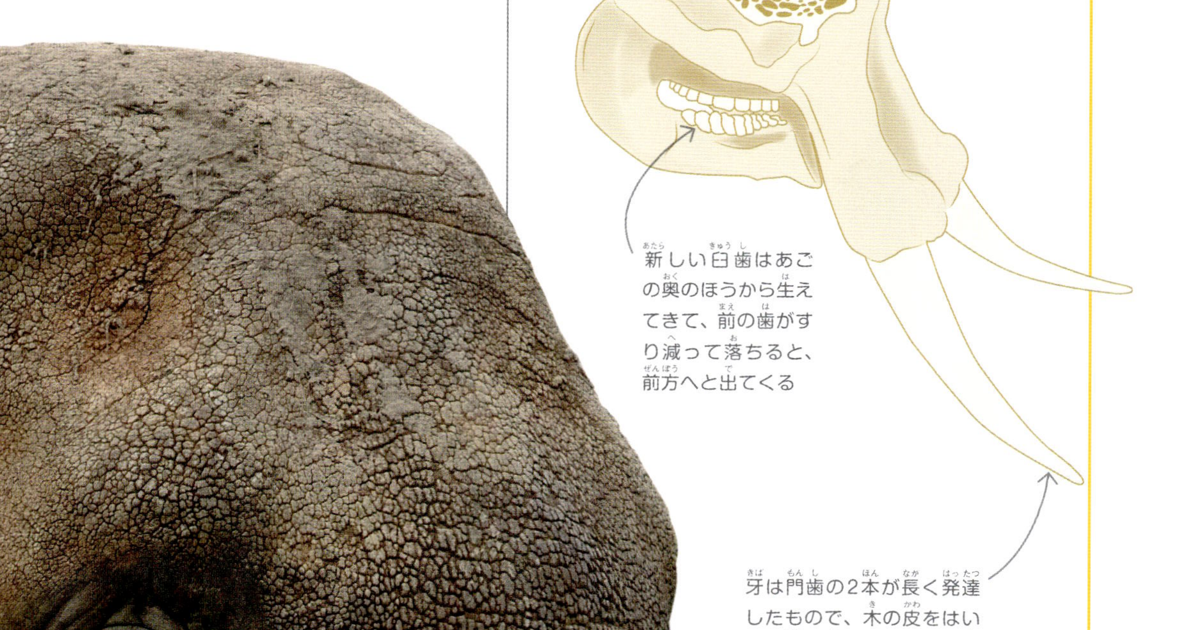
空洞
新しい臼歯はあごの奥のほうから生えてきて、前の歯がすり減って落ちると、前方へと出てくる
牙は門歯の2本が長く発達したもので、木の皮をはいだり土を掘ったり、また身を守るためにも使われる

長い鼻はゾウにとって食べるにも飲むにも、世界を探検するのにも一番大事な道具だ

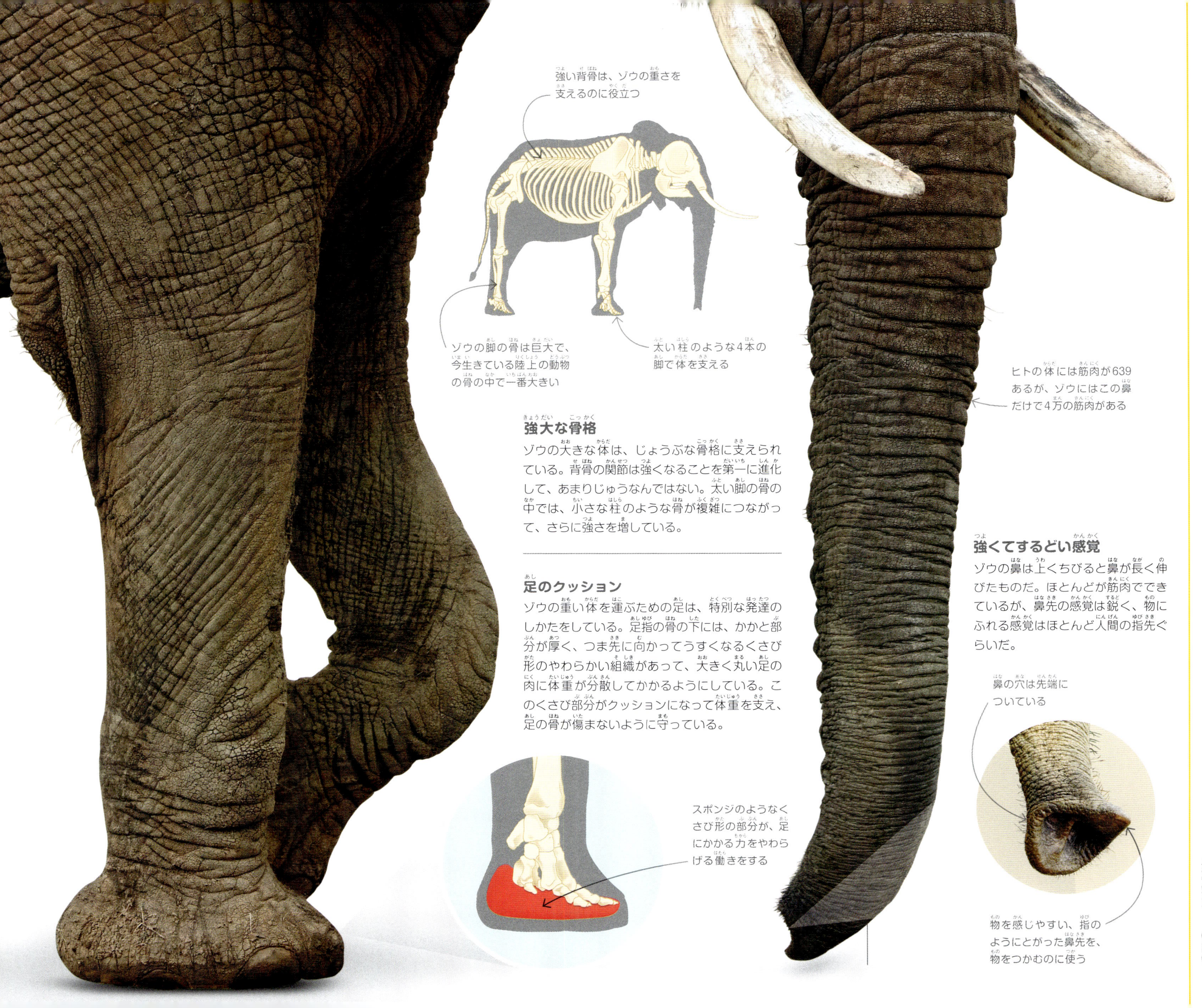
強い背骨は、ゾウの重さを支えるのに役立つ
ゾウの脚の骨は巨大で、今生きている陸上の動物の骨の中で一番大きい
太い柱のような4本の脚で体を支える
ヒトの体には筋肉が639あるが、ゾウにはこの鼻だけで4万の筋肉がある
鼻の穴は先端についている
物を感じやすい、指のようにとがった鼻先を、物をつかむのに使う
スポンジのようなくさび形の部分が、足にかかる力をやわらげる働きをする

強大な骨格

ゾウの大きな体は、じょうぶな骨格に支えられている。背骨の関節は強くなることを第一に進化して、あまりじゅうなんではない。太い脚の骨の中では、小さな柱のような骨が複雑につながって、さらに強さを増している。

足のクッション

ゾウの重い体を運ぶための足は、特別な発達のしかたをしている。足指の骨の下には、かかと部分が厚く、つま先に向かってうすくなるくさび形のやわらかい組織があって、大きく丸い足の肉に体重が分散してかかるようにしている。このくさび部分がクッションになって体重を支え、足の骨が傷まないように守っている。

強くてするどい感覚

ゾウの鼻は上くちびると鼻が長く伸びたものだ。ほとんどが筋肉でできているが、鼻先の感覚は鋭く、物にふれる感覚はほとんど人間の指先ぐらいだ。

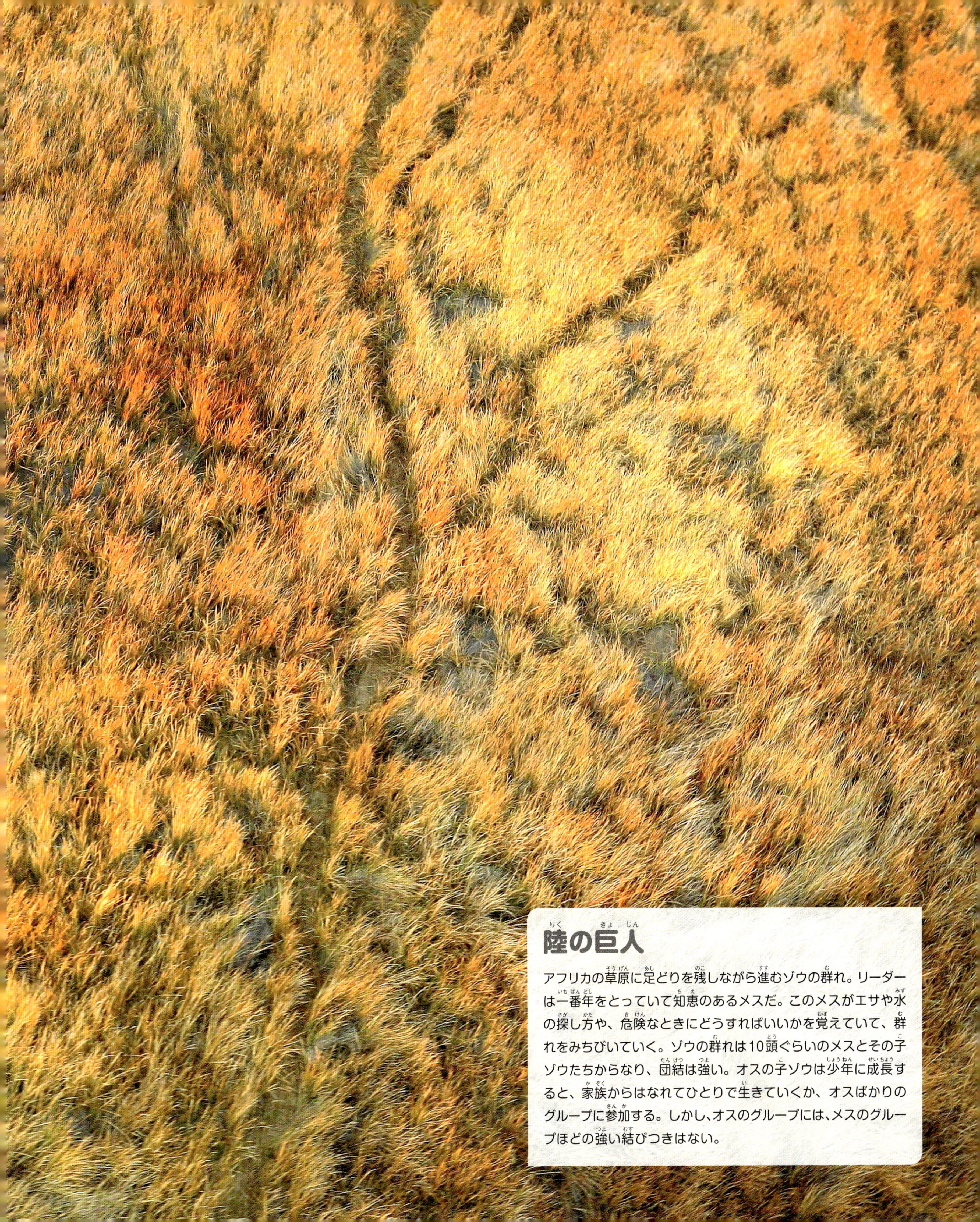

陸の巨人

アフリカの草原に足どりを残しながら進むゾウの群れ。リーダーは一番年をとっていて知恵のあるメスだ。このメスがエサや水の探し方や、危険なときにどうすればいいかを覚えていて、群れをみちびいていく。ゾウの群れは10頭ぐらいのメスとその子ゾウたちからなり、団結は強い。オスの子ゾウは少年に成長すると、家族からはなれてひとりで生きていくか、オスばかりのグループに参加する。しかし、オスのグループには、メスのグループほどの強い結びつきはない。

クジラの生態
HOW WHALES WORK

海にすむ哺乳類の中でも、クジラほど水中での生活に適応しきった動物はいません。アザラシは子どもを産むときには陸に上がらなければいけませんが、クジラやその仲間のイルカやネズミイルカは、一生を水の中ですごすのです。体は魚に似た形に進化して、魚のような速さでじょうずに泳ぎ、広い海を旅してエサを探します。

▶ 海の巨人

クジラの種類は、エサの食べ方で2つに分けられる。ひとつはハクジラとよばれる歯のある種類で、おもに魚やイカを1匹ずつつかまえて食べる。もうひとつは、このザトウクジラの親子のようなヒゲクジラで、海水ごと小さなエサを口に入れて、ひと口で何百匹ものエサをこし取って食べる。ヒゲクジラはハクジラよりずっと大きく、地球上最大の生き物シロナガスクジラもこの仲間だ。

ザトウクジラには400枚ものヒゲ板がある

ろ過して食べるヒゲクジラ

エサをこし取る、つまりろ過して食べるクジラはヒゲクジラとよばれる。口の中に歯がなく、かわりにごわごわしたヒゲ板とよばれる板が並んでいるためだ。大きな口に水をふくんだ後で水だけヒゲ板の間からはき出すと、口の中には小さなエサが残るしくみだ。

ヒゲ板は上あごから下がっていて、海水の中にいる小さな魚やエビに似たオキアミをこし取る

ヒゲクジラの潮ふき穴は2つあり、呼吸をするときは筋肉を使って開く

海面で呼吸する

クジラも哺乳類なので空気を吸わなければならない。クジラの鼻の穴は頭のてっぺんにあり、潮ふき穴ともよばれる。クジラは海面近くに来て息をはくが、そのときこの穴から空気と海水の混じった噴水をふき上げる。

子クジラは2年ほど母クジラのそばですごす

ザトウクジラの頭の大きなこぶの中には、毛をつくる器官がある

コバンザメは魚で、頭に吸盤がある。クジラの体にくっついて、クジラの食べのこしなどをもらって生きている

のどの皮膚の広い縞は「うね」とよばれ、アコーディオンのじゃばらのように折りたたまれていて、エサをこす前に大量の水を口に入れるとき、大きくひろがる

クジラの体の中

クジラが巨大に成長できるのは、おそらく重い体を水が支えてくれ、すべてを骨で受けとめなくてもすむためだ。このおかげでクジラの骨は、エサをとることと泳ぐことという基本的な役目をはたせばいいだけになっている。強い骨は胸びれとあごを支え、また強力な尾びれを動かす筋肉がしっかりした背骨につながっている。もともと先祖は陸を歩いていたが、そのときの4本の脚はもう必要ないので、クジラには後ろ脚がまったくない。なごりの骨が残っているだけだ。

水にもぐるとき水圧でつぶされないように、胸の骨が内臓を守っている

とても強いがしなやかな背骨は尾の筋肉とつながっている

長いあごの骨は、ひげ板の重みを支える

クジラの尾びれには骨がなく、繊維質の筋が通っている

骨盤と後肢(後ろ足)の骨はほとんどなくなりかけている

腕と指の骨が変化して、長く平たい胸びれを支えている

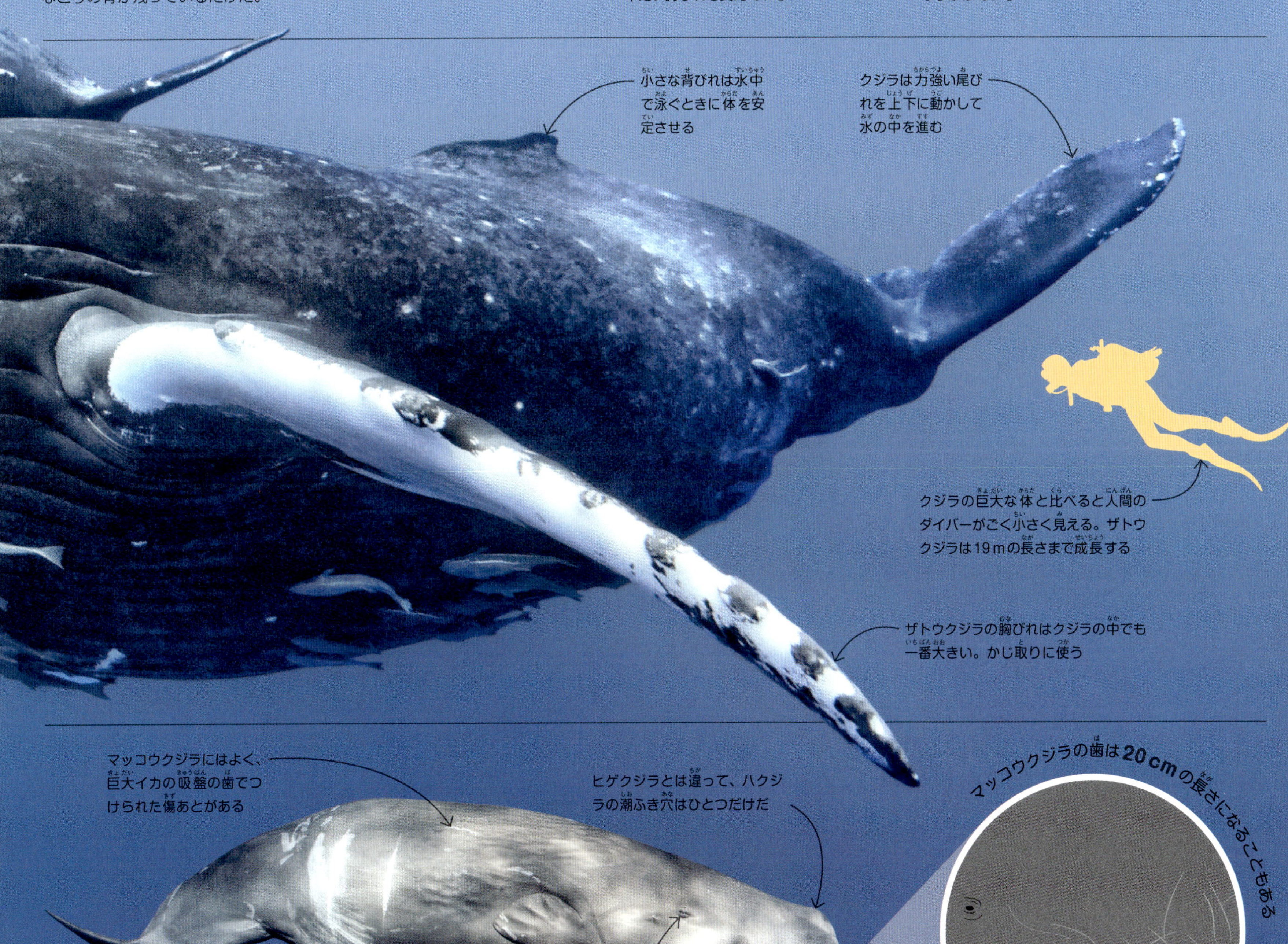
小さな背びれは水中で泳ぐときに体を安定させる
クジラは力強い尾びれを上下に動かして水の中を進む
クジラの巨大な体と比べると人間のダイバーがごく小さく見える。ザトウクジラは19mの長さまで成長する
ザトウクジラの胸びれはクジラの中でも一番大きい。かじ取りに使う

マッコウクジラにはよく、巨大イカの吸盤の歯でつけられた傷あとがある

ヒゲクジラとは違って、ハクジラの潮ふき穴はひとつだけだ

マッコウクジラの歯は20cmの長さになることもある

目

口

細長い下あごには歯が52本ついているが、上あごには歯が1本もない

ハクジラの狩り

クジラの多くの種類が円すい形のとがった歯をもっているが、これはすべりやすい魚を取るために変化したものだ。ただし、シャチ(オルカ)はよくアザラシをおそって食べ、ときにはほかのクジラを攻撃することもある。ハクジラの仲間で一番大きいのはマッコウクジラで、おもにうす暗い深海に住むイカを食べる。

生物が生きる環境を生息地（すみか）といいます。生息地といっても一枚の葉の裏側から、熱帯雨林全体まで、その規模はさまざまです。主な生息地としては、森林や海洋から砂漠や寒い荒野までさまざまな場所があり、そこに住む生物の共同体（コミュニティ）は、みな同じような困難にあうことが多いのです。しかしそれぞれの種はそれぞれ独自のやり方で、問題を乗りこえて生息地に適応してきました。

生息地（せいそくち）

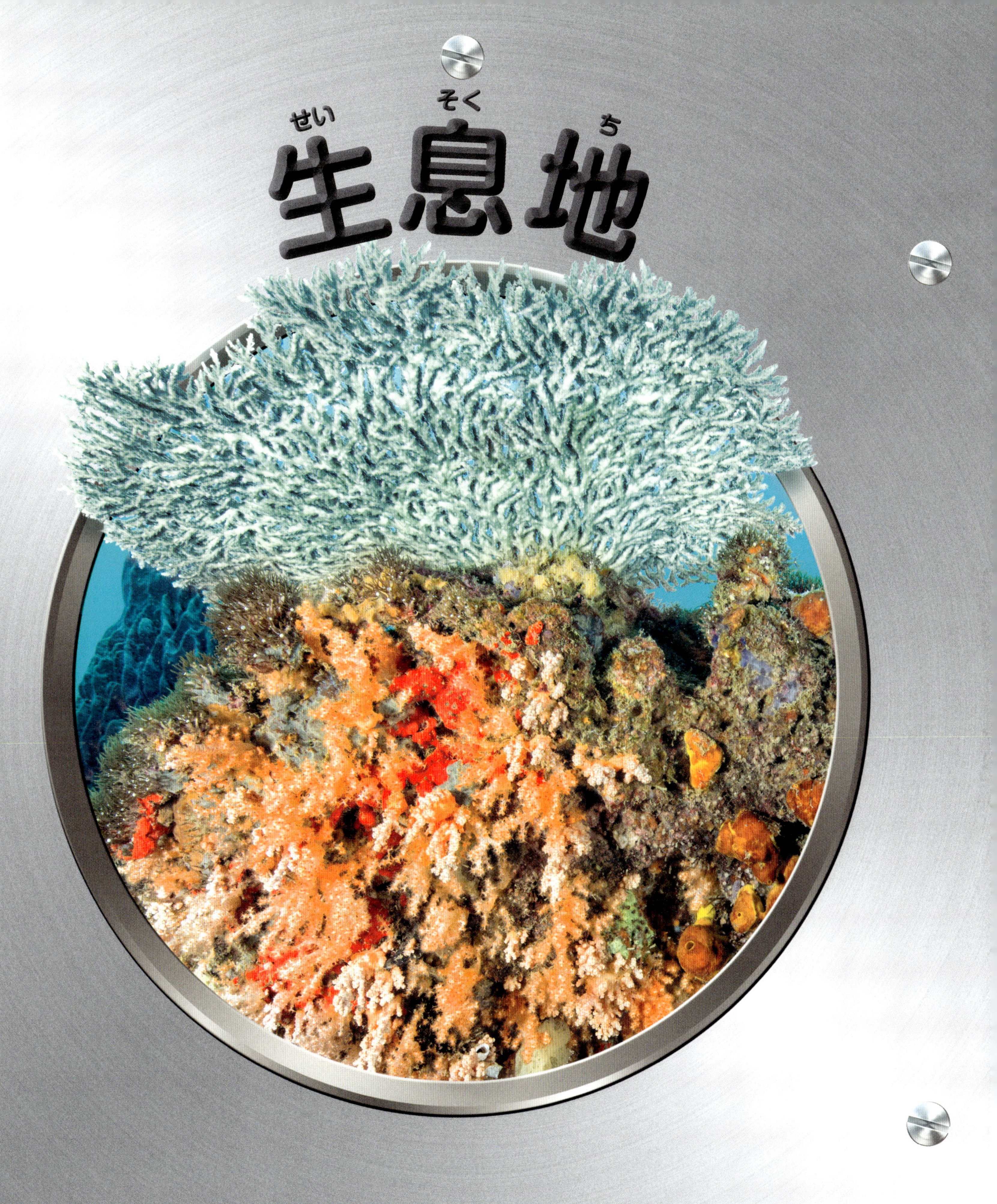

バイオーム
生物群系
HOW **BIOMES** WORK

この地球上では、熱帯地方から北極と南極地方まで、またもっとも深い海からもっとも高い山まで、あらゆる場所で生命のいとなみが見られます。熱帯雨林や砂漠など、主な生息地に住んでいる植物や動物のグループはバイオーム(生物群系)とよばれます。ほとんどのバイオームは、それぞれの気候にしたがって形づくられます。たとえば熱帯雨林は、一年中気温が高く、雨の多い地域に生まれます。

▶ バイオームの分布

これまでの研究で少なくとも16の主なバイオームが確認されている。このように世界をバイオームで分けることで、異なる地域の似たような条件に対応して植物や動物が進化してきたようすがわかりやすくなる。たとえばアフリカとオーストラリアのように離れた地域でも、砂漠では似たような乾燥気候に適応した植物が育つ。

熱帯雨林
熱帯草原(草地サバンナ)
乾燥樹林(樹木サバンナ)
温帯雨林
温帯草原(ステップ)
熱帯砂漠
温帯砂漠
海洋
地中海性植生
温帯林
北方樹林(タイガ)
ツンドラ
極地
高山
湿地
湖沼・河川
北極圏
北回帰線
赤道
南回帰線
南極圏

温帯草原(ステップ)
北アメリカのプレーリー(大草原)、南アメリカのパンパス、ユーラシア大陸のステップでは、夏の暑さはしのぎやすいが、冬の寒さは厳しい。

海洋
海は地球表面の70%以上をしめていて、全体でもっとも大きなバイオームとなっている。そこには熱帯のサンゴ礁から深海まで、さまざまな生息地が含まれている。

湿地
土地が、沼地や湿原などのようにたびたび、またはつねに水につかっているような場所では、植物や動物はだいたい水生の環境に対応できるように進化してきた。

温帯林
熱帯と北極や南極の間には温帯が広がっており、温帯の森林はしのぎやすい夏から寒冷な冬まで、かなり変化に富んでいる。

砂漠
非常に降雨量の少ない場所は、一面が砂や岩でおおわれている。砂漠の植物と動物は長い乾燥した期間を生き抜くためのさまざまな手段を進化させた。

北方樹林(タイガ)
もっとも北の森林は、湿地か氷におおわれていることが多い大地に育つ。葉の形が針のようで落葉せず、寒さに強い針葉樹が圧倒的に多い。

ツンドラ
北極と南極地方に近い地帯で、一年中地面は凍りついていて木々がまばらに生えている。夏は昼が長く、冬は夜が長くなる。

高山
頂上付近では気温が低く大気も薄い。森林の代わりに高山植物の草地と、露出した岩肌、氷河などが見られる。高い山の上では、熱帯地方でさえも絶えず雪が降り積もっている。

湖沼・河川
海洋から蒸発した水分は雨となって陸地に降り注ぐ。それは池となり、湖となり、沢や川となって、淡水の植物や動物の生息地となる。

熱帯草原(サバンナ)
森林ができるほどの水分はないが、砂漠になるほど乾燥していない土地では主に草が茂っている。大型の哺乳類の群れがサバンナをすみかとしている。

極地
地球のもっとも南または北の地方は氷床という氷でおおわれている。北にある北極海は一部が氷結しており、南の南極大陸は雪の量が多い。

熱帯雨林
陸上のほかのどの生息地よりも豊富な生物の種が生活する熱帯雨林は、降雨量が多く、植物が密生していて、一年中湿潤な場所である。

熱帯雨林
HOW TROPICAL RAINFORESTS WORK

ほかの陸上の生息地に比べ、だんぜん多くの種が暮らしているのが熱帯雨林です。想像を絶するほどの多様性に富んだ森は、豊かな植物が密生し、そびえたつ木々にはさまざまなつる植物がからみついています。そこでは葉でおおわれた地表から空に向かって伸びる木々の頂点まで、高さによってそれぞれ異なる植物と動物が生息していて、明らかに区別される層が形づくられています。熱帯雨林の生物のすばらしい多様性のために、そこには食物と安住の地をめぐる激しい競争があります。

▲ 森林の地面

地表では、菌類が落ち葉などの植物から出たものを分解することで、重要な役割を果たしている。落ち葉などからもたらされる栄養分は樹木の根にすぐに吸収され、土にはあまり栄養分が残らない。光がさえぎられ、水分が多いため、森林の地面は、多くの湿った場所を好む両生類などの動物のすみかとなっている。

ヒゲイノシシ

落ちた果実から、ナッツ、キノコ、木の根、さらには動物の死骸まで手当たり次第に食べ物を求めて歩くイノシシ。彼らはにおいで食べ物を探す。しかし、食べるだけでなく、植物の種子が混じったふんをすることで、種子を離れた場所に運ぶ手伝いもしている。

▲ 低木の層

森林の低い位置に生えている若木は、低木層(下層植生)を形づくっている。その成長は遅く、高く茂っている木が倒れてできるすき間から射しこむ日光を受けられるようになると、やっと育ち始める。こうなると、シダ類や花をつける植物(顕花植物)も、木々の幹から芽を吹く。高い枝に落ちた鳥のフンに混じっていたイチジク属のつる植物の種子は、そこから芽ぶいて成長する。その根は寄生された木の周囲をめぐるように、地面に達するまで伸びる。このつる植物が成長すると、元の木の周囲をおおって、最後には窒息させ枯らしてしまう。

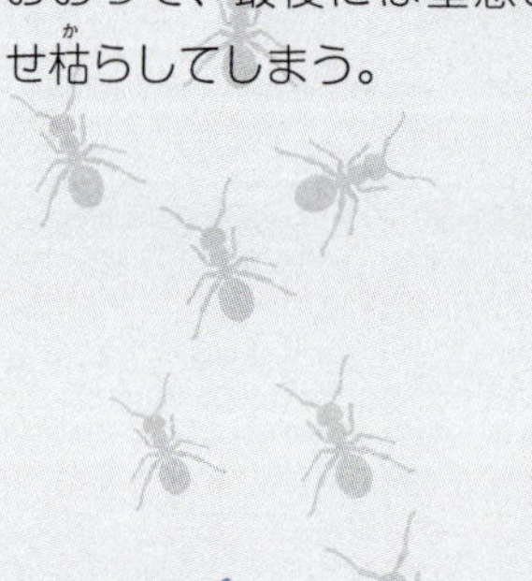

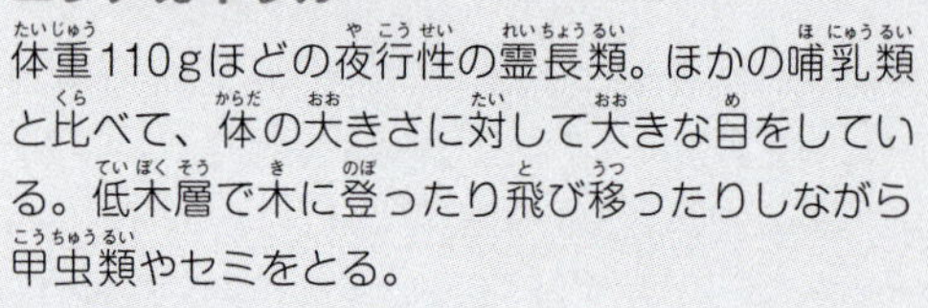

ニシメガネザル

体重110gほどの夜行性の霊長類。ほかの哺乳類と比べて、体の大きさに対して大きな目をしている。低木層で木に登ったり飛び移ったりしながら甲虫類やセミをとる。

地球上の熱帯雨林

一年中暑くて湿気の多い地域に熱帯雨林が生まれる。その面積は地球の陸地面積の6～7%だが、地球の動植物の種の50%以上がそこに生息している。世界各地の熱帯雨林は、人間の活動の拡大によって危機にさらされている。

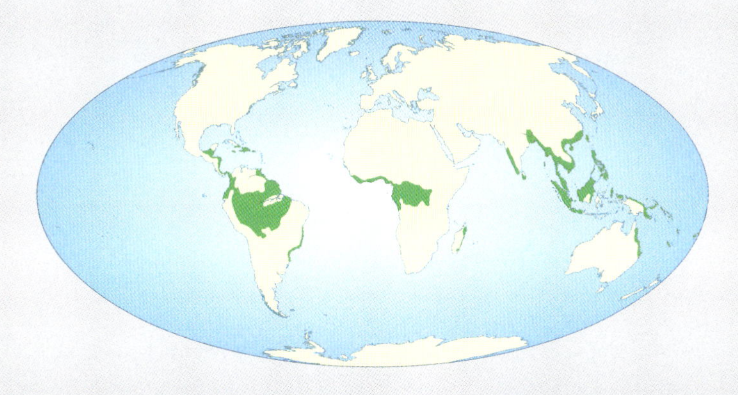

気候データ

日中の温度は35℃にも達し、夜でも20℃以下に下がることはない。

年間の降雨量は2000mmを超えるといわれ、多くの熱帯雨林ではほとんど毎日のように雨が降る。

熱帯雨林で生育する植物の種は、世界全体の3分の2をしめる。

▲ 緑の毛布

木々の先端が伸びて、厚い緑の毛布のように、ほとんど連続した高さの層を形づくる(林冠)。それに当たる太陽光の約75%がその上層の数十億枚の葉に吸収される。サル、昆虫、カエル、オウムなど、ほとんどの熱帯雨林の動物は、こうした環境でさまざまな樹木から得られる果実、種子、花などを食料として生きている。

▲ 巨木の層

一部の巨大な樹木は、緑の毛布から空へと突き出るように先端(樹冠)を見せている。ボルネオの熱帯雨林に見られるトアランの木(メンガリス)もそのひとつで、88mもの高さに達するものもある。トアランの木は板根と呼ばれる、板のようにすそが広がった巨大な根で支えられている。その根元の広がりのおかげで強風や豪雨の時も安定していられる。

ボルネオオランウータン

この絶滅が心配される類人猿は、ほとんどの時間を樹木の中ですごす。移動するときは、枝から枝へとブランコのように飛び移る。葉の多い枝で、毎晩新しい寝床を作って眠る習性がある。その食事内容の約60%は大型果実で、とくにイチジクが多い。

タカにもワシにも好都合

高木があるおかげで、熱帯雨林の猛禽類はヘビ、小鳥、トカゲその他の獲物をねらうのに理想的な止まり木にすることができる。また、中心となる幹から太い枝が出ている木のまたのあたりに、大きな巣を作る習性がある。

温帯雨林
HOW TEMPERATE FORESTS WORK

数千年前まで、森林はおおよそ赤道と北極と南極地方の間にある地帯のとても広い地表をおおっていました。穏やかな気候の温帯に当たる地域です。その温帯雨林のほとんどが伐採されたり開発のためにさら地にされたりしましたが、まだかなりの面積の森林が残っています。そうした森林の木の大半は冬に落葉する種類の広葉樹です。温帯雨林は四季の変化に合わせて彩り豊かな変化を見せてくれます。

▲春

気温が上がり雪解けを迎えると、昼がだんだん長く感じられるようになり、森林の地面には色とりどりの春の花が一面に咲き乱れる。冬眠していた動物たちが眠りからさめ、多くの鳥類や哺乳類が子作りの季節を迎えてパートナーを見つける。

ハゴロモムシクイ

このアメリカムシクイ科の小鳥は冬を中南米ですごすが、毎年5月には繁殖のために北アメリカの温帯雨林にやってくる。そして木々の枝の間をすばしっこく飛びまわり、葉にとまっている虫をついばむ。

▲夏

夏を迎えて木々は葉を大きく広げ、日光を浴びて光合成により栄養分を生みだす。葉はケムシなどの無数の昆虫によって食べられ、虫たちは多くの鳥のエサとなる。高木の緑の毛布の下でも低木や小木、若木などの低層の植物群を養えるだけの日光が届く。夏はほとんどの動物が子どもを育てる季節でもある。

カナダヤマアラシ

カナダヤマアラシにとって夏は実り多い季節だ。植物の根や芽、果実など、森の中のほとんどすべての植物の食べられる部分が増え、食事の幅が広がる。

地球上の温帯雨林
温帯雨林の地域は、夏は温暖で快適なことが多いが、冬は寒くて気温が零下になることも珍しくない。降雨量は年間を通じて安定しており、冬には雪もふる。

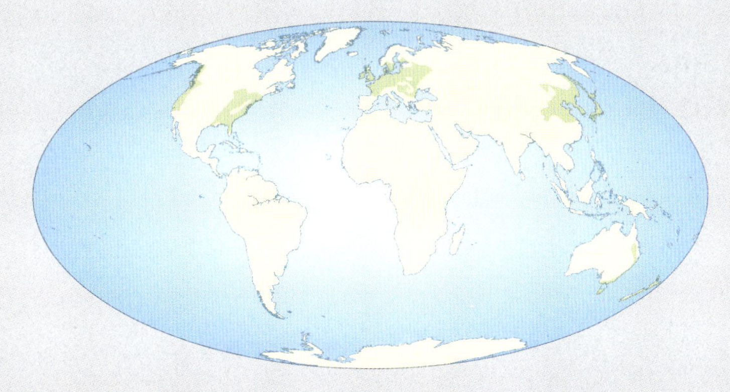

気候データ
温帯雨林はふつう、年間で750～1500mmの降雨量を記録する。

年間の平均気温は10℃、夏の平均気温は21℃。

このバイオームでは、もっとも高くなる木で18～30mほど。

▲秋

昼の長さが短くなってくるのにつれて、日照が弱まってくるので木々の光合成が難しくなり、ついには葉を落とすようになる。落ち葉が厚く降り積もると、湿った葉が敷きつめられたカーペットのようになり、無脊椎動物や、小型のげっ歯類、両生類などが集まってくる。多くの木々が木の実や種子を生産し、それを動物が食べる結果、新しい樹木が育つ環境ができる。

▲冬

冬になると木々は葉を落とし、ほとんどの植物は成長を止めるので、食料が乏しくなる。リスやカケスなど多くの動物たちは、この厳しい時期を秋にため込んだ食べ物を食べてしのぐ。コウモリやクマなど、一部の動物は冬眠という深い眠りに入ってすごす。昆虫を食べる鳥の大半は、遠く離れた地へと渡っていき、春になるともどってくる。

トウブシマリス

トウブシマリスが地上に降りて、種子や木の実を集めるために積もった落ち葉の中を忙しく動きまわっている。大きくふくれる頬袋を使って食べ物を巣穴にもって帰り、冬に備えてたくわえる。

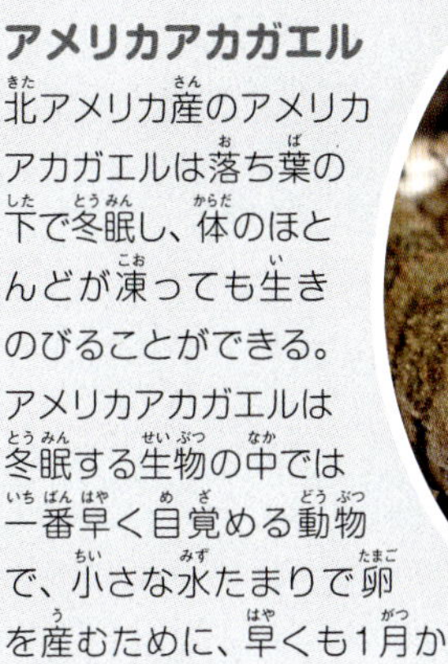

アメリカアカガエル

北アメリカ産のアメリカアカガエルは落ち葉の下で冬眠し、体のほとんどが凍っても生きのびることができる。アメリカアカガエルは冬眠する生物の中では一番早く目覚める動物で、小さな水たまりで卵を産むために、早くも1月から活動を始める。

北方樹林
HOW **BOREAL FOREST** WORKS

北半球の大陸をめぐってグリーンベルトのように広がっている北方樹林は、地球の陸上でもっとも広いバイオームとなっています。タイガとも呼ばれる北方樹林は、そのほとんどが針葉樹でしめられ、ユーラシア大陸の北部と北アメリカ大陸の広い範囲に広がっています。夏は短くじめじめしているのに対し、冬は長く雪の多い気候で、そこに住む生き物たちにとっては厳しい環境となります。

▲**冬**

北方樹林の冬は長く厳しい。最長で8か月にもなり、気温がマイナス70℃になることもある。この季節には多くの動物が冬眠するか、もっと温暖な場所を求めて南に移動する。冬の間は雨が降らず、雪ばかり降るため水が乏しく、動植物は凍える寒さのなかで乾燥に耐えなくてはならない。

トウヒ

トウヒのような北方の針葉樹は、水分をためておくのに有利な、光沢のある針のような葉をつけており、これによって長く凍りついたまま水がとぼしくなる季節に耐えることができる。木全体が円すい形をしていて、枝が垂れているので、積もった雪が落ちやすい。

ビーバー

ビーバーは冬の間一面に凍りつく池や川など水辺に巣を作る。水面下に巣の出入り口が開いており、氷の下をくぐって食物を探しに出かけることができる。

マツテン

マツテンは寒い冬になると、長くてつやのある毛皮で寒さから身を守る。食料がとぼしくなる冬の厳しい数か月間は、動物の死骸などを食べることが多くなる。

地球上の北方樹林

北方樹林のバイオームは地球の陸地面積の17%をしめており、北極地方の周囲をめぐるように分布していて、カナダ、スカンジナビア地方、ロシアのかなりの部分が含まれる。

気候データ

北方樹林の一部は永久的に地面が凍った状態になっており(永久凍土)、土地の水はけが悪く湿った状態になっている。

北方樹林では夏に昼の長さが20時間に達する地域もある。

▲夏

北方樹林の夏は暖かく降雨量も多いが、その期間は短くて、3か月ほどしか続かない。夏の間は森が生き生きとしたようすを見せる。植物には花が咲き、冬眠していた動物たちが巣穴から姿を現し、冬の間は南に移動していた渡り鳥たちが帰ってくる。氷が解けると大きな浅い沼地があらわれてハエやカが集まってくる。

イスカ

イスカのくちばしは形が変わっていて、先端がかみ合わず交差している。マツカサから種子を取りだしやすいようになっているためだ。短い夏の間はマツの実が豊富にとれる。

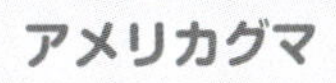

アメリカグマ

アメリカグマは春の訪れとともに冬眠から目覚めるが、幼い子どもを伴っている姿がよく見られる。クマたちは夏の間できるだけ多くの食物を食べて、次の冬眠に備えて体を太らせておく。

ミズゴケ

森林の地面の冷たく湿った土では、花をつける植物(顕花植物)はほとんど生きのびることができないが、コケ類は繁殖している。ミズゴケは大量の水をたくわえることができ、乾燥している時の重さの20倍にもなり、ぶあついマットのような形となる。

サバンナ

HOW **TROPICAL GRASSLANDS** WORK

多くの熱帯地方では、大雨の降る雨季と雨の少ない乾季が交互にやってきます。数か月続く乾燥した時季を生きのびる樹木はほとんどなく、生える植物は草ばかりになります。乾季の間に草は乾燥しきって、火事になることもあるほどですが、雨が降り出すと生気を取りもどします。アフリカでは草食動物の群れがこのような草を食べていて、さらにそれを食物として狩る肉食獣がいます。

▲ 乾季

雨が降らなくなり、草が乾燥しきってしまうと、多くの草食動物は緑の草が残っているもっと北の地域に移動する。草食動物の一部は、付近に川や水場のあるアフリカのセレンゲティ国立公園の湿地帯にとどまる。ここでは動物が、ライオンやブチハイエナなどの肉食獣に狙われやすい。

キリン

長い首をもつキリンは革のようなじょうぶな舌を使って、トゲのあるアカシアの低木に茂った葉をむしりとる。キリンは高木のてっぺんの茂み[樹冠]にまで首が届くので、ほかの動物には届かないような場所の葉を得ることができる。

ライオン

ライオンは自分の縄張りをもっており、1年中同じ土地で生活している。水を求めて水場にやってくる動物たちを獲物として狙う。ライオンの食べ残したエサには、ハゲワシのような死骸を食べる動物が寄ってくる。

アフリカバオバブ

熱帯草原には、数か月におよぶ乾燥にも適応した樹木が所どころに見られる。アフリカバオバブは、雨季に吸収した水分をそのふくれた形の幹にたくわえており、乾季を生きのびることができる。

地球上のサバンナ

もっとも広大な熱帯草原は、アフリカのサハラ砂漠の南の地域にあり、サバンナという名称もそれがもとになっている。そのほかには、インド、南アメリカ、東南アジアの一部、オーストラリア北部にも見られる。

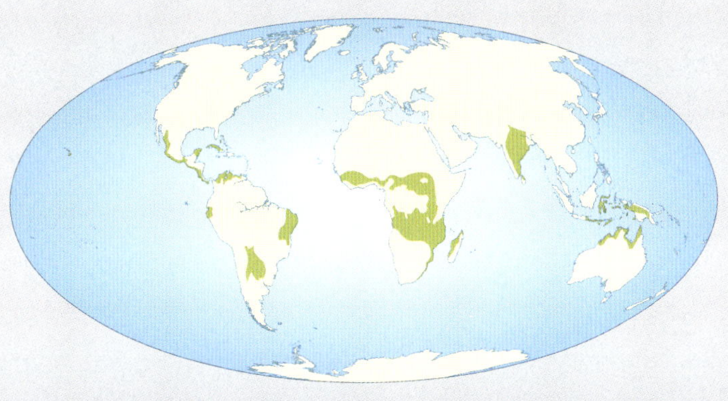

気候データ

気温が17℃以下になることはめったにない。

年間降雨量は500〜1300mm。

アフリカ大陸の半分近くが熱帯草原となっている。

▲雨季

雨の多い季節には、東アフリカのセレンゲティの平原に緑豊かな草が生い茂る。茎の先端に葉をつける植物とは違って、これらの草の葉は地中の根から直接出ていて、シマウマ、レイヨウ、ガゼルなどの草食動物の絶好のエサとなる。草はまた、バッタの大群のような、多くの昆虫の食物にもなっている。

コメンガタハタオリドリ

コメンガタハタオリドリは、自分たちの巣を作るのに適した細長い草の葉を集められる雨季に繁殖を行う。この鳥は木の枝からカゴのような巣をつるすように作る。コメンガタハタオリドリは集団で巣を作る。それぞれの木でもっとも多くて200個ほどのこともある。

オグロヌー

オグロヌー(ウシカモシカ)は、雨季の初めごろに子どもを産む。雨季の間は草が豊富に生えているため、母親にとっては栄養に富んだミルクを作るのにつごうがよい。オグロヌーの子は生まれるとすぐに歩くことができる。

フンコロガシ

草食動物の群れが残していった排泄物を、多数のフンコロガシ(タマオシコガネ)が繁殖のために利用している。この虫はフンを集めてボールの形にして巣穴に運び、そこに卵を産みつける。卵からかえった幼虫はそのフンを食べて育つ。

ステップ
HOW TEMPERATE GRASSLANDS WORK

北アメリカ大陸、ユーラシア大陸、南アメリカ大陸南部の一部の涼しい地域は、乾燥していて森林が育つだけの湿気はありませんが、砂漠になるほどひどくは乾燥していません。このような地域では草がよく育ちます。ステップ(温帯草原)気候ではふつう、冬は雪が多く乾燥していて、夏は暑く乾燥していますが、ときおり激しい暴風雨にみまわれることがあります。この気候のもとでは、草食動物の大群が生息していることがあります。

▲冬

北アメリカのプレーリーでは、冬の気温が氷点下をかなり下回る。草は生えなくなり、草食動物は食物を探して雪を掘り返さなければならなくなる。多くの鳥がもっと暖かい地域へと渡っていき、ほとんどの小型の哺乳類は冬眠によって冬を越すために地下に避難する。

コヨーテ

狼の親戚にあたるコヨーテは、環境に適応して狩りを行いながら生活している。冬には、厳しい天候のため死んだシカのような大きな動物の死骸の肉を食べたりする。

バイソン

バイソンは、食物を求めて少数の群れを作って草原を移動し、寒冷な冬を生きのびる。バイソンの体の大きさとぶあつい毛皮が、冬の凍える寒さから彼らを守っている。

プレーリードッグ

プレーリードッグは、とても大きく複雑な巣穴を張りめぐらしている。冬でも比較的暖かい時期には鋭い歯で草や種子を食べるために地上に出てくるが、寒さが厳しい時は地下にとどまっている。

地球上のサバンナ

おもなステップとしては、アメリカとカナダにまたがるプレーリー（大草原）、ステップという名称の元となったユーラシア大陸のステップ、おもにアルゼンチンに見られる南アメリカのパンパがある。

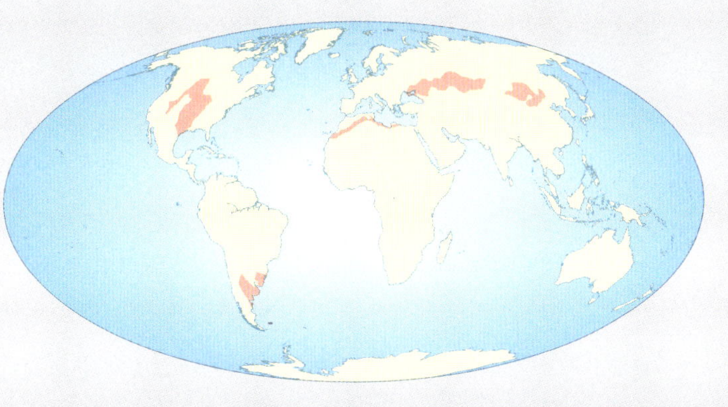

気候データ

夏の気温は38℃をずっと上回ることがあるのに対し、冬は－40℃にまで下がることがある。

冬に草原に降る雪は、春に成長し始める草に水分をもたらす貯水の役割をはたす場合が多い。

ステップの多くは、樹木のように風をさえぎる自然物が少ないために強風にさらされがちだ。

▲夏

ユーラシア大陸のステップでは春を迎えると、草が一年でもっとも力強く成長し、草原が生き生きしてくる。暑く乾燥した夏になると草は枯れ、雷が落ちるとそれに火がつくこともある。草原の火事は競うように生えていた多くの植物を焼いてしまうが、草は生き残っていて次の雨の後にはまた勢いよく生えてくる。

草

ステップに生える多くの草の葉は、草の先端ではなく根もとから出てくるために、上の部分が動物に食べられても、生き続けることができる。草の根は地中深く伸びているので、乾燥した時期にも水分を得ることができる。

オオハナレイヨウ

木の幹のようにたくましいオオハナレイヨウの鼻は、夏の暑い時期にその体を冷やすのに役立っている。嗅覚の優れた鼻は、雨の後に新鮮な草が生えている場所を探し出すのにも役立っている。

ソウゲンワシ

ソウゲンワシは、大きく翼を広げて草原の上空を、疲れを知らないかのように舞う。広い土地を見わたしながら、ソウゲンワシは茂った草の間にいる獲物を簡単に見つけることができる。

湿地

HOW WETLANDS WORK

ほとんどの植物は水びたしの土地では生育できず、とくに塩水の場合は困難です。湿生林や沼沢地のような湿地では、つねに水びたしの土地でも生きられるように変化した植物や動物が生息しています。

▲ 淡水の湿生林

湿生林は樹木が生い茂る湿地だ。世界でも最大級の湿生林は、南アメリカのアマゾン川流域にあり、そこでは熱帯の気温の高さも豊かな植物の成長をうながしている。雨季になると流域の川がはんらんして、周囲の森林が水びたしになり、その季節だけの湿生林が出現する。

オオオニバス

このハスの仲間は、浅い水底の泥の中に根をはっており、葉と花の部分は水面に浮いている。お盆のような形の葉は直径3mにもなり、小さな子どもくらいの重さであれば乗せても沈まない。

アマゾンカワイルカ

雨季になると、アマゾン川のイルカたちは自分たちの住んでいる水域を離れて、雨季の間だけ水びたしになった森林に出かけ、浸水した樹木の間を抜けて、魚やカメ、カニなどをつかまえる。イルカは水中で超音波を発信して、はねかえってきたものを利用して、見通しの悪い水の中でも獲物を見つけることができる。

▲ 沼地

おもに背の低い植物でしめられている湿地は、沼地と呼ばれる。アメリカ・フロリダ州南部にあるエバーグレーズ国立公園には、広大な沼地が一面に広がっている。イネ科の植物に似たじょうぶな葉をもつカヤツリグサの仲間が、ゆっくりと流れる水面いっぱいに生えている。湿地の植物の多くに見られるように、この草も水位が下がる乾季を乗り切るために太い根をもっている。

アメリカアリゲーター

アメリカ南部の淡水と塩水両方の沼地でもっとも恐れられる動物といえばアリゲーターだ。乾季に入ってエバーグレーズの湿地が乾き始めると、アリゲーターは自分たちで穴を掘って、地元でゲーターホールとよばれる水のたまり場を作る。

地球上の湿地

湿地は世界各地に見られる。雨がかなり多い地域であれば、淡水の湿地はどこにでも現れる。寒い地域の河口には塩性沼沢が形づくられる。また、熱帯の海岸にはマングローブ林が広がっている。

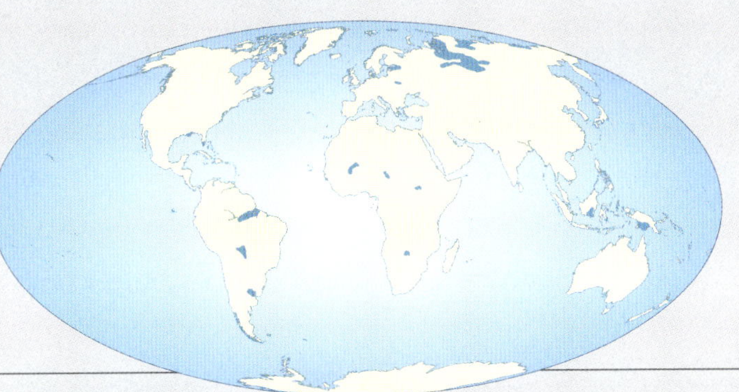

気候データ

淡水の湿地の多くは夏に干上がるが、雨の多い季節になれば植物は生気を取り戻す。

最近までの100年間で、世界の湿地帯のおおよそ50%が農業その他の開発のために失われている。

からまり合ったマングローブの根は、熱帯地方の暴風雨から土地を守るのに役立つ壁のような役割をはたす。

▲ マングローブの湿生林

東南アジアのタイなどの熱帯地方では、塩を含んだ湿地にマングローブ林が広がっていて、この海岸沿いの森林は満潮の時には海水につかる。マングローブの木はこうした環境に適応して空気中から酸素を吸収する根をもっており、塩水につかった泥の中でも成長できる。

ベニヘラサギ

湿地には、水辺を歩き回ってエサを探す多くの水鳥がおり、ベニヘラサギはその一種だ。ベニヘラサギは歩きながらそのヘラのようなクチバシで水中をすくったり、泥をかき分けたりしてエビ、昆虫、両生類をつかまえて食料にしている。

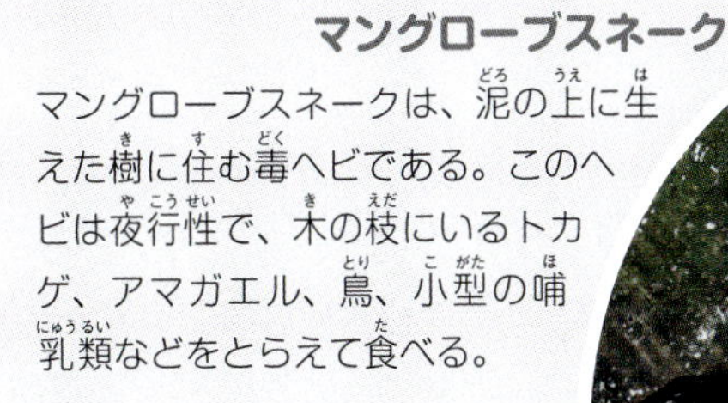

マングローブスネーク

マングローブスネークは、泥の上に生えた樹に住む毒ヘビである。このヘビは夜行性で、木の枝にいるトカゲ、アマガエル、鳥、小型の哺乳類などをとらえて食べる。

トビハゼ

トビハゼは、カエルと同じように濡れた肌を通して皮膚呼吸することができるので、干潮の時は泥の表面に出て生活している。ひれを脚のように使って、泥の上をとびはねながら小さなカニなどの獲物をとらえて食べる。

高山
HOW MOUNTAINS WORK

高山は、野生の生き物にとって厳しい環境にある生息地です。標高が高くなるにつれて気温が低下するので、熱帯でも高山の頂上付近は北極周辺のツンドラと同じくらい寒くなることもあります。高山の動物は厳しい寒さ、険しい地形、大気が薄いために酸素が少ないという環境で生きていかねばなりません。

▲ 山地林

山の中腹から下の斜面は、山地林と呼ばれる森林におおわれていることが多く、動物に食物と隠れ家を与える場所となる。中国の九寨溝では、冬になると地表が凍って水分を吸収するのが難しくなるが、針葉樹は針のような形の葉のおかげで水分をためておくことができる。

ジャイアントパンダ

パンダは中国南西部の山岳地帯だけに生息していて、その地域の寒冷で湿気の多い気候で繁殖する竹や笹を食料としている。ほかのクマと違って冬眠することはなく、厚くみっしりと毛の生えた、少し油っ気のある毛皮のおかげで冷たい天候や雨をしのいでいる。

タケ

成長が早いうえに大きくなる、竹の林は、中国の亜熱帯地域にある山岳の斜面のほとんどを占めている。針葉樹ほどではないが、一部の竹は、−29℃という低温まで耐えることができる。

▲ 高山草原

高山の山地林よりも高い場所では、樹木ではなく低木や花を咲かせる牧草の草原が広がる。ヨーロッパのアルプスに見られる高山草原は、冬の間は雪におおわれているが、夏には草食動物の食料となる牧草を豊かに茂らせる。アルプスの草原の花には、チョウをはじめ花の蜜を求める昆虫が集まってくる。

ヒゲワシ

厳しい山の生息地では、動物たちが生きのびるのが難しいが、同時にヒゲワシのような死骸を食べる動物にとっては、食料が得やすいとも言える。ハゲワシの親戚であるこの鳥は、栄養価の高い骨髄を食べるために骨を岩の上に落として割るという習性がある。

地球上の高山地帯

高山のバイオームは世界各地に見られるが、中でもとくに大規模なものとして、北アメリカのロッキー山脈、南アメリカのアンデス山脈、アジアのヒマラヤ山脈、ヨーロッパのアルプス山脈などがあげられる。

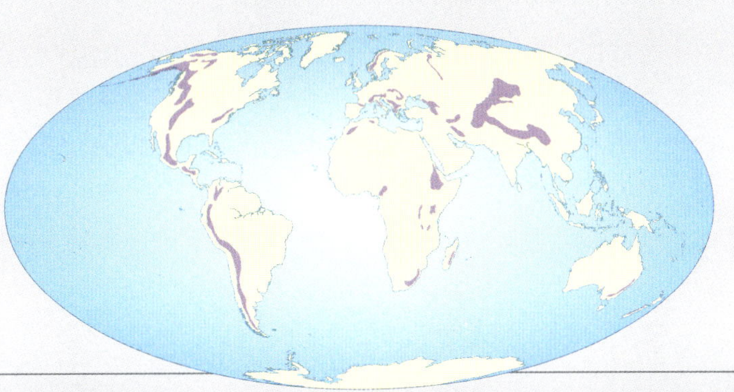

気候データ

気温は、標高が1000 m高くなるごとに6.5℃の割合で低くなる。

アフリカのキリマンジャロ山は赤道付近にあるにもかかわらず、その頂上付近は非常に寒く万年雪でおおわれている。

高山地帯はその周辺の平地に比べるとかなり降水量が多くなる傾向がある。

▲ 連なる岩の頂上

ヒマラヤ山脈のような高い山脈の頂上付近は岩石や、ごつごつした大岩と雪以外にはほとんど何もない場所であり、そこに住む動物はほとんどいない。それでもある種の昆虫やクモ類が雪原に生息しており、獲物をねらうのに有利なように、突き出た岩から下をうかがっている。

アルプスアイベックス

ヨーロッパの高山では、高地にある牧草を食べるためにアルプスアイベックスが険しい地形の山肌を登る。彼らは驚くほどすばしこくて、けわしい岩山や岩だなの間を確かな足取りで跳び移る姿が見られる。

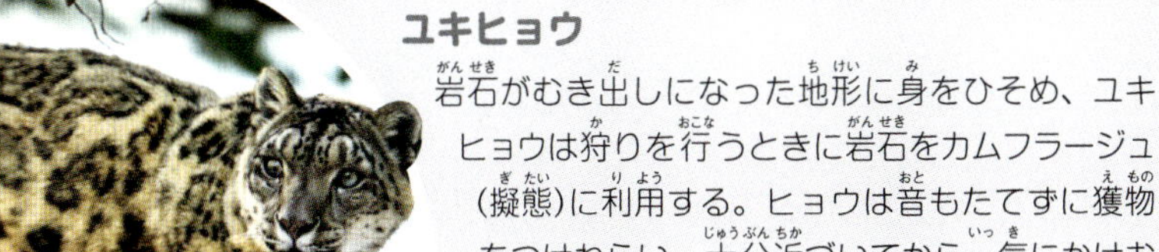

ユキヒョウ

岩石がむき出しになった地形に身をひそめ、ユキヒョウは狩りを行うときに岩石をカムフラージュ（擬態）に利用する。ヒョウは音もたてずに獲物をつけねらい、十分近づいてから一気にかけおりて獲物の油断しているすきをつく。

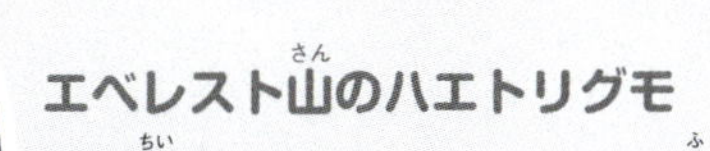

エベレスト山のハエトリグモ

この小さなクモは、エベレストの不毛な斜面の岩石のすき間に住んでいて、風で飛ばされてきた虫などをとらえて食べている。これまでに知られている動物の中で、もっとも標高の高い場所に定住しているのがこのクモだ。

砂漠

HOW DESERTS WORK

砂漠と呼ばれる地域は、気温が高い場合も低い場合も含め、年間の降雨量が250 mm未満のとても乾燥した土地を指します。砂漠は何もない荒野のように思われますが、乾燥した気候と水不足という環境に適応した多くの動植物が、岩や砂丘の間のあちらこちらに生息しています。

▲ 暑い砂漠
北アメリカ大陸のソノラ砂漠のように気温の高い砂漠では、日中の気温が50℃にまで達することがあるのに対し、夜間の気温は急激に下がり、0℃以下になることもある。ソノラ砂漠では、雨のほとんどが特定の季節に降り、そのときは砂漠が植物の緑でおおわれ、サボテンなどが花を咲かせる。動物は日中は日射を避けてすごし、気温が下がる夜間のほうが活動的になる。

サバクポケットマウス
砂漠では食料が乏しい。サバクポケットマウスは植物の種子を集めては、後で食べるために巣穴に運んでためておく。砂と同じ色の毛皮はカモフラージュの効果があり、肉食動物から身をかくすのに役立っている。

ベンケイチュウ
暴風雨が通り過ぎると、サボテンは水を吸い上げて太い幹にたくわえる。ベンケイチュウ(サワロ)は、世界一巨大なサボテンで、翌年まで雨が降らなくても生き残れるだけの水をたくわえることができる。

サバクゴファーガメ
体の水分を失わないように、サバクゴファーガメは日中の暑い時間帯は巣穴に隠れてすごす。活動が活発になるのは雨の季節で、食料となるサボテンの花や、ほかの植物を求めて出歩くようになる。

地球上の砂漠

砂漠は地球の陸地の5分の1以上をしめていて、おもなすべての大陸に存在する。気温の高い砂漠(地図上のオレンジ色の地域)は熱帯地方の近くにあるのに対し、気温の低い砂漠(黄色の地域)はそれよりも北か南に分布している。極地方(⇨p.340〜341)は降雨量がとても少ないので、砂漠に分類される。

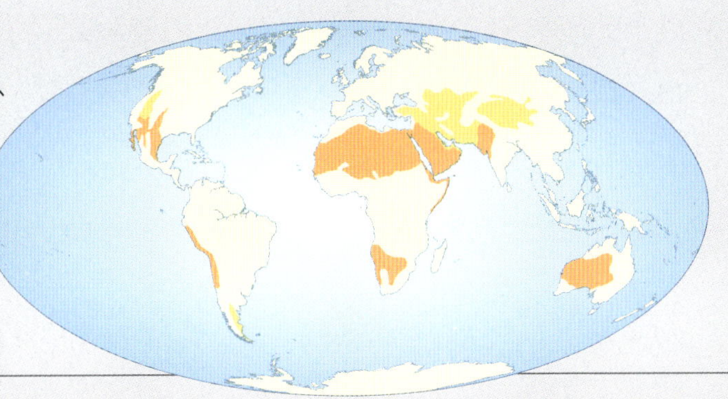

気候データ

もっとも乾燥している砂漠では、年間の降水量が10mm未満という地域もある。

一部の砂漠では、降雨がとても少ないために、植物が何年もの間、雨なしですごすことがある。

地球上で記録されたもっとも高い気温は、イランのルート砂漠で70.7℃を計測した。

▲寒い砂漠

アジアのゴビ砂漠のような寒い砂漠は、暑い砂漠よりも北や南にあるだけでなく、赤道近くの標高の高い地域にもある。そうした地域では、冬になると地表の大部分を霜や雪がおおって、厳しい寒さを迎える。ゴビ砂漠では冬の気温が－40℃にまで低下する。植生は大部分が低木と草で占められ、多くの動物が地中に巣穴を作って寒さをしのいでいる。

アジアノロバ

ウマ科の一員であるアジアノロバは、アジアに生息している。必要とする水分の多くを植物から得ているが、地下水を求めて乾いた川底に穴を掘ることもあり、冬には雪を食べる。その砂のような色の体毛は敵から身を隠すのに役立っている。

ソルトワート

ソルトワートは地中深く根を張る植物で、乾燥した地面からできるだけ水分を吸い上げ、岩や砂の多い土にそれ自身を安定させている。塩分を多く含んでいて、草食動物に食べられないようにしている。

フタコブラクダ

このラクダは水を飲まずに数か月生きのびることができ、またいったん水を飲みだすと一度に50L以上も飲むことができる。食料が乏しい時にはコブにたくわえられた脂肪から栄養を取ることができる。

ツンドラ
HOW TUNDRAS WORK

氷に閉ざされた北極と南極地方のまわりにあるのがツンドラ地帯です。この地域の地表に近い層の土はつねに凍りついています。冬は暗く、寒く雪が多い気候ですが、春になると雪がとけて凍土の表面もとけます。北極圏ではこうした雪解けで、広い範囲で水びたしの湿地があらわれて、たくさんの昆虫や、それをエサとする鳥の大群もやってきます。

▲冬

北極圏のツンドラ地帯では冬の大部分が闇に閉ざされた日々となる。大地は凍りつき雪におおわれる。植物は成長せず、昆虫は姿を消す。鳥も大部分はこの地を離れていくが、シロフクロウなど一部の動物がとどまり、雪の下で生活している小型の哺乳類を獲物としている。

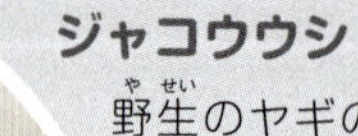

ジャコウウシ

野生のヤギの親戚であるジャコウウシは、全身毛むくじゃらで群れをなしてツンドラをわたり歩き、雪を掘り下げて草やコケを食べている。ホッキョクオオカミは、このジャコウウシを狩りの獲物としている。

ツンドラハタネズミ

冬の間中、地上では寒い風が吹くなか、小さなハタネズミとレミングは雪の下の地中で寒さを避けて活動している。草と水分の多い根をエサとしており、また巣穴にたくわえておいた種子を食べて冬をすごす。

オコジョ

細身のイタチやオコジョは、獲物とするハタネズミやレミングの巣穴にまでもぐりこんで狩りをする。冬になるとオコジョの毛皮は純白になるが、そのしっぽの先端は黒い毛のままである。

地球上のツンドラ地帯

世界のツンドラのほとんどは北半球の大陸にあり、タイガ地帯と北極海の間に分布している。ツンドラは南極海に面した沿岸部やその付近の島々にも見られる。

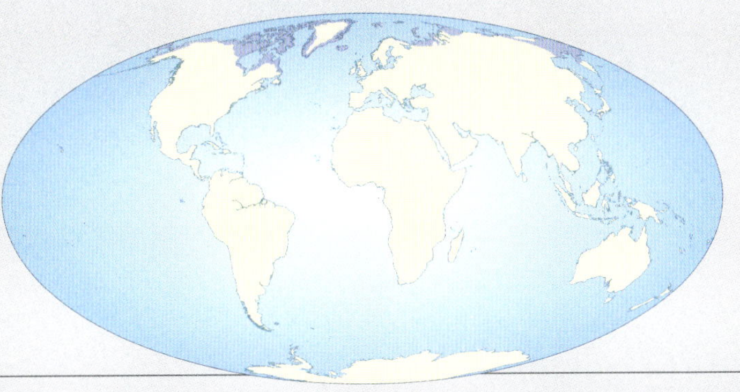

気候データ

ツンドラの冬の気温は－50℃にまで下がることもある。

ずっと凍りついたまま地表をおおっている土のことを、永久凍土という。

夏季になって表面の氷がとけても永久凍土があるために、水はけが悪く、湿地となる。

▲**夏**

北極地方のツンドラは、夏にはほとんど一日中太陽が沈まない日々が続く。地表の氷雪はとけて湿地となり、じょうぶで背の低い植物群の花が咲き乱れるようになる。無数のカなどの昆虫が発生し、南からもどってきた鳥たちの豊富な食料となる。鳥たちはここで巣を作り子育てを行ってふたたび南にわたっていく。

トナカイ

トナカイの大群が雪どけの季節に芽をふく植物を求めて北へと歩いていく。食料がたくさん得られる夏が近づくころに、トナカイのメスは子を産む。

キョウジョシギ

岸辺で活動するキョウジョシギは、夏季になると、食料となる昆虫がたくさん現れる北極地方のツンドラに向かい、そこで子育てをする。地面に巣を作る習性があり、そのあざやかな夏羽は周囲にまぎれて優れたカムフラージュの効果がある。

ムラサキクモマグサ

ほとんどのツンドラ植物は、地面近くに生育し、寒風から身を守るクッションのように厚く葉が重なり合った形になる。ムラサキクモマグサはその代表的なもので、夏季にもっとも早く花をつける植物のひとつだ。

極地
HOW POLAR REGIONS WORK

北極と南極の地方は厳しい寒風が吹き荒れ、とてつもなく気温の低い環境で、地球上でもっとも生き物の生息に適していない場所といえます。夏は短く、来る日も来る日も一日中日が沈まず、そのかわり冬は長くずっと暗闇の中ですごす日々となります。樹木が生えるには条件が厳しすぎて、限られた種類の地をはうような植物と動物が生きていけるだけです。極地方の動物のほとんどは海から食料を得ています。

▲ 北極の海氷

北極の海は北極点を中心として凍結しており、周辺をほぼ陸地によって囲まれる形になっている。植物は氷の下にへばりつくように育って、海面に繁殖する藻類が見られるのみである。アザラシは休んだり子を産んだりするのに流氷を利用し、またホッキョクグマは流氷に乗って移動する。

ニシオンデンザメ

ニシオンデンザメは北極海付近の、1200mもの深さの海中で活動している。すべての脊椎動物の中でもっとも寿命の長い種であり、500年以上も生きると推定されている。

タテゴトアザラシ

タテゴトアザラシは、魚やエビ・カニを取るために一度海にもぐると15分くらい水中で活動することができる。アザラシの皮の下はとても厚い脂肪層になっているので、冷たい水中でも体温を奪われずにすむ。

ホッキョクグマ

ホッキョクグマは、海氷を中心にアザラシの狩りを行っている。その爪は短く鋭い形で氷をつかみやすくなっており、厚みのある体脂肪の層のおかげで寒さに耐えることができる。

地球上の極地

バイオームとしての極地は、地球のもっとも南と北にそれぞれ位置する。南極では雨がとても少なく、地球上でもっとも大きな砂漠とされる。多くの科学者は、人間の活動によって引き起こされる気温上昇、つまり地球温暖化の結果、極地方のバイオームは危機にさらされていると考えている。

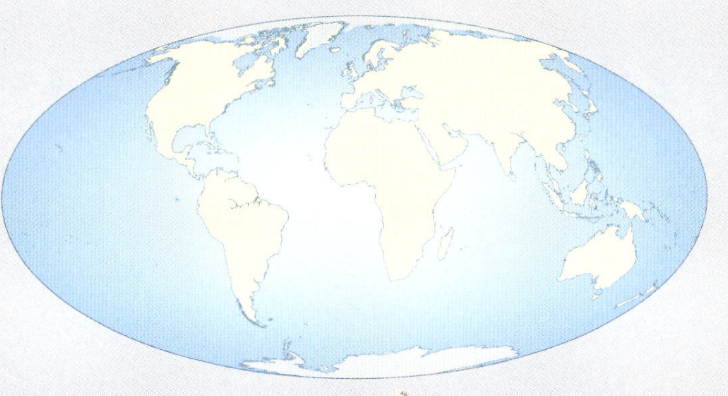

気候データ

地球上で記録されたもっとも低い気温は、1983年に南極で記録された－89.2℃。

北極海の氷は冬のもっとも寒い時季には厚さが50mにもなる。

▲南極大陸

南極大陸は地球の南極点付近に広がっており、ほぼ全体が氷でおおわれている。植物の大部分は氷や岩の表面に育つ藻類、コケ(地衣類)に限られており、花をつける植物は2種類しか見つかっていない。それでも南極には多くの動物がいて、ペンギン、アザラシ、ほとんど南極大陸だけで繁殖する鳥の一種ユキドリなどが生息している。

コウテイペンギン

コウテイペンギンは氷の上で暮らしているが、凍りつきそうな海中に魚を取るために飛びこむ。その流線形の体つきのおかげで、水中深くまでもぐることができ、一度飛びこむと20分近く息つぎをせずにもぐり続けることができる。

ナンキョクコメススキ

南極で花をつける植物の一種。ナンキョクコメススキは厳しい環境に適応するために、同じ花の中で授粉を行う(自家受粉)。厳しい寒さに耐えるためにその花弁は閉じたままだ。

ナンキョクオキアミ

エビに似ていて甲殻類に属する。ナンキョクオキアミは南極の海域で大量に繁殖しており、地球上でもっとも数量の多い動物の一種である。クジラ、アザラシ、ペンギンをはじめ、多くの動物の食料となっている。

湖沼・河川

HOW **RIVERS** AND **LAKES** WORK

地球の水のうち、泉や池沼、湖や河川などからなる淡水のしめる割合はたったの1%です。これらの周辺の生息地には、全世界の魚の40%の種が住み、多くの水生の動植物が生活する場となっています。湖沼や河川に十分な水をもたらすのは雨であり、世界のあらゆる場所で生き物たちは生きていくうえで湖沼や河川をたよっています。

▲池や湖

イギリスにある淡水で最大の湖がローモンド湖。ほかの湖と同じように、地面のへこみにたまって流れない水をたたえている。湖は池よりも大きく深い水たまりを意味する。岸に沿った水の浅いところでは、水生植物が盛んに育っている。古くから人の近づかない場所にある湖には、そこでしか見られない生き物の種が発見されることがある。

ミズニラ

湖の4m以上の深さで生育するミズニラは、針のような長い葉をもっており、冷たく澄んだ流れのない水中で群生する。

ヨーロッパアカガエル

池や湖からほど近い場所で、春になると産卵のために水場に集まってくる。成長したヨーロッパアカガエルの多くは、冬になると池や湖の底の泥にもぐって冬眠する。

ノーザンパイク

鋭い歯をもつこの魚は、獲物を待ち伏せして捕らえる。湖の岸辺に近い浅瀬に生えている水草の間に隠れていて、ほかの魚やカエルなどの獲物が近づくと、すぐに飛びだして捕まえられるように身構えている。

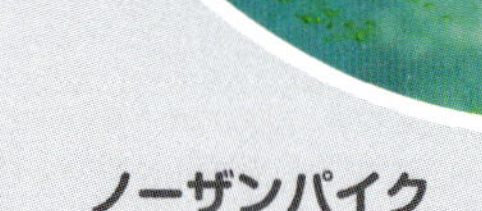

地球上の湖沼・河川

世界でももっとも広い淡水の生息地としては、北アメリカの五大湖、アマゾン川流域、そしてコンゴ川流域があげられる。このうち熱帯に属する生息地にはもっとも多くの種が生息している。たとえばアマゾン川流域には大西洋全体よりも多くの魚の種が発見されている。

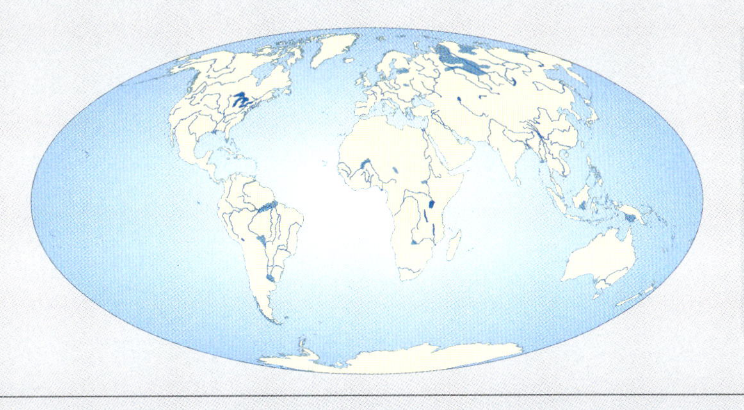

気候データ

湖沼・河川は世界のいたるところにあるので、淡水の生息地には数多くの異なる気候条件が見られる。

冬になると多くの温帯の湖や川が一面に凍結するが、氷に閉ざされた水面下では動物たちがあいかわらず活動し続けている。

▲ 小川から大河まで

メコン川は、チベット高原から南シナ海へと流れている。その流れの途上で小さな流れが合流し、水の流れを大きくしていく。場所によっては流れが速くなることがあり、そこに住む動物は流されないようにそれに適応した特別な能力を身につけている。河口付近では海水が混じってくるので川の水も塩からくなってくる。

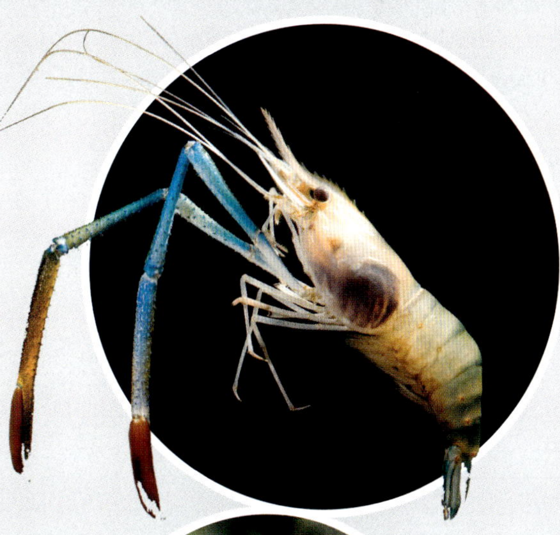

オニテナガエビ

甲殻類のオニテナガエビは、まだ幼いうちは塩分を含む河口の水中に住んでいるが、成長すると川をさかのぼり、その後はずっと淡水で生活するようになる。

タイガーヒルストリームローチ

流れの速い山間部の川に住む。幅広い吸盤のようなヒレを持っていて、それを使って岩にしがみつき、強い水流に耐えることができる。

ユーラシアカワウソ

カワウソの生態は、陸上でも生活し、また水中でも生活するというものだ。水の中でカワウソは魚やエビ・カニ、それにカエルなどをとらえる。

海洋
HOW **OCEANS** WORK

海洋は地球の表面の5分の3以上の面積を占めています。海岸の浜辺や岩場の水たまりから、大海のもっとも深い海底の、光の届かない場所まで、海洋のあらゆる場所がそれぞれの水生の環境に順応して生きている生物たちの生息地となっているのです。一部の海洋の生息地は、サンゴ礁のように、とくに多様性に富んだ野生生物のすみかとなっています。

▲ 沿岸部
海洋と陸地が接する沿岸部では、潮の干満が大きな影響をもたらす。こうした場所に生息している動物と海藻は、波が押し寄せる岸辺にしがみついていなければならず、また決まった時間帯に大気にさらされることにも耐えなければならない。岸辺から沖へと出た場所では、さらに多くの種類の動物が、日光のふりそそぐ沿岸の海域に生息している。

コンブの仲間
昆布などの海藻は、吸盤のような付着根と呼ばれる組織を使って岩に自分の体を固定している。こうした大型の藻類の葉の形の部分(葉状体)は、太陽エネルギーを栄養に変えるという点で、植物の葉と同じ働きをする。

サンゴ
熱帯の浅い海に生息するサンゴチュウは、固い骨格(サンゴ)をもつ小さな動物だが、そのサンゴチュウが時間をかけて群れを成長させていくとサンゴ礁が形づくられる。サンゴ礁はさまざまな海洋生物の生活の場となっていて、そこには複雑な共同体がある。サンゴ礁は沿岸部に近い温暖で、日光が明るく降り注ぐ海域でよく成長する。

▲ 外洋
陸地から遠く離れた外洋では、微細なプランクトンから地球上でもっとも巨大なクジラまで、さまざまな生物が生息している。外洋に住む動物の大半は、比較的暖かく日光が届く海面近くで生活しているが、一部の動物は海底や深海に生息している。

プランクトン
海洋にはプランクトンと呼ばれる、とても小さく、海を浮遊する生物が大量に住んでいる。その多くは海面近くを漂い、太陽エネルギーを利用して栄養を生みだしている藻類に属する。

地球上の海洋

海洋の生物のうち95%以上の種は、各大陸の周辺に広がる浅い海に生息している。浅い海の先の外洋には、海底まで4000m以上の深さに達する深海が広がっている。

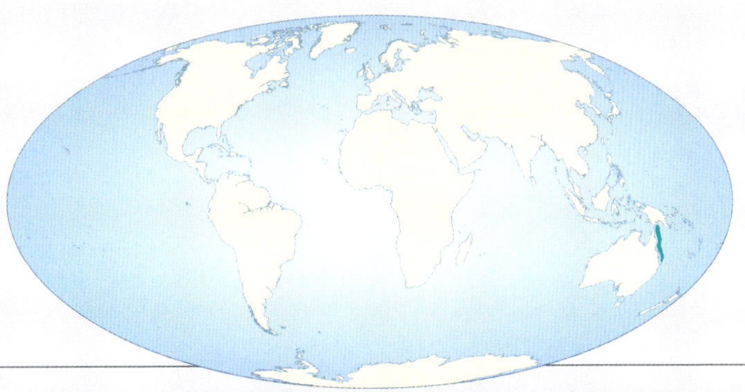

海洋のデータ

地球の海でもっとも深い地点は、海面から海底まで10994mの深さがある。

サンゴ礁には海洋に生息するすべての生物のうち、4分の1もの種が住んでいる。

シロナガスクジラは現生の動物で最大の種であり、成長すると体長25mにもなる。

▲ 深海

太陽光が海中にとどく深さは約250mまでで、それよりも深くなると海洋は闇の世界となる。海面から1800mよりも下の深海に生息する動物は、上から落ちてくる食物を食べるか、特殊な方法で獲物をおびき寄せて食べる。

ザトウクジラ

哺乳類に属するザトウクジラは、大量の海水を口に入れ、その上あごにみっしり生えているブラシのような毛(クジラヒゲ)で、海水をこしとって小さな生物を食べる。すべての哺乳類と同じように、ザトウクジラも空気を呼吸しなくてはならないが、一息で30分くらいまで海中にもぐり続けることができる。

チョウチンアンコウの仲間

チョウチンアンコウは、発光するバクテリアがつまった器官をもっており、その光で小魚を引きよせ、その大きな口で飲みこんでしまう。

オオクラゲダコ

オオクラゲダコは、まるで耳のようなヒレをもっていて、それをぱたぱたさせて泳ぐ。海面下3000mほどの深さの海底近くを遊泳しながら、ゴカイのような環形動物、無脊椎動物などをエサとして食べている。

用語解説

あ行

遺伝子 GENE
DNA分子に書きこまれ、生物の細胞に保管された遺伝情報。遺伝子は両親からその子へと受け継がれ、それぞれの個体の特徴や性質を決定するはたらきをする。

羽軸 QUILL
鳥類の羽の中央に走る太い軸。

永久凍土 PERMAFROST
永久的に凍ったまま地表をおおっている土。

栄養素 NUTRIENTS
動植物が吸収する、生命の維持と成長のために欠かせない物質。

エコーロケーション ECHOLOCATION
音を発してそのエコー（反響）を受けることで物の存在と位置を探知すること。コウモリやイルカは、エコーロケーションを使って暗闇の中でもにごった水の中でも「見る」ことができる。

獲物 PREY
ほかの動物に捕えられ食べられてしまう動物。

えら GILL
水中で呼吸するために使われる器官。

か行

外骨格 EXOSKELETON
昆虫や甲殻類のように、体の外側をおおって、体を守るためのかたい骨格のこと。

核 NUCLEUS
細胞の遺伝子がDNA分子の形で保存されている、細胞の中枢部。

角膜 CORNEA
眼の表面をおおう透明な層。

果実 FRUIT
花の子房が成長したもので、1個かそれ以上の種子をふくんでいる。果実によってはほかの動物を引き寄せるために甘く果汁が多いものもある。

花粉 POLLEN
花のおしべがつくる粉状の物質で、オスの細胞が入っている。昆虫は知らずに花から花へ花粉を運び、繁殖をたすける。

花蜜 NECTAR
花がつくり出す甘い液体（蜜）。ミツバチは、花蜜を集めてハチミツをつくる。

干ばつ DROUGHT
降雨量が少ない期間が長びいて、水不足が起こり、とても乾燥した状態になること。

器官 ORGAN
胃や脳のように、特定の役割をはたすためにある、動植物の特定の部分。臓器。

気孔（または毛穴） PORE
生物の外側に開いている小さな穴で、ここからガスや液体が出入りするようになっている。（動物の場合は毛穴ともいう）

ぎざぎざ SERRATED
ぎざぎざになった歯の縁。ぎざぎざの歯は、刃物のように肉を切り刻む。

寄生動物 PARASITE
生きているほかの動物（宿主）の表面または体内にすみつき、その動物を食べて生きながらえる有害な生き物。

擬態 CAMOUFLAGED/MIMICRY
生き物が周囲の色や、模様、形に自分を似せ、それによって体をかくすこと。また、外見をほかの危険な動物に似せることで敵を寄せつけないようにすること。

求愛行動 COURTSHIP
動物のオスとメスがつがいになる前におこなう、おたがいを結びつけるための行動。

共生 SYMBIOSIS
異なる2つの種が親密な空間をつくり一緒に暮らすこと。

魚群 SHOAL
魚の集まり。

筋肉 MUSCLE
動物の体の組織の一種で、収縮することで動きを生みだす。

菌類 FUNGUS
まわりの生物またはその死骸などの有機物から栄養分を取りこんで育つキノコなどの生物。

クジラ目 CETACEAN
クジラやイルカなどの、ひれをもつ水生の哺乳類。

クモ類 ARACHNID
クモやサソリのような8本足の節足動物。

ケラチン KERATIN
毛皮や髪の毛、羽毛、爪、角、ひづめなどの成分で、じょうぶなタンパク質でできている。生き物の皮膚の外側の層はケラチンによって強化されている。

腱 TENDON
筋肉を骨に固定するための、しっかりした繊維質の組織。腱が骨を引っ張って筋肉が収縮し、動物の体を動かす。

恒温動物 WARM-BLOODED
鳥類や哺乳類のように、体温を恒常的に維持している動物。そのため毛皮や羽毛で体を温かく保つ。

甲殻類 CRUSTACEAN
かたい外骨格と、えら、ふつうは10組以上の脚をもつエビやカニなどの無脊椎動物のこと。甲殻類の大半は水生動物である。

光合成 PHOTOSYNTHESIS
植物が、日光のエネルギーを使って水と二酸化炭素から食べ物となる分子をつくりだす過程。

酵素 ENZYME
体の中で化学反応を進めるために、生物がつくり出す物質。たとえば、動物は腸で食べ物の分解を進めるための消化酵素を出す。

交配 MATING
動物のオスとメスが、肉体的に接して、それぞれの生殖細胞を合わせて胚（胎児）を形づくる行動。交接、交尾ともいう。

個眼 OMMATIDIUM
昆虫の複眼を構成している多くの小さな目の1個1個。

呼吸 RESPIRATION
生きた細胞が酸素を使って食物の分子から化学的エネルギーを放出させる過程。

さ行

細菌 BACTERIA
顕微鏡でしか見えない単細胞生物。地球上の生命の分類の中でも大きな部分を占めている。役に立つ細菌が多いが、一部の細菌は病気をおこす。

細胞 CELL
生き物の体を形づくっているとても小さな単位。すべての生き物は、細胞が組み合わさってできている。

細胞質 CYTOPLASM
細胞内を満たしているゼリー状の物質。

さなぎ PUPA
変態する昆虫の一生の中で、(成虫になる前の)じっと動かない状態の段階。

サンゴ CORAL
小さな海生動物で、とげのある触手で獲物をつかまえる。サンゴ礁は、群れで生活するサンゴチュウのかたい外骨格が時間をかけて成長したもの。

酸素 OXYGEN
地球の大気の21%をしめるガス。ほとんどの生き物は呼吸という活動を通じて、大気中の酸素を取りこみ、食物からエネルギーを得るためにそれを利用している。

子宮 UTERUS
メスの哺乳類の体内にあり、生まれる前の赤ちゃんに栄養を与える器官。

子房 OVARY
花の中で成長中の種子を包んでいる部分。

種 SPECIES
生物を分類するときの基本単位。同じ種の動物は野生で繁殖できる。

宿主 HOST
寄生生物が体の中に入って栄養を横どりされている生き物。

種子 SEED
幼い植物体(胚)と養分をふくみ、次世代の個体の元になるもの。

受精 FERTILIZATION
オスとメスの生殖細胞が結合して新しい生命体を生み出すこと。

授粉 POLLINATION
花のめしべにおしべから花粉が運ばれること。授粉は、花をつける植物の繁殖にはなくてはならないものである。

食虫類 INSECTIVORE
おもに昆虫などの無脊椎動物を食べ物とする動物。

触角 ANTENNAE
昆虫やそのほかの無脊椎動物の頭から突き出ている感覚器官。

進化 EVOLUTION
種が、何世代もかけて少しずつ変化していくこと。

神経 NERVE
動物の体中をめぐる特殊な細胞の束で、電気信号を伝える働きをする。

靭帯 LIGAMENT
関節で骨と骨をつないでいるじょうぶな繊維質の組織の束。

水晶体 LENS
光線を焦点に集め、眼にうつる像をはっきりさせるはたらきをする、眼の一部分。

水生生物 AQUATIC
水中で生活する動物または植物のこと。

精細胞 SPERM CELL
オスの生殖細胞。精細胞がメスの卵細胞と結合し、新たな生物が生まれる。

生殖 REPRODUCTION
次の世代を生みだすこと。

生息地 HABITAT
生物が生活する場所。

生態系 ECOSYSTEM
生き物の共同体とその環境のこと。小さな池から大きな熱帯雨林まで、生態系の大きさはさまざまだ。

生物 ORGANISM
生き物、生命体。

脊椎 VERTEBRA
脊椎動物の背骨をつくっているたくさんの小さな骨の1つ。

脊椎動物 VERTEBRATE
背骨をもつ動物。

節足動物 ARTHROPOD
体の外側に骨格(外骨格)があり、継ぎ目(関節)のある脚をもつ無脊椎動物。昆虫、クモ、サソリ、ムカデ、ヤスデなどが節足動物である。

絶滅 EXTINCT
永久に種が途絶えてしまうこと。

セルロース CELLULOSE
植物の体を支えている細胞壁や植物繊維のおもな成分。

腺 GLAND
動物の体の中に特定の物質をつくって出す働き(分泌)をする器官。たとえばヒトの皮膚にある汗腺は汗を出す。

草食動物 HERBIVORE
植物をエサとする動物。

藻類 ALGAE
水の中にすむ植物の仲間。光合成によって食べ物をつくり出す。

組織 TISSUE
同じような細胞の集まりでできている生物の一部。皮膚は組織の一種。

た行

胎盤 PLACENTA
哺乳類の内臓の1つ。生まれる前の赤ちゃんへ、母親の胎盤からへその緒をとおして栄養などを送る。

脱皮 MOULT
昆虫や甲殻類の外皮がまとまってはがれ落ちること。外骨格をもつ動物は、ときどき体を成長させるために脱皮しなければならない。

卵 EGG
鳥類や爬虫類などの動物の赤ちゃんを育て、保護するためのいれもの。

メスの生殖細胞のことは卵または卵子、卵細胞とよぶ。

玉虫色 IRIDESCENT
見る角度によって変わる、明るく輝くような色。

多様性(種の多様性) DIVERSITY
さまざまな種の生き物が同時に存在していること。

単孔類 MONOTREME
卵を産む哺乳類の一種。単孔類に属するのは現生ではカモノハシ科とハリモグラ科だけである。

炭水化物 CARBOHYDRATE
エネルギーに富んだ栄養素。糖類、でんぷんは炭水化物の代表である。

たんぱく質 PROTEIN
食物の中にある、成長のために必要な成分で、いろいろな組織をつくるのに使われる。毛やクモの糸、筋肉はすべて、大部分がたんぱく質でできている。

着生植物 EPIPHYTE
ほかの植物に張りついて成長させてもらう植物。

腸 INTESTINE
食べ物が通過するあいだに消化をおこなう管状の器官。胃と肛門のあいだにある。

適応 ADAPTATION
生き物が生活環境や生活によりよく適したものになるように、形などを合わせること。たとえばイルカの流線形の体形は、水中での生活に適応したものである。

電気受容感覚 ELECTRORECEPTION
電場を感じとる感覚。サメはごく弱い電場を感じとることで、獲物の位置を正確に知ってからおそう。

冬眠 HIBERNATION
一部の動物が、冬に活動をやめて、眠ったような状態ですごすこと。

毒 POISON
触れたり食べたりすると有害な物質。

毒液 VENOM
動物がつくりだす有毒な液体で、ほかの動物の体の中に、たいていは牙や針などによって入っていく。

な行

軟骨 CARTILAGE
脊椎動物の骨についているじょうぶでしなやかな組織。軟骨魚類はほとんど全体が軟骨でできた骨格をもっている。

軟体動物 MOLLUSC
体の柔らかい無脊椎動物で、身を守るかたい殻でおおわれていることが多い。カタツムリ、二枚貝、タコは軟体動物である。

肉食動物 CARNIVORE
肉を引きさくのにとくに適したするどい歯をもつ、肉を食べる動物。

二酸化炭素 CARBON DIOXIDE
空気にふくまれる気体の1つ。動物は二酸化炭素を不要なものとしてはき出すが、植物は取りこむ。

根 ROOT
植物の部分で、地面の中に伸びて植物をささえ、土から水と栄養を吸いあげる。

粘液 MUCUS
さまざまな目的で動物が生みだす、粘り気があって、すべりをよくする液体。腸にそって分泌される粘液は、食物を通過しやすくする。

は行

胚 EMBRYO
動物や植物が成長するごく初期の段階の個体。

バイオーム(生物群系) BIOME
熱帯雨林、砂漠、温帯草原などのような、生物の生息地の大きな区分のこと。それぞれのバイオームは、ほかのバイオームとちがった気候で、独特の植物や動物が見られる。

吐きもどし REGURGITATE
一度飲みこんだ食物をまた口まで戻すこと。鳥の多くが吐きもどしをエサとしてヒナにあたえる。

爬虫類 REPTILE
うろこにおおわれた冷血の脊椎動物(背骨のある動物)。ヘビやトカゲなどをふくむ。

発芽(出芽) GERMINATION
種子や胞子が生長を始めること。

針毛 QUILL
ヤマアラシやハリネズミのするどいトゲ。

反すう動物 RUMINANT
草食動物のうち、胃が4つの部屋に分かれているもの。鹿や牛などがこの仲間。

微生物 MICROORGANISM
細菌などのように、肉眼では小さすぎて見ることができない生物。

ひづめ HOOF
ウマやシカのような動物がもっている、足の先端のかたい部分。ひづめは動物が速く走るのに役立つ。

フェロモン PHEROMONE
動物がつくる化学物質で、同じ種に作用する。多くの動物は、繁殖相手をひきつけるためにつくりだす。

孵化 INCUBATE
卵がかえること。また、卵の上にすわるなどしてあたため、卵をかえすこと。

複眼 COMPOUND EYE
レンズをもっていて光を感じることのできる小さな個眼がたくさん集まってできている眼のこと。昆虫は複眼を持っている。

腐(肉)食動物 SCAVENGER
動物の死肉を食べて生きる動物。たとえばハゲワシなど。

腐肉 CARRION
動物の死骸または腐った肉。

分解(腐敗) DECOMPOSE
物質がばらばらになってより単純な成分や元素になること。生き物の死骸は、より小さな生き物がそれを食べ物とし、その組織を消化することで、分解(腐敗)する。

噴気孔 BLOWHOLE
クジラやイルカの頭の上にある、呼吸をおこなうための1個または2個1組の穴。

分子 MOLECULE
2個以上の原子が結合した化学的な単位。ほとんどすべての物質は、分子でできている。

分泌(物) SECRETION
細胞がつくって腺から放出する物質。

へその緒 UMBILICAL CORD
母親の胎盤から、食べ物や酸素など、生きるために必要な物質を生まれる前の赤ちゃんに運ぶ管のような構造をした器官。

変温動物 COLD-BLOODED
爬虫類のような、まわりの温度に合わせて体温が上がったり下がったりする動物。

変態 METAMORPHOSIS
動物が成長する途上で、その体に目立つ変化を起こすこと。イモムシがチョウに変わる場合などを変態という。

胞子 SPORE
きのこやシダ植物などがつくる細胞のとても小さな集合体。

保温 INSULATION
毛皮、脂肪の層、羽毛などの、体の表面から体温がにげないようにするしくみ。

捕食動物 PREDATOR
ほかの動物を捕まえて食べる動物。獲物にとっては「敵」。

哺乳類 MAMMAL
脊椎動物(背骨のある動物)に属していて、体温が一定に保たれ、母乳で子育てを行い、たいてい毛皮でおおわれている動物。

ポリプ POLYP
海洋生物のうち、クラゲやイソギンチャク、サンゴなどがとる形態。ポリプは一方の端に口があり、岩や海底にしっかりくっついている。

ま行

膜 MEMBRANE
物質によって通過させたり、通過させない障壁となったりするような薄い組織(細胞膜など)。

麻痺 PARALYSE
たとえば神経を通じて筋肉に送られる信号が妨げられるなどして、動物の動きが止められてしまうこと。

まゆ COCOON
ガの幼虫がさなぎになる前に糸をはき出して、自分のまわりに張りめぐらしてつくる袋状のもの。

無脊椎動物 INVERTEBRATE
昆虫や蠕虫(ミミズなど)のような背骨のない動物。

網膜 RETINA
目の内部の、光を感じる細胞がならんだ層。

や行

夜行性 NOCTURNAL
夜間に活動し、日中は不活発な性質であること。

ヤコブソン器官 JACOBSON'S ORGAN
動物の口の中の上のほう(口蓋)にある、においを感じとる器官。

有袋類 MARSUPIAL
未熟な状態の子どもを産み、そうした子どもをお腹にある袋(育児嚢)の中で育てる哺乳動物。

幼虫(幼生) LARVA
大人(成体)になると大きくちがう形になる節足動物の、若い段階の形態。

葉緑素 CHLOROPHYLL
植物の細胞の中にある明るい緑色の色素で、太陽光のエネルギーを吸収する。植物はこのエネルギーによって光合成をおこない、養分をつくる。

葉緑体 CHLOROPLASTS
植物の細胞の中にある小器官で、緑色の色素である葉緑素をふくんでいる。光合成は葉緑体の中でおこなわれる。

ら行

卵黄 YOLK
卵の中心にあり、たんぱく質と脂肪が豊富で発達途中の胚の栄養となる。

卵歯 EGG TOOTH
鳥類や爬虫類の赤ちゃんのくちばしや上あごについている歯のような突起。卵からかえるときに、卵の殻を破るのに使う。

卵巣 OVARY
動物のメスがもっている卵細胞を生みだす器官(卵巣)。

卵白 ALBUMEN
卵の白身の部分のことで、水分とタンパク質でできており、卵の内部で育つ胚の栄養となる。

竜骨突起 KEEL
鳥類に特有の胸骨の発達した部分。飛ぶのに使われる大胸筋をこの部分が支えている。

流線形 STREAMLINED
空気や水の中をスムーズに移動できるような形。あざらしは水の中を素早く泳ぐために流線形の体をしている。

両生類 AMPHIBIAN
カエルやイモリのような脊椎動物で、外部の温度により体温が変化する動物(変温動物)。一生の一部を水中で過ごし、残りを陸上で過ごす。

わ行

渡り MIGRATION
鳥類がすみかを変えるために、目的地まで長い距離を旅すること。多くの鳥が、夏と冬を別の土地で過ごすために毎年渡りを行う。

索引

ページをあらわす数字が**太字**のものは、その項目がもっともくわしく解説されていることを示す。

あ

い

え

き

し

す

せ

そ

た

ち

て

な

に

ぬ・ね

の

は

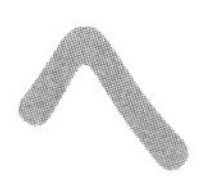

む

ゆ・よ

ら

り

れ・ろ

わ

DK would like to thank consultant Derek Harvey for his support and dedication throughout the making of this book.

In addition, DK would like to extend thanks to the following people for their help with making the book: Jemma Westing for design assistance; Steve Crozier at Butterfly Creative Solutions and Phil Fitzgerald for picture retouching; Victoria Pyke for proofreading; Carron Brown for indexing.

The publisher would also like to thank the following institutions, companies, and individuals for their generosity in allowing DK to photograph their plants and animals or use their images:

Leopold Aichinger

Animal Magic
Eastbourne, East Sussex, UK
www.animal-magic.co.uk

Animals Work
28 Greaves Road, High Wycombe
Bucks, HP13 7JU, UK
www.animalswork.co.uk

Alexander Berg

Charles Ash
touchwoodcrafts.co.uk

Colchester Zoo
Maldon Road, Stanway,
Essex, CO3 0SL, UK
www.colchester-zoo.com

Cotswold Wildlife Park Bradwell Grove, Burford, Oxfordshire, OX18 4JP, UK
www.cotswoldwildlifepark.co.uk

Crocodiles of the World
Burford Road, Brize Norton,
Oxfordshire, OX18 3NX, UK
www.crocodilesoftheworld.co.uk
With special thanks to Shaun Foggett and Colin Stevenson.

Norman and Susan Davis

Stefan Diller
www.stefan-diller.com

Eagle Heights
Lullingstone Lane, Eynsford,
Dartford, DA4 0JB, UK
www.eagleheights.co.uk

The Goldfish Bowl
118-122 Magdalen Road, Oxford,
OX4 1RQ, UK
www.thegoldfishbowl.co.uk

Incredible Eggs South East Ltd
www.incredibleeggs.co.uk

Thomas Marent
www.thomasmarent.com

Waldo Nell

Oxford Museum of Natural History
Parks Road, Oxford, OX1 3PW, UK
www.oum.ox.ac.uk

Lorenzo Possenti

School of Biological Sciences, University of Reading
With special thanks to Dr Geraldine Mulley, Dr Sheila MacIntyre and Agnieszka Kowalik.

Scubazoo
www.scubazoo.com

Snakes Alive Ltd
Barleylands Road,
Barleylands Farm Park,
Billericay, CM11 2UD, UK
www.snakesalive.co.uk
With special thanks to Daniel and Peter Hepplewhite.

Sally-Ann Spence
www.minibeastmayhem.com

Triffid Nursery
Great Hallows, Church Lane, Stoke Ash, Suffolk IP23 7ET, UK
www.triffidnurseries.co.uk
With special thanks to Andrew Wilkinson.

Wexham Park Hospital, Slough
With special thanks to the Microbiology department for assistance with identification of selected bacterial isolates.

図版出典

The publisher would like to thank the following for their kind permission to reproduce their photographs:

(**省略記号**：a-上；b-下／下段；c-中央；f-背後；l-左；r-右；t-上段)

1 123RF.com: cobalt (circle). **Dreamstime.com:** Christos Georghiou (screws); Mario Lopes. **naturepl.com:** SCOTLAND: The Big Picture (c). **2-3 Dreamstime.com:** Mario Lopes. **2 DK:** Courtesy of Colchester Zoo. **3 123RF.com:** cobalt (circle). **Alamy Stock Photo:** Fernando Quevedo de Oliveira (c). **Dreamstime.com:** Christos Georghiou (screws). **4-5 123RF.com:** cobalt (circles). **Dreamstime.com:** Mario Lopes. **4 123RF.com:** Serg_v (sky). **5 123RF.com:** Serg_v (sky). **6-7 123RF.com:** cobalt (circles); Serg_v (sky). **Dreamstime.com:** Mario Lopes. **6 DK:** Courtesy of The Goldfish Bowl (tl); Courtesy of Snakes Alive Ltd (tr). **7 DK:** Courtesy of Eagle Heights (tl); Courtesy of Cotswold Wildlife Park (tc); Courtesy of Scubazoo (tr). **8-9 Dreamstime.com:** Mario Lopes. **8 Dreamstime.com:** Christos Georghiou (screws). **9 123RF.com:** cobalt (circle); Serg_v (sky). **10-11 Dreamstime.com:** Wong Hock Weng John. **10 123RF.com:** Morley Read (bc). **naturepl.com:** Alex Mustard (br). **11 DK:** Wolfgang Bettighofer / DK (bl). **Dreamstime.com:** Robert Bayer (tr). **Science Photo Library:** Wolfgang Baumeister (bc). **12-13 Warren Photographic Limited**. **13 Alexander Hyde:** tr. **Dreamstime.com:** Dennis Sabo (cr). **Science Photo Library:** David Wrobel, Visuals Unlimited (br). **14 Science Photo Library:** Michael Abbey (br). **16-17 Alamy Stock Photo:** Erich Schmidt / IMAGEbroker. **18 DK:** Dave King / Natural History Museum, London (bl, bc). **18-19 DK:** Jon Hughes (c). **20 123RF.com:** Cathy Keifer (cra/two frogs); Eduardo Rivero (br/toucan). **DK:** Fotolia: fotojagodka (cla/dog); Jerry Young (ftl/red fox, tl/arctic fox, cra/echidna); Fotolia: anyaivanova (cr); Fotolia: Eric Isselee (ca). **21 123RF.com:** Ermolaev Alexander Alexandrovich (fbl/snake); Morley Read (cb); Richard Whitcombe (fcla); smileus (fclb). **DK:** Wolfgang Bettighofer (cra/protozoa); David Peart (ftl/shark); Liberty's Owl, Raptor and Reptile Centre, Hampshire, UK (t); Jerry Young (clb, fbl/crocodile); Chris Hornbecker / Ryan Neil (bl). **naturepl.com:** Alex Mustard (br). **Science Photo Library:** Eye of Science (cra); Dorit Hackmann (tl). **22-23 Dreamstime.com:** Mario Lopes. **22 Dreamstime.com:** Christos Georghiou (screws). **23 123RF.com:** cobalt (circle); Serg_v (sky). **Dreamstime.com:** Christos Georghiou (screws). **24-25 Waldo Nell**. **26 iStockphoto.com:** micro_photo (tc). **Science Photo Library:** Gerd Guenther (crb). **27 Getty Images:** Thomas Deerinck, NCMIR (tr); Wim van Egmond / Visuals Unlimited (c); Dr. Stanley Flegler / Visuals Unlimited (cra). **Science Photo Library:** Eye of Science (crb); Frank Fox (cl); Steve Gschmeissner (cb). **28 Science Photo Library:** Eye of Science (tr); Scimat (br). **29 DK:** Courtesy of the School of Biological Sciences, University of Reading (c). **Science Photo Library:** Dennis Kunkel Microscopy (tr); Dennis Kunkel Microscopy (br). **30 Alamy Stock Photo:** Jean Evans (tc). **naturepl.com:** Alex Mustard (tr). **31 Alamy Stock Photo:** Joe Blossom (bl). **naturepl.com:** Visuals Unlimited (tl). **32-33 Joanne Paquette**. **35 Science Photo Library:** AMI Images (clb). **37 Dreamstime.com:** smikeymickey (cr). **39 Alexander Hyde:** (bl). **40 Science Photo Library:** Ashley Cooper (bl). **42-43 Dreamstime.com:** Mario Lopes. **42 Dreamstime.com:** Christos Georghiou (screws). **43 123RF.com:** cobalt (circle); Serg_v (sky). **Dreamstime.com:** Christos Georghiou (screws). **44-45 Alamy Stock Photo:** Olga Khomyakova. **46-47 123RF.com:** Dr Ajay Kumar Singh (bc). **46 Alamy Stock Photo:** Nigel Cattlin (cl). **50 Leopold Aichinger:** (c). **51 Leopold Aichinger**. **52 DK:** Will Heap / Mike Rose (clb). **53 DK:** Courtesy of Charles Ash. **54-55 DK:** Courtesy of Stefan Diller (c). **59 Alamy Stock Photo:** Arterra Picture Library (cla). **Dreamstime.com:** Elena Frolova (ca). **63 DK:** Emma Shepherd (bc). **64-65 Alamy Stock Photo:** Kumar Sriskandan. **67 Science Photo Library:** Matteis / Look at Science (crb); Pan Xunbin (br). **70 Dreamstime.com:** Mikhail Dudarev (bl). **71 Alamy Stock Photo:** Chris Mattison (tc). **74-75 Dreamstime.com:** Mario Lopes. **74 Dreamstime.com:** Christos Georghiou (screws). **75 123RF.com:** cobalt (circle); Serg_v (sky). **Dreamstime.com:** Christos Georghiou (screws). **Thomas Marent:** (c). **76-77 DK:** Courtesy of Thomas Marent (c). **80 National Geographic Creative:** David Liittschwager (clb). **80-81 David Moynahan**. **84-85 DK:** Frank Greenaway / Weymouth Sea Life Centre (c). **85 Gabriel Barathieu**. **86-87 DK:** Courtesy of The Goldfish Bowl (c). **87 Getty Images:** Helen Lawson (tr). **88-89 DK:** Courtesy of Scubazoo (c). **88 DK:** Courtesy of Scubazoo (tr). **90-91 Alex Mustard**. **92-93 Alexander Semenov**. **94-95 DK:** Courtesy of The Goldfish Bowl (c). **94 Science Photo Library:** Andrew J, Martinez (ca). **95 Alamy Stock Photo:** Nature Picture Library / WWE (br). **98-99 DK:** Courtesy of The Goldfish Bowl (b). **99 Alamy Stock Photo:** cbimages (crb); Images & Stories (tr); imageBROKER (cra); National Geographic Creative (br). **100-101 Alexander Berg**. **102 Alexander Hyde: (tr). DK:** Gyuri Csoka Cyorgy (cl); Forrest Mitchell / James Laswel (bc). **naturepl.com:** Julian Partridge (cr). **110-110 Alexander Hyde:** (c). **111 DK:** Frank Greenaway / Natural History Museum, London (tc). **112 DK:** Ted Benton (tr). **113 DK:** Colin Keates / Natural History Museum, London (tl); Koen van Klijken (tc). **Dreamstime.com:** Digitalimagined (tr). **Science Photo Library:** Wim Van Egmond (ca). **115 DK:** Courtesy of Scubazoo (c). **Science Photo Library:** Claude Nuridsany & Marie Perennou (tc). **116-117 naturepl.com:** MYN / Paul Harcourt Davies (c). **117 Getty Images:** Toshiaki Ono / amanaimagesRF (bc). **iStockphoto.com:** Andrea Mangoni (bl). **118-119 FLPA:** Emanuele Biggi (c). **119 Science Photo Library:** Pascal Goetcheluck (tl); Science Picture Co (ca). **120-121 Thomas Marent**. **121 Getty Images:** Piotr Naskrecki / Minden Pictures (cr). **naturepl.com:** Nature Production / naturepl.com (tr). **Science Photo Library:** Frans Lanting, Mint Images (br). **125 Alexander Hyde:** (tr, cr). **Thomas Marent:** (br). **126 naturepl.com:** Ingo Arndt (bc). **Science Photo Library:** F. Martinez Clavel (br); Millard H. Sharp (bl). **126-127 Andreas Kay:** (c). **127 Alexander Hyde:** (bl). **DK:** Frank Greenaway / Natural History Museum, London (crb). **naturepl.com:** Nature Production (bc). **130 Alamy Stock Photo:** Christian Ziegler / Minden Pictures (bc). **Dreamstime.com:** Yunhyok Choi (cb). **130-131 Nick Garbutt. 131 Nick Garbutt:** (ca). **132-133 FLPA:** Hiroya Minakuchi / Minden Pictures. **136-137 FLPA:** Malcolm Schuyl. **138 naturepl.com:** Daniel Heuclin (tr). **143 Science Photo Library:** Alexander Semenov (br). **144-145 Dreamstime.com:** Mario Lopes. **144 Dreamstime.com:** Christos Georghiou (screws). **145 123RF.com:** cobalt (circle). **DK:** Courtesy of The Goldfish Bowl (c). **Dreamstime.com:** Christos Georghiou (screws). **146-147 DK:** Courtesy of The Goldfish Bowl (c). **148-149 DK:** Courtesy of The Goldfish Bowl (c). **150-151 naturepl.com:** Krista Schlyer / MYN (c). **153 Alamy Stock Photo:** blickwinkel (cra). **naturepl.com:** Jane Burton (br); Tony Wu (tr); Tim MacMillan / John Downer Productions (crb). **154 Alamy Stock Photo:** Maximilian Weinzierl (bc). **Animals Animals / Earth Scenes:** Kent, Breck P (clb). **Getty Images:** Paul Zahl (cl). **154-155 SeaPics.com:** Steven Kovacs (c). **156-157 AirPano images**. **158 Alamy Stock Photo:** Visual&Written SL (bc). **OceanwideImages.com:** C & M Fallows (cl). **158-159 Chris & Monique Fallows / Apexpredators.com**. **162 Alamy Stock Photo:** Hubert Yann (cl). **naturepl.com:** Alex Mustard (bl). **162-163 OceanwideImages.com**. **163 FLPA:** OceanPhoto (cr); Norbert Wu / Minden Pictures (crb). **naturepl.com:** Alex Mustard (cra). **OceanwideImages.com. 164-165 FLPA:** Reinhard Dirscherl. **166-167 DK:** Courtesy of The Goldfish Bowl (c). **166 DK:** Courtesy of The Goldfish Bowl (tc). **167 FLPA:** Reinhard Dirscherl (cr, br); Colin Marshall (bc). **naturepl.com:** David Fleetham (tr); Alex Mustard (tl). **168 naturepl.com:** David Shale (bl). **168-169 OceanwideImages.com. 170-171 Dreamstime.com:** Mario Lopes. **170 Dreamstime.com:** Christos Georghiou (screws). **171 123RF.com:** cobalt (circle); Serg_v (sky). **Dreamstime.com:** Christos Georghiou (screws). **173 DK:** Twan Leenders (br). **174 iStockphoto.com:** GlobalP (tl). **175 Alamy Stock Photo:** Michael & Patricia Fogden / Minden Pictures (br). **Dreamstime.com:** Isselee (c). **Warren Photographic Limited:** Kim Taylor (tl). **176-177 Biosphoto:** Michel Loup. **179 Alamy Stock Photo:** Survivalphotos (cla). **180-181 Photoshot:** blickwinkel (c). **181 iStockphoto.com:** stevegeer (cr). **182-183 DK:** Courtesy of Snakes Alive Ltd (c). **182 DK:** Jerry Young (cl). **FLPA:** Jelger Herder / Buiten-beeld / Minden Pictures (bl). **Gary Nafis: (tl). 183 DK:** Courtesy of Snakes Alive Ltd (tr). **184 Gary Nafis:** (cla). **185 naturepl.com:** MYN / Paul van Hoof (crb). **188-189 Dreamstime.com:** Mario Lopes. **188 Dreamstime.com:** Christos Georghiou (screws). **189 123RF.com:** cobalt (circle); Serg_v (sky). **DK:** Courtesy of Snakes Alive Ltd (c). **Dreamstime.com:** Christos Georghiou (screws). **190-191 DK:** Courtesy of Snakes Alive Ltd (b). **191 123RF.com:** marigranulla (tr); mnsanthushkumar (tl). **192 Alamy Stock Photo:** Ian Watt (cl). **192-193 Chris Mattison Nature Photographics**. **194 Science Photo Library:** Edward Kinsman (bc). **194-195 Alamy Stock Photo:** Tim Plowden (c). **196 iStockphoto.com:** Somedaygood (c). **197 iStockphoto.com:** Somedaygood (cb). **Photoshot:** Daniel Heuclin / NHPA (cra). **198-199 Alamy Stock Photo:** Michel & Gabrielle Therin-Weise. **200-201 DK:** Courtesy of Crocodiles of the World (c). **203 Alamy Stock Photo:** Todd Eldred (tr). **206-207 DK:** Courtesy of Snakes Alive Ltd (c). **206 Science Photo Library:** Power and Syred (bl). **208-209 Getty Images:** Joel Sartore / National Geographic Photo Ark. **208 123RF.com:** Molly Marshall (bc). **209 John Marris**. **212-213 Alamy Stock Photo:** Nature Picture Library (tl). **Getty Images:** Joe McDonald (c). **213 naturepl.com:** Guy Edwardes (tr). **216 Alamy Stock Photo:** BIOSPHOTO (ca). **216-217 Alamy Stock Photo:** BIOSPHOTO (c). **217 iStockphoto.com:** babel film (tr). **218-219 Dreamstime.com:** Mario Lopes. **218 Dreamstime.com:** Christos Georghiou (screws). **219 123RF.com:** cobalt (circle); Serg_v (sky). **DK:** Courtesy of Eagle Heights (c). **Dreamstime.com:** Christos Georghiou (screws). **220-221 naturepl.com:** MYN / JP Lawrence (c). **221 Alamy Stock Photo:** blickwinkel (cr). **naturepl.com:** Klein & Hubert (crb). **222-223 Science Photo Library:** GustoImages (c). **224 123RF.com:** Jon Craig Hanson (br). **DK:** Courtesy of Eagle Heights (l). **225 123RF.com:** Isselee (br). **FLPA:** Photo Researchers (tc). **226-227 DK:** Courtesy of Eagle Heights. **228-229 DK:** Courtesy of Eagle Heights (c). **230 123RF.com:** Eric Isselee (tr). **232 123RF.com:** Koji Hirando (br). **232-233 iStockphoto.com:** Kenneth Canning (c). **233 iStockphoto.com:** environmantic (cr). **234-235 FLPA:** Martin Willis / Minden Pictures. **236-237 FLPA:** Marion Vollborn, BIA / Minden Pictures. **238 123RF.com:** BenFoto (cl); John79 (bl). **238-239 123RF.com:** BenFoto (c). **239 Getty Images:** Per-Gunnar Ostby (cr). **Gerhard Koertner:** (br). **naturepl.com:** Tim Laman / Nat Geo Creative (cra). **240-241 FLPA:** Jurgen & Christine Sohns (c). **241 Alamy Stock Photo:** Arterra Picture Library (tr); Michael DeFreitas North America (cra); blickwinkel (crb). **FLPA:** Tom Vezo / Minden Pictures (br). **Science Photo Library:** Frans Lanting, Mint Images (cr). **242-245 DK:** Courtesy of Incredible Eggs South East Ltd. **246-247 Alamy Stock Photo:** blickwinkel (c). **247 Alamy Stock Photo:** blickwinkel (cr, crb). **Getty Images:** John Watkins / FLPA / Minden Pictures (tr). **Justin Schuetz:** (bl). **248-249 DK:** Courtesy of Eagle Heights (c). **249 DK:** Peter Chadwick / Natural History Museum, London (br). **250-251 DK:** Courtesy of Eagle Heights (t). **250 Alamy Stock Photo:** Marvin Dembinsky Photo Associates (clb). **Getty Images:** Daniel Hernanz Ramos (bc, br, fbr). **253 naturepl.com:** Edwin Giesbers (tl). **254 Science Photo Library:** Pat & Tom Leeson (br). **255 Alamy Stock Photo:** Arco Images GmbH (br). **256-257 FLPA:** Ernst Dirksen / Minden Pictures. **257 Alamy Stock Photo:** Cultura RM (crb); Hans Verburg (cr). **Dreamstime.com:** Alexey Ponomarenko (br). **258-259 DK:** Frank Greenaway (cb). **259 123RF.com:** Dmytro Pylypenko (tr). **Alamy Stock Photo:** All Canada Photos (ftr); Steve Bloom Images (tl); Minden Pictures (tc). **260-261 naturepl.com:** David Tipling. **262-263 iStockphoto.com:** Rocter (c). **262 123RF.com:** Alexey Sholom (tr). **263 123RF.com:** Andrea Izzotti (cra). **Alamy Stock Photo:** Minden Pictures (crb). **Dreamstime.com:** Stephenmeese (cr). **264-265 Dreamstime.com:** Mario Lopes. **264 Dreamstime.com:** Christos Georghiou (screws). **265 123RF.com:** cobalt (circle); Serg_v (sky). **DK:** Courtesy of Cotswold Wildlife Park (c). **Dreamstime.com:** Christos Georghiou (screws). **266-267 DK:** Courtesy of Animal Magic (c). **266 DK:** Fotolia: Eric Isselee (tc); Jerry Young (tl). **Science Photo Library:** Ted Kinsman (bl). **268-269 Getty Images:** Joe McDonald (ca). **naturepl.com:** Eric Baccega (tc); Roland Seitre (bc). **269 123RF.com:** Daniel Lamborn (crb). **Alamy Stock Photo:** imagebroker (cra). **Getty Images:** Alex Huizinga / Minden Pictures (tr). **iStockphoto.com:** 2630ben (br). **272-273 naturepl.com:** Jane Burton. **273 Alamy Stock Photo:** Phasin Sudjai (tl). **274-275 DK:** Courtesy of Animal Magic (c). **275 Alamy Stock Photo:** Panther Media GmbH (cr). **National Geographic Creative:** Joel Sartore (tc). **naturepl.com:** John Cancalosi (crb). **276-277 naturepl.com:** Andy Rouse (tc). **276 FLPA:** Klein and Hubert (br). **277 DK:** Thomas Marent / Thomas Marent (bc). **naturepl.com:** Anup Shah (bl). **278-279 naturepl.com:** Jane Burton (bc). **279 FLPA:** Gerry Ellis / Minden Pictures (tr). **naturepl.com:** ARCO (tl). **280 Ardea:** Adrian Warren (bl). **280-281 naturepl.com:** Andy Rouse (c). **282-283 Science Photo Library:** Christopher Swann (tc). **283 naturepl.com:** Jabruson (tr). **284-285 naturepl.com:** Tony Wu. **286-287 FLPA:** Yva Momatiuk &, John Eastcott / Minden Pictures (tc). **naturepl.com:** Denis-Huot. **288 Getty Images:** Joel Sartore / National Geographic (cl). **288-289 123RF.com:** Robert Eastman (c). **288 DK:** Courtesy of Cotswold Wildlife Park (bl). **289 National Geographic Creative:** Joel Sartore, National Geographic Photo Ark (cr). **290-291 DK:** Wildlife Heritage Foundation, Kent, UK. **291 DK:** Wildlife Heritage Foundation, Kent, UK (tr). **292-293 DK:** Courtesy of Animal Magic (c). **293 Alamy Stock Photo:** Edo Schmidt (tc). **DK:** Corbis image100 (tl). **294-295 DK:** Courtesy of Cotswold Wildlife Park (c). **296 National Geographic Creative:** Joel Sartore. **297 Alamy**

Stock Photo: Rick & Nora Bowers (cra); Design Pics Inc (cr); George Reszeter (br). **298-299 Getty Images:** Jeff R Clow (b). **298 Alamy Stock Photo:** Calle Bredberg (bc). **300 DK:** Courtesy of Cotswold Wildlife Park (l). **301 Alexander Hyde: (cr). DK:** Courtesy of Colchester Zoo (tl).**FLPA:** Hiroya Minakuchi / Minden Pictures (bl). **naturepl.com:** Daniel Heuclin (tr). **302-303 National Geographic Creative:** Michael Durham / Minden Pictures. **303 DK:** Frank Greenaway / Natural History Museum, London (br); Jerry Young (cb); Jerry Young (bc). **304-305 MerlinTuttle.org**. **306-307 DK:** Courtesy of Animal Magic (c). **307 Dreamstime.com:** Junnemui (cr). **308-309 DK:** Courtesy of Colchester Zoo (c). **308 naturepl.com:** Ingo Arndt (bc). **310-311 Ardea:** John Daniels. **311 Alamy Stock Photo:** robertharding (br). **Greg Dardagan**. **312-313 DK:** Courtesy of Colchester Zoo. **313 FLPA:** Richard Du Toit / Minden Pictures (cr). **314-315 Getty Images:** Michael Poliza / Gallo Images. **316 Getty Images:** Kent Kobersteen (tr). **316-317 naturepl.com:** Tony Wu (c). **317 naturepl.com:** Tony Wu (bl). **318-319 Dreamstime.com:** Mario Lopes. **318 Dreamstime.com:** Christos Georghiou (screws). **319 123RF.com:** cobalt (circle). **DK:** Courtesy of Scubazoo (c). **Dreamstime.com:** Christos Georghiou (screws). **320 Alamy Stock Photo:** Robert Fried (bc); mauritius images GmbH (clb); David Wall (bl). **Getty Images:** Phil Nelson (br). **321 Alamy Stock Photo:** Hemis (cra); Mint Images Limited (br). **FLPA:** Colin Monteath, Hedgehog House / Minden Pictures (bc). **Getty Images:** Sergey Gorshkov / Minden Pictures (tc); ViewStock (tl); Anton Petrus (tr); Panoramic Images (crb). **Imagelibrary India Pvt Ltd:** James Owler (bl). **322 Alamy Stock Photo:** blickwinkel (cr); Nature Picture Library (cl). **iStockphoto.com:** blizzard87 (bl); Stephane Jaquemet (br). **323 Alamy Stock Photo:** Mint Images Limited (cl); Steve Bloom Images (cr). **DK:** Blackpool Zoo, Lancashire, UK (bl). **iStockphoto.com:** Utopia_88 (br). **324 Getty Images:** Alan Murphy / BIA / Minden Pictures (bl); Phil Nelson (cr). **iStockphoto.com:** jimkruger (br); Ron Thomas (cl). **325 Alamy Stock Photo:** Andrew Cline (cr); Jon Arnold Images Ltd (cl). **Getty Images:** Joe McDonald (br); Ed Reschke (bl). **326 Dreamstime.com:** Rinus Baak (bc); Jnjhuz (bl); Tt (crb). **Getty Images:** Sergey Gorshkov / Minden Pictures (c). **327 Alamy Stock Photo:** Design Pics Inc (c). **Dreamstime.com:** Radu Borcoman (br); Sorin Colac (bl); Steve Byland (cb). **328 Imagelibrary India Pvt Ltd:** James Owler (ca). **iStockphoto.com:** brytta (cb); MaggyMeyer (bl); memcockers (bc). **329 Alamy Stock Photo:** Frans Lanting Studio (cb); hsrana (c). **Dreamstime.com:** Anke Van Wyk (bl). **iStockphoto.com:** RainervonBrandis (bc). **330 Dreamstime.com:** Denis Pepin (crb). **Getty Images:** Andre and Anita Gilden (bl). **naturepl.com:** Gerrit Vyn (c). **331 Alamy Stock Photo:** mauritius images GmbH (c); Victor Tyakht (bl); Zoonar GmbH (cb). **Getty Images:** M Schaef (br). **332 Alamy Stock Photo:** Robert Fried (cla). **Getty Images:** Kevin Schafer / Minden Pictures (bl); Leanne Walker (c). **332-333 Getty Images:** Jupiterimages (ca). **333 Alamy Stock Photo:** Jan Wlodarczyk (cra). **Dreamstime.com:** Steve Byland (clb); Tinnakorn Srikammuan (crb). **Getty Images:** Ben Horton (bc). **334-335 Getty Images:** Dennis Fischer Photography (ca). **334 Dreamstime.com:** Lynn Watson (bc); Minyun Zhou (clb). **iStockphoto.com:** hackle (cla). **naturepl.com:** David Kjaer (crb). **335 123RF.com:** Christian Musat (cl). **Alamy Stock Photo:** Hemis (cra). **Dreamstime.com:** Kwiktor (cb). **naturepl.com:** Gavin Maxwell (bc). **336 Alamy Stock Photo:** Rick & Nora Bowers (crb); mauritius images GmbH (ca). **FLPA:** Richard Herrmann / Minden Pictures (br). **iStockphoto.com:** KenCanning (bl). **337 Alamy Stock Photo:** Hemis (br). **Dreamstime.com:** Pahham (bl). **Getty Images:** Barcroft (crb); ViewStock (ca). **338 Getty Images:** Patrick Endres / Visuals Unlimited (cb); Anton Petrus (ca). **iStockphoto.com:** mihalizhukov (br). **naturepl.com:** Gerrit Vyn (bl). **339 Getty Images:** Daniel A. Leifheit (bc); Jason Pineau (ca). **iStockphoto.com:** Maasik (bl). **naturepl.com:** Andy Sands (crb). **340 Alamy Stock Photo:** blickwinkel (bl); WaterFrame (crb). **Dreamstime.com:** Outdoorsman (bc). **Getty Images:** Galen Rowell (ca). **341 DK:** Frank Krahmer / Photographers Choice RF (cb). **FLPA:** Colin Monteath, Hedgehog House / Minden Pictures (ca). **Getty Images:** Ralph Lee Hopkins (bl); Visuals Unlimited (br). **342 Alamy Stock Photo:** Nature Photographers Ltd (bc); VPC Animals Photo (crb). **Getty Images:** Alan Majchrowicz (ca). **Science Photo Library:** John Clegg (b). **343 Alamy Stock Photo:** blickwinkel (bl). **Getty Images:** Panoramic Images (ca). **Science Photo Library:** Dante Fenolio (crb); Bob Gibbons (br). **344-345 Alamy Stock Photo:** David Wall (ca). **344 Alamy Stock Photo:** Mark Conlin (crb). **Getty Images:** Daniela Dirscherl (bl); Mauricio Handler (cla). **iStockphoto.com:** NaluPhoto (cb). **345 Alamy Stock Photo:** NOAA (br). **naturepl.com:** David Shale (cb); Tony Wu (clb). **Science Photo Library:** B. Murton / Southampton Oceanography Centre (cra)
Cover images: Front: **123RF.com:** cobalt (inner circle), Kebox (text fill), nick8889 (outer circle), olegdudko cr/ (iguana right arm); **Dreamstime.com:** Amador García Sarduy c, Christos Georghiou (screws), Mario Lopes (background); Back: **123RF.com:** cobalt (inner circle), nick8889 (outer circle), Serg_v c; **Dreamstime.com:** Christos Georghiou (screws), Mario Lopes (background); Spine: **123RF.com:** Kebox (text fIll), olegdudko (iguana right arm); **Dreamstime.com:** Amador García Sarduy c, Mario Lopes (background), Pawel Papis (behind iguana)

Endpaper images: Front: **123RF.com:** cobalt cl (inner circle), cr (inner circle), lightpoet cr (monkey), NejroN cra (macaw), nick8889 cl (outer circle), cr (outer circle), olegdudko cl (iguana left arm); **Dreamstime.com:** Amador García Sarduy cl, Christos Georghiou (screws), Mario Lopes (background), Pawel Papis cr; Back: **123RF.com:** cobalt cl (inner circle), cr (inner circle), nick8889 cl (outer circle), cr (outer circle), Serg_v cl (sky), cr (sky); **Dreamstime.com:** Christos Georghiou (screws), Mario Lopes (background);

All other images © DK For further information see:
より詳しい情報は以下を参照：
www.dkimages.com

グレートネイチャー　生きものの不思議大図鑑

2018年7月30日　初版発行

編集　DK社
監修　スミソニアン協会
翻訳　株式会社 オフィス宮崎（秋山淑子／石井克弥／酒井紀子／佐々木紀子／中川泉／松藤留美子／森富美子）
日本語版編集　株式会社 オフィス宮崎（三宅直人／社田時子／荻野哲矢／川口典成／小西道子／坂本安子／佐藤悠美子／山﨑伸子）
日本語版編集協力　清水晶子（東京大学総合研究博物館）／佐藤暁（アマナ／ネイチャー＆サイエンス）／佐藤浩一（ルデラル）
DTP・デザイン　関川一枝（株式会社 オフィス宮崎）
装幀　岩瀬聡
発行者　小野寺優
発行所　株式会社河出書房新社
〒151-0051 東京都渋谷区千駄ヶ谷 2-32-2
電話 03-3404-1201（営業）　03-3404-8611（編集）
http://www.kawade.co.jp/
Printed and bound in China
ISBN978-4-309-25381-7